GREEN CHEMISTRY

高等学校教材

中国石油和化学工业优秀教材一等奖

绿色化学

第二版

周淑晶　冯艳茹　李淑贤　主编

化学工业出版社

·北京·

内容简介

《绿色化学》(第二版)围绕绿色化学的基本原理,分别介绍了绿色化学的内涵,绿色化学的产生和发展、原则、研究内容以及技术方法等内容。全书以绿色化学产品的形成过程为主线,以绿色化学原理为基础,从有机合成技术的绿色化到绿色原料、溶剂、催化剂的选择再到涉及的绿色化学反应,直至最后生成绿色化学产品,脉络清晰,注重引入绿色化学研究的最新成果。

本书可作为高等院校化学、化工、制药、环境、生物等相关专业本科生或研究生的教材,也可作为相关行业科技工作者的参考资料。

图书在版编目(CIP)数据

绿色化学/周淑晶,冯艳茹,李淑贤主编. —2 版. —北京:
化学工业出版社,2022.12 (2024.1 重印)
高等学校教材
ISBN 978-7-122-42271-2

Ⅰ.①绿… Ⅱ.①周…②冯…③李… Ⅲ.①化学工业-
无污染技术-高等学校-教材 Ⅳ.①X78

中国版本图书馆 CIP 数据核字(2022)第 180424 号

责任编辑:宋林青　　　　　　　　　　　　文字编辑:葛文文
责任校对:赵懿桐　　　　　　　　　　　　装帧设计:史利平

出版发行:化学工业出版社(北京市东城区青年湖南街 13 号　邮政编码 100011)
印　　装:河北鑫兆源印刷有限公司
787mm×1092mm　1/16　印张 13¼　字数 329 千字　2024 年 1 月北京第 2 版第 2 次印刷

购书咨询:010-64518888　　　　　　　　　售后服务:010-64518899
网　　址:http://www.cip.com.cn
凡购买本书,如有缺损质量问题,本社销售中心负责调换。

定　　价:39.80 元　　　　　　　　　　　　　　　版权所有　违者必究

前　言

《绿色化学》自 2014 年出版以来，因教材具有较强的适用性，被众多高校选作教材，受到广大师生的一致好评，重印多次。该书 2016 年获中国石油和化学工业优秀出版物奖一等奖。根据读者的需要及发现的问题，决定再版。第二版的主要任务：

1. 对第一版中个别疏漏进行了校正；

2. 补充绿色有机合成技术如磁化学技术，绿色溶剂如氟溶剂、生物质基溶剂等有关内容的新成果；

3. 为了便于学生学习，每章配备了习题及参考答案；

4. 为了便于教师授课使用，再版时制作了配套课件。

本书围绕绿色化学的基本原理，分别介绍了绿色化学的内涵，绿色化学的产生和发展、原则、研究内容以及技术方法等内容，本书编写时注意引入绿色化学研究的最新成果。本书可作为高等院校化学、化工、制药、环境、生物等相关专业本科生或研究生的教材，也可作为相关行业科技工作者的参考资料。

由于作者水平有限，书中难免存在欠缺之处，敬请广大读者批评指正。

编者

2022 年 9 月

第一版前言

绿色化学是使人类和环境协调发展的更高层次的化学，其根本目的在于从节约资源和防止污染的观点来重新审视和改革传统化学。绿色化学是从源头上解决污染的一门学科，对环境、经济和社会的和谐发展具有重要的意义。

从科学观点看绿色化学是对传统化学思维的创新和发展；从环境观点看它是从源头消除污染保护生态环境的新科学和新技术；从经济观点看它是合理利用资源和能源实现可持续发展的核心战略之一。

本书围绕绿色化学的基本原理，分别介绍了绿色化学的内涵、绿色化学的产生和发展、原则、研究内容以及技术方法等内容。全书以绿色化学产品的形成过程为主线，以绿色化学原理为基础，从有机合成技术的绿色化到绿色原料、溶剂、催化剂的选择再到涉及的绿色化学反应，直至最后生成绿色化学产品，脉络清晰，集科学性、应用性、先进性于一体，着力引入绿色化学研究的最新成果，特别注重将最新的科研成果引入到教材中。

本书可作为高等院校化学、化工、制药、环境、生物等相关专业本科生或研究生的教材使用，也可作为从事相关行业的科技工作者和爱好者的参考资料使用。

由于作者水平有限，书中难免有欠缺之处，敬请广大读者批评指正。

编者

2013 年 9 月

目　录

1 绪 论

1.1 绿色化学的内涵

1.1.1 绿色化学的定义

"绿色化学"1991年由美国化学会首次提出并成为美国环境保护署的中心口号，同时作如下定义："在化学品的设计、制造和使用时所采用的一系列新原理，以便减少或消除有毒物质的使用或产生。"1996年联合国环境规划署给出了绿色化学的新定义："用化学技术和方法去减少或消灭那些对人类健康或环境有害的原料、产物、副产物、溶剂和试剂的生产和应用。"按照美国《绿色化学》（Green Chemistry）杂志的定义，绿色化学是指在制造和应用化学产品时应有效利用（最好可再生）原料、消除废物和避免使用有毒的和危险的试剂和溶剂。而今天的绿色化学是指能够保护环境的化学技术。它可通过使用自然能源避免给环境造成负担、避免排放有害物质。

绿色化学概念从一提出来就明确了它的现代内涵，即研究和寻找能充分利用的无毒害原材料，最大限度地节约能源，在各环节都实现净化和无污染的反应途径。绿色化学的现代内涵又体现在以下五个方面：①原料绿色化，以无毒、无害可再生资源为原料；②化学反应绿色化，选择"原子经济性反应"；③催化剂绿色化，使用无毒、无害可回收的催化剂；④溶剂绿色化，使用无毒、无害可回收的溶剂；⑤产品绿色化，产品可再生、可回收。

绿色化学又称环境无害化学（Environmentally Benign Chemistry）、环境友好化学（Environmentally Friendly Chemistry）、清洁化学（Clean Chemistry），是一门具有明确的社会需求和科学目标的新兴交叉学科，是当今国际化学科学研究的前沿，必将成为21世纪的中心科学。绿色化学的研究目标就是运用现代科学技术的原理和方法，从源头上减少或消除化学工业对环境的污染，从根本上实现化学工业的"绿色化"，走经济和社会可持续发展的道路。

1.1.2 绿色化学的研究内容

绿色化学是研究和开发能减少或消除有害物质的使用与产生的环境友好化学品及其技术过程，从源头上防止污染。因此，绿色化学研究的基本内容主要有以下五个方面。

① 原子经济性反应和零排放　最大限度地利用原材料，最大限度地减少副产物，减少废物的排放或使此反应的副产物成为彼反应的原料。从原子的角度讲，尽可能使原料中的原子百分之百参与目标产物的形成，从而达到原子经济性。

② 化学反应原料的绿色化　传统化学反应很多是采用不可再生资源，如石油、煤，或者是对环境有害的物质，如氢氰酸、光气（碳酰氯）、苯、甲苯、硫酸二甲酯等作原料，而绿色化学则致力于采用无毒、无害原料和可再生资源作原料，替代有毒的、对环境有害的原料来生产化学品。

③ 催化剂的绿色化　许多化学反应中催化剂是必不可少的，而传统化学反应中催化剂是一些酸、碱或含重金属的催化剂。它们的排放会对环境造成巨大的污染。应该寻找对环境无害的绿色催化剂取代那些对环境有害的催化剂，例如，各种生物酶催化剂。

④ 溶剂的绿色化　目前，广泛使用的有机溶剂如苯、甲苯等都是有害的、易挥发的、易燃的物质。绿色化学要求抛弃这些对环境有害的溶剂，采用具有环境友好性的绿色溶剂。

⑤ 产品的绿色化　绿色化学要求我们生产的产品是绿色的，不应对环境造成损害。如生产的塑料应该是能降解的绿色塑料；生产的农药应该是低残毒的绿色农药；生产的制冷剂不应对大气臭氧层造成破坏。

绿色化学的实现途径如图 1-1 所示。

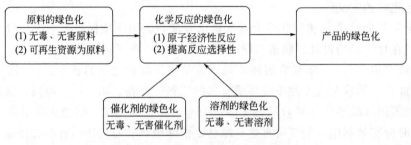

图 1-1　绿色化学的实现途径

作为一门前沿学科，绿色化学研究领域在不断深化，如助剂的绿色化、新的合成路线的选择、绿色化学工艺、绿色过程系统集成等。当然绿色化学的基本内容还有一些其他的表述。总之，绿色化学的核心问题是研究新反应体系（包括新的合成方法和路线），寻求新的化学原料（包括生物质资源），探索新的反应条件（如超临界流体和对环境无害的介质），设计和研究安全新颖的化学产品。

1.1.3　绿色化学的特点

绿色化学是当今国际化学化工研究的前沿，通过对绿色化学的发展、内涵和研究内容的介绍可以知道，绿色化学主要有以下四个特点：第一，绿色化学能够实现对自然资源的充分利用，采用无毒、无害的原料提高能源的利用率；第二，在不对环境造成危害的前提下实现化学反应，减少废物向环境的排放量；第三，提高原子的利用率，力图使所有作为原料的原子都被产品所消纳，提高化学物质的分解率，实现工业生产的"零排放"；第四，生产出对环境和人类健康有利的化学产品。

绿色化学与传统化学的不同之处在于前者更多地考虑社会的可持续发展，促进人和自然关系的协调，是更高层次上的化学；与环境化学的不同之处在于前者是研究与环境友好的化学反应和技术，特别是新的催化反应技术，如酶催化反应、膜催化反应、清洁合成技术、生物工程技术等，而环境化学则是研究影响环境的化学问题；与环境治理的不同之处在于前者是从源头上防止污染的生成，即污染预防（Pollution Prevention），环境治理则是对已被污染的环境进行治理即"末端治理"。

综上所述，从科学观点看，绿色化学是对传统化学思维的创新和发展；从环境观点看，它是从源头消除污染，保护生态环境的新科学和新技术；从经济观点看，它是合理利用资源和能源，实现可持续发展的核心战略之一。从这种意义上说，绿色化学是对化学工业乃至整个现代工业的革命。

1.2 绿色化学的任务

简单地说，绿色化学的任务就是依照绿色化学十二条原则的要求，运用化学原理，用最现代化的手段和方法，使化学品的设计、生产和使用的整个过程对人类和环境均不产生危害。具体地说有以下几个方面的任务。

1.2.1 设计安全有效的目标分子

要想从源头上消除污染，首先必须保证所需要的物质分子——目标分子是完全有效的。因此，绿色化学的一大关键任务就是设计安全有效的目标分子或设计比被代替的其他分子更安全有效的目标分子。

早在 1983 年在美国首都华盛顿就召开过有关设计安全化学品的专题学术讨论。设计安全化学品，就是利用分子结构与性能的关系和分子控制方法，获得最佳所需功能的分子，且分子的毒性最低。最理想的情况就是分子具有最佳的使用功能且一点毒性也没有，这里所指的毒性包括对人类、其他所有动物、水生生物及植物和其他环境因素的毒性。然而有时需要在分子功效和毒性之间寻求某种平衡。

这一设想可以从两方面加以解决。第一，进行分子设计，设计新的安全有效的目标分子。随着人类社会和科学技术的发展，需要具有某种功能的新型分子，这就需要根据分子结构与功能的关系，设计出新的安全有效的目标分子。第二，对已有的有效但不安全的分子进行重新设计，使这类分子保留其已有的功效，消除掉不安全的性质，得到改进过的安全有效的分子。

迄今为止，世界上化合物种类已超过 2000 万种，且每年还要增加约 60 万种。传统方法是首先合成一个化合物，再试验其性质，若不满足需要则另行合成。这样工作量十分庞大，花费很多，对资源和环境都会造成不利影响。目前，由于计算机和计算技术的发展，对分子结构与性能的关系研究不断深入，分子设计和分子模拟研究已引起了人们的广泛关注，实验台 + 通风橱 + 计算机三位一体的化学实验室已经普及，安全有效化学品的设计将会得到更大、更快的发展。

1.2.2 寻找安全有效的反应原料

（1）用无毒无害原料取代有毒有害原料

目前，化工生产中经常使用光气、甲醛、氢氰酸、丙烯腈、苯等为原料，毒性较大。这些原料不仅会危害人类的健康和安全，有的可能直接危及人的生命，造成间接的环境污染，有的还会严重污染环境。以光气为例，它本身是一种军用毒气，但它又能与许多有机化合物发生反应，生产出许多种产品。在生产聚氨酯中不用光气作原料是绿色化学产生以来的有名的例子。

[例 1-1] 用二氧化碳代替有毒有害的光气生产聚氨酯。

孟山都（Monsanto）公司在聚氨酯生产工艺的改进方面提供了一个成功的例子。在用量极大和用处极广的泡沫塑料中，聚氨酯泡沫塑料占的比重最大。聚氨酯还用于涂料、胶黏剂、合成纤维、合成橡胶。其传统生产工艺为：由胺与光气合成异氰酸酯，然后再合成聚氨酯。

$$RNH_2 + COCl_2 \longrightarrow RNCO + 2HCl$$
$$RNCO + R'OH \longrightarrow RNHCOOR'$$

这一工艺不但要使用剧毒的光气作为原料，而且还要生成对环境有害的副产物氯化氢（HCl），对人类的健康和环境均有较大的危害。孟山都公司的新工艺用二氧化碳代替光气与胺反应生成异氰酸酯，不仅避免了使用剧毒物质光气，其生成的副产物水也不会污染环境，同时解决了两方面的问题。

$$RNH_2 + CO_2 \longrightarrow RNCO + H_2O$$
$$RNCO + R'OH \longrightarrow RNHCOOR'$$

众所周知，二氧化碳是无毒气体，它对环境的害处是产生温室效应，但在生产聚氨酯工艺中，CO_2 是被消耗的原料，不会产生温室效应，而且还为地球上减少 CO_2 立了大功。同时，CO_2 中的 CO 被消耗以后，剩下的氧与氢结合成水，更是一种无污染的副产物。

因此，孟山都公司为聚氨酯设计的新工艺可谓巧妙至极，而设计的指导思想则是绿色化学。为此，1996 年，美国政府给孟山都公司颁发了美国总统绿色化学挑战奖。

[例 1-2]　改变工艺避免使用有毒有害的氢氰酸。

亚氨基二乙酸二钠的生产新工艺也是利用无毒无害物质取代有毒有害物质的成功例子。亚氨基二乙酸二钠是制造除草剂的重要中间体，过去以氨、甲醛和氢氰酸为原料分两步合成：

$$NH_3 + 2HCHO + 2HCN \longrightarrow NCCH_2NHCH_2CN + 2H_2O$$
$$NCCH_2NHCH_2CN + 2NaOH + 2H_2O \longrightarrow NaOOCCH_2NHCH_2COONa + 2NH_3$$

由于氢氰酸是剧毒的试剂，生产过程中必须采用严格的保护措施，以确保生产操作者及环境的安全。该过程每生产 7kg 目标产物亚氨基二乙酸二钠就会产生 1kg 废物，其中含有微量甲醛和氢氰酸。因此，必须经过处理后才能排放。孟山都公司以无毒无害的二乙醇胺和氢氧化钠为原料，在铜催化剂作用下，制得目标产物：

$$HOCH_2CH_2NHCH_2CH_2OH + 2NaOH \longrightarrow NaOOCCH_2NHCH_2COONa + 4H_2$$

这一方法不再使用氢氰酸等有毒有害物质，产品无须经过复杂的分离程序就可以使用，而且无须进行废物处理。

[例 1-3]　改变原料生产己二酸。

己二酸是一种重要的有机化工原料，是生产尼龙-66 必不可少的原料，也用作增塑剂和润滑剂，美国杜邦公司于 1937 年开始工业化生产。己二酸生产工艺的改进也是成功利用无毒无害物质代替有毒有害物质的典型例子。传统己二酸制取工艺大多采用石油路线，以苯为起始原料通过加氢制得环己烷，环己烷氧化得到环己酮和环己醇，再用硝酸氧化环己酮和环己醇得到己二酸。

这一工艺的缺点是所采用的起始原料苯是一种已知的致癌物，生产过程中要释放出氧化亚氮副产物，该副产物是造成酸雨、臭氧消耗、光化学烟雾和全球变暖的"多功能"污染物。

近年来，国内外科技人员对该传统生产工艺进行了有益的探索和研究，主要是开发新的催化剂或催化体系，优选氧化剂和工艺条件，取得了可喜的进展。大多以环己烯为起始原料，以钨酸钠、钨酸、三氧化钨为催化剂，采用过氧化氢直接氧化环己烯或环己醇、环己酮合成己二酸的方法。研究表明，以含钨化合物为催化剂，这一过程不需要使用溶剂，不再使用有毒害的原料苯,过氧化氢氧化剂的腐蚀性也远比硝酸小,同时不产生其他有害污染物,绿色合成己二酸具有可行性,不会对环境造成污染,是清洁合成方法。用过氧化氢催化氧化合成己二酸,替代传统的硝酸氧化法,有望成为今后己二酸生产的趋势。

当前利用可再生资源生物质替代不可再生资源石油,利用植物纤维生产的一些化学品已经获得工业化,成为可持续发展的方向,值得重视和关注。美国杜邦公司于 20 世纪 90 年代开发了生物催化工艺,利用大肠杆菌将 D-葡萄糖转化为顺,顺-粘康酸,然后再加氢生成己二酸,再用好氧脱硝菌株分离出一种基因株对酶进行编码,从而得到环己醇转化为己二酸的合成酶,该合成酶在合适的生长条件下将环己醇选择性转化成己二酸。

目前,正在研究探索阶段的是采用葡萄糖生物酶催化法制取己二酸,该工艺在酶的催化作用下,将取自植物淀粉和纤维素等生物质的 D-葡萄糖先转化为儿茶酚,再进一步转化生成顺,顺-己二烯酸,最后用 Pt/C 催化剂催化加氢生成己二酸,己二酸收率可达 90% (摩尔分数)。用生物技术生产己二酸,原料葡萄糖来自淀粉、纤维素等生物质,而不必消耗石油等不可再生资源,改变了己二酸生产依赖苯或环己烷等传统原料来源的情况,生产过程完全采用生物催化法,反应条件温和,同时可以避免使用对环境有危害的化学品,也不产生任何环境污染物,是己二酸洁净生产的一个很好的研究开发方向,具有潜在的发展前景。

(2) 以可再生资源为原料

在 19 世纪中叶,大多数工业有机化学品都来自植物提供的生物质,少数来自动物生物质。工业革命开始采用煤作为化工原料,在发明了从地下抽取石油的便宜方法后,石油就成了主要的化工原料,目前,95% 以上的有机化学品都是由石油加工而得到的。如前所述,石油、煤等均是不可再生的资源,因此,除了要考虑这些资源的有效合理的使用外,还应考虑用可再生的生物资源来代替煤和石油等不可再生的资源。因此,用生物质作化学化工原料的研究受到人们的普遍重视,也是保护环境和实现可持续发展的一个长远和重要的发展方向,是绿色化学的重要研究方向之一。1996 年美国总统绿色化学挑战奖中的学术奖就授予了 Texas A & M 大学的 Haltzapple 教授,他主持开发了一系列技术,把废弃生物质转化成动物饲料、工业化学品和燃料。

生物质主要指植物生物质,由纤维素(38%~50%)、半纤维素(23%~32%)和木质素(15%~25%)等天然高分子组成,作为替代资源,它们具有储量高、再生速度快和环境友好等特点,以此为原料的能源转化和化学合成目前受到学术界和工业界的极大关注。农业废料(如玉米秆、麦秆等)、森林废物和草类等是木质纤维素的代表。木质纤维素是地球上最丰富的生物质,每年以 1640 亿吨的速度在全世界不断再生,但至今人类只利用了其中的 1.5%,比如从生物质中提取的蔗糖和葡萄糖就可以作为化学化工原料,在酶催化或细菌作用下生产人类所需的化学物质。

一般生物质都是由有机高分子或超分子组成的,在有效利用它们之前,通常需要首先把它们降解为小分子。纤维素也可降解为葡萄糖,但纤维素常处于结晶状态,且难溶于水,故难于水解。另外,在纤维素中,葡萄糖单体之间是由 β-1,4-苷键连接在一起的,它比淀粉中的 α-1,4-苷键更难水解;而且,纤维素和半纤维素紧密地连接在一起,也妨碍了纤维素的降解,故纤维素的降解过程十分复杂。在自然生态系统中,无论是农作物秸秆还是动物胶原蛋白,其降解都是通过酶催化来进行的。为了不破坏生态又提高降解反应的速率,就需要找出每种木质素或动物胶原蛋白降解反应的高效酶催化剂或仿酶催化剂,实现生物质大分子的选择性降解。

　　Cross 等人的工作在这方面开辟了一个新的局面，他们利用农业废料聚多糖类物质来合成新的聚合物。该工作利用新的可再生的农业废料作原料，解决了原料的可持续性问题、原料的污染问题，其合成原理是生物催化转化，因而无须像传统聚合物合成时那样，需要用许多试剂，且其产物可以完全生物降解，因而不存在使用后对环境产生污染的问题。

1.2.3　寻找安全有效的合成路线

　　原料和目标产物确定之后，合成路线对环境的友好与否具有十分重要的影响。美国斯坦福大学 Paul A. Wender 曾指出，一条理想的合成路线应该是采用价格便宜的、易得的反应原料，经过简单的、安全的、环境可接受的和资源有效利用的操作，快速和高产率地得到目标分子，而不管这一目标分子是天然物分子还是根据需要设计的分子。大多数的合成都是由相对简单的原料合成较为复杂的分子，故通常有两种方法来实现以最少步骤获得目标分子复杂性较大增加这一理想合成目标，既可采用已知的由一步反应增大分子复杂性的反应方法，也可采用每一步增大一点分子复杂性，由此逐步增大分子复杂性的多步反应方法。因此，设计和发展增大目标分子复杂性的反应路线对复杂合成十分重要。在寻找安全有效的合成路线时，一个特别需要考虑的问题就是合成路线的原子经济性。

　　1991 年美国著名化学家 Barry M. Trost 提出了化学反应原子经济性的概念，认为高效的合成反应应最大限度地利用原料分子中的每一个原子，使之结合到目标分子中，理想的原子经济反应是原料分子中的原子全部转变为产物，因而也就不生成副产物，实现废弃物的零排放。在寻找安全有效的合成路线时，在其每一步均利用原子经济的化学反应，则这一合成路线必然也是原子经济的。但由于化学反应本身受到化学原理的制约，大多数情况下要在一条合成路线中达到每一步都是原子经济的有一定困难，此时，就要对合成路线进行全面的分析，通过合成路线中各步的整合，达到最终整条合成路线的原子经济性。

　　比如由硝基苯合成对苯二胺可以选择如下 4 条合成路线。

　　合成路线 1

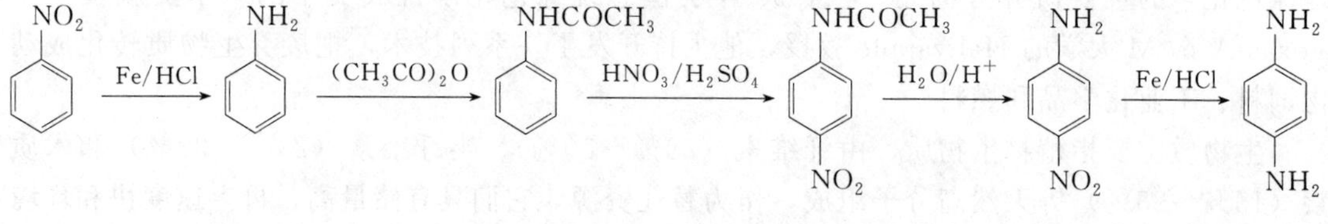

　　总反应为：

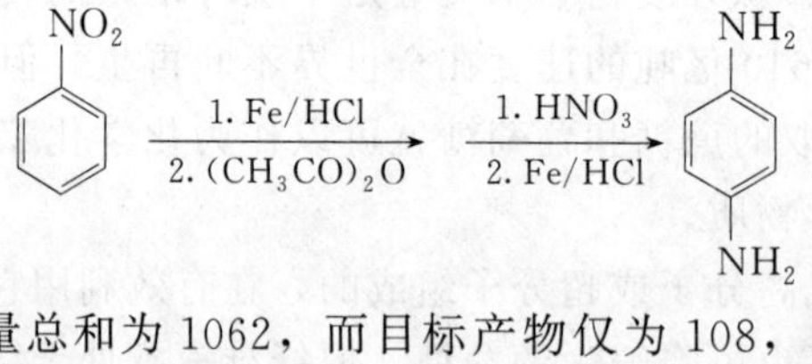

　　反应物中原子的原子量总和为 1062，而目标产物仅为 108，即每生产 108g 对苯二胺就要产生 954g 废物，反应的原子利用率仅为 10%。

　　合成路线 2

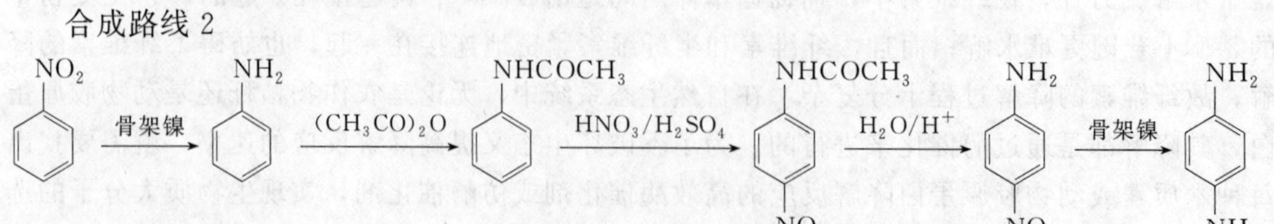

总反应为：

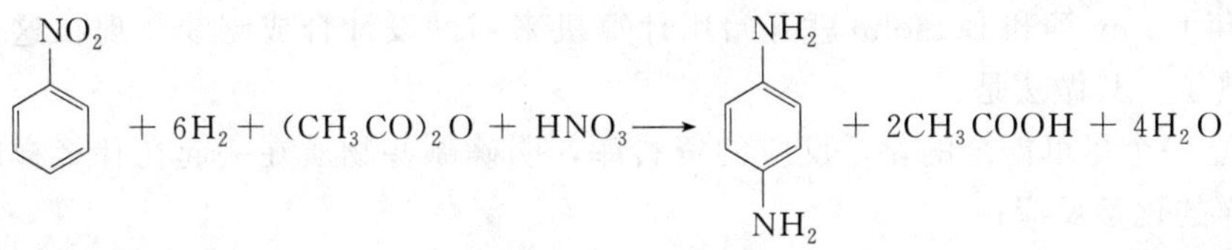
NO2
+ 6H2 + (CH3CO)2O + HNO3
NH2
NH2
+ 2CH3COOH + 4H2O

反应物中原子的原子量总和为 300，而目标产物仅为 108，即每生产 108g 对苯二胺就会有 192g 废物生成，反应的原子利用率为 36%。

合成路线 3

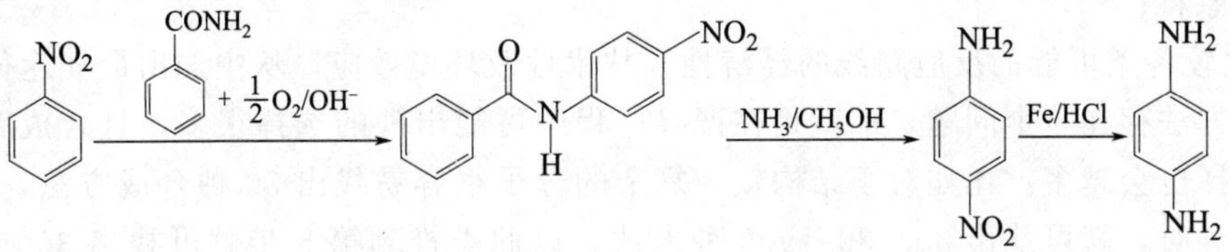
NO2
CONH2
+ 1/2 O2/OH⁻
O
N
H
NO2
NH3/CH3OH
NH2
NO2
Fe/HCl
NH2
NH2

总反应为：

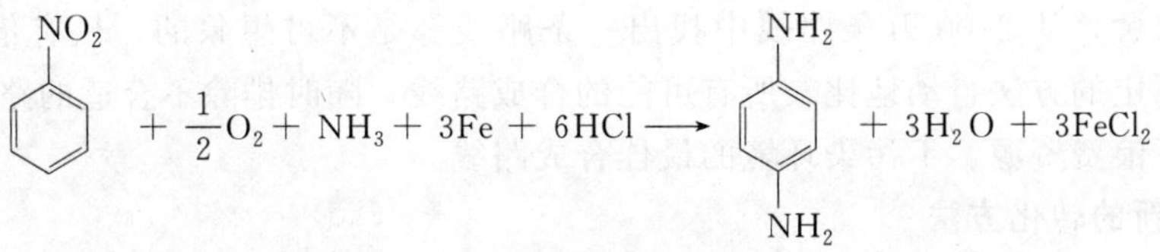
NO2
+ 1/2 O2 + NH3 + 3Fe + 6HCl
NH2
NH2
+ 3H2O + 3FeCl2

反应物中原子的原子量总和为 543，而目标产物仅为 108，即每生产 108g 对苯二胺就会产生 435g 废物，反应的原子利用率为 20%。

合成路线 4

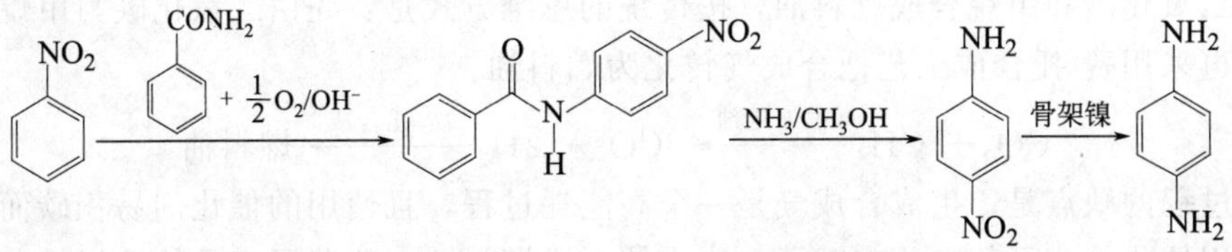
NO2
CONH2
+ 1/2 O2/OH⁻
O
N
H
NO2
NH3/CH3OH
NH2
NO2
骨架镍
NH2
NH2

总反应为：

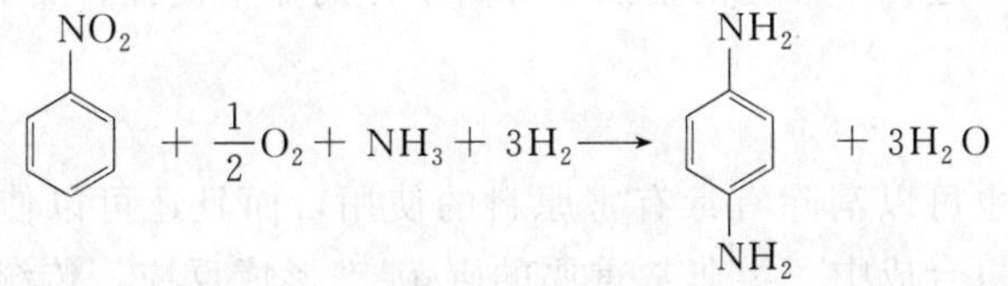
NO2
+ 1/2 O2 + NH3 + 3H2
NH2
NH2
+ 3H2O

反应物中的原子量总和为 162，而目标产物仅为 108，即每生产 108g 对苯二胺就会生成 54g 废水，反应的原子利用率为 67%。

在合成路线 1、2 中，由于要保护—NH_2 不在硝化过程中被氧化，与合成路线 3、4 相比，每生产 1 分子目标产物总要多使用 1 分子乙酐，多生成 2 分子乙酸废物。从各路线的原子利用率看，路线 4 的原子利用率明显高于其他路线。因此，在没有更好路线的情况下，路线 4 是由硝基苯合成对苯二胺的原子经济性较好的路线，这正是孟山都公司合成对苯二胺的特色路线。

在设计新的安全有效的合成路线时，既要考虑到产品的性能优良、价格低廉，又要使产生的废物和副产品最少，对环境无害其难度是可想而知的。计算机是人脑的延伸，利用计算机来辅助设计，可以减轻人脑的劳动。

1969 年 Corey 等和 Bersohn 就开始用计算机来辅助设计合成路线。现在这个方法已经越来越成熟了。其做法是：

① 建立一个尽可能全的化学反应的资料库，明确哪些物质在一起在什么样的条件下会发生什么样的化学反应；

② 提出要求，即确定目标产物和可能采用的原料；

③ 利用计算机找出能生产目标产物的反应及所需原料；

④ 以上一步的原料为目标产物再做搜寻，找出该目标产物的合成反应及原料，直到得出预定的原料；

⑤ 比较各条可能的反应路线的经济性、技术性及环境效应，从中选出最佳途径。

这种方法存在一个问题，那就是在搜寻过程中可能出现的选择很多，且合成路线越长，可能的选择也会越多。比如对于结构较为复杂的分子很容易找出 30 种合成方法，那么进行第 2 步搜寻时，就可找出 $30 \times 30 = 900$ 种方法，以此类推到第 5 步就可找出 30^5 约为 2400 万条可能的路线。如果一条一条路线进行实验，要花大量时间、大量经费。如果让操作者仅靠人脑确定取舍，从 2400 万条路线中找出一条路线那是不可想象的。只有借助于计算机，让其按我们制定的方法自动地比较所有可能的合成路线，随时排除不合适的路线，才能最终找出经济、不浪费资源、不污染环境的最佳合成路线。

1.2.4　寻找新的转化方法

在化学过程中要减少有毒有害物质的使用，可以采用多种方法。近年来的研究发现采用一些特别的非传统化学方法，可获得多种环境效果。

（1）催化等离子体方法

要由二氧化碳和甲烷合成燃料油，按传统的思维方式是：先由二氧化碳与甲烷重整生成合成气，再采用费-托合成工艺把合成气转化为燃料油。

$$CO_2 + CH_4 \xrightarrow{\text{镍催化剂}} 2CO + 2H_2 \xrightarrow{\text{费-托合成}} \text{燃料油}$$

这一过程的缺点是，生成合成气是一个高能耗过程，且使用的催化剂易积碳而失活。刘昌俊等采用催化等离子体方法实现了一步直接合成燃料油，改善了产品的选择性，降低了单位产品的能耗。在这一过程中催化剂增强了等离子体的非平衡性，而等离子体又促进了催化剂的催化作用。

（2）电化学方法

采用电化学过程也可以消除有毒有害原料的使用，而且还可以使反应在常温常压下进行。自由基反应是有机合成中一类非常重要的碳-碳键形成反应，传统的实现自由基环化的方法是使用过量的三丁基锡烷。这样的过程不但原子使用效率低，而且锡试剂是有毒又难以除去的，会造成污染。采用维生素 B_{12} 作催化剂进行电化学还原环化，就完全弥补了传统方法的缺陷。维生素 B_{12} 是天然的无毒的手性化合物，由它作催化剂进行电化学还原反应，产生自由基类中间体，从而实现温和条件下的自由基环化反应。

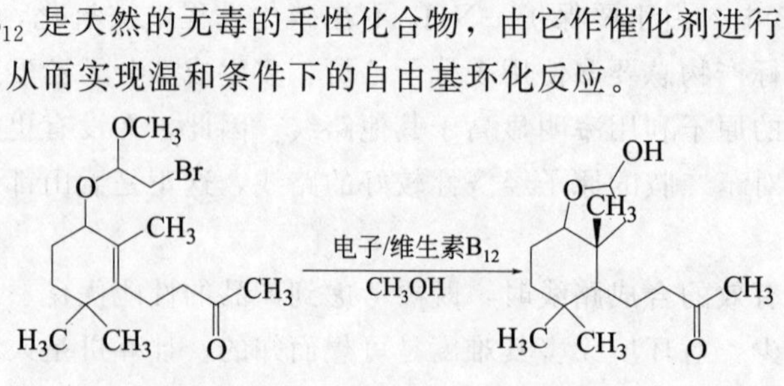

（3）光化学及其他辐射方法

采用光和其他辐射的方法，也可革命性地改变传统过程，避免有毒有害物质的使用。

例如，传统的二噁烷、氧或硫杂环己烷的开环反应要用重金属作催化剂，在一定试剂作用下才能进行，而 Epling 等则采用可见光作为"反应试剂"直接使保护基团开环，避免了使用重金属造成的环境污染。

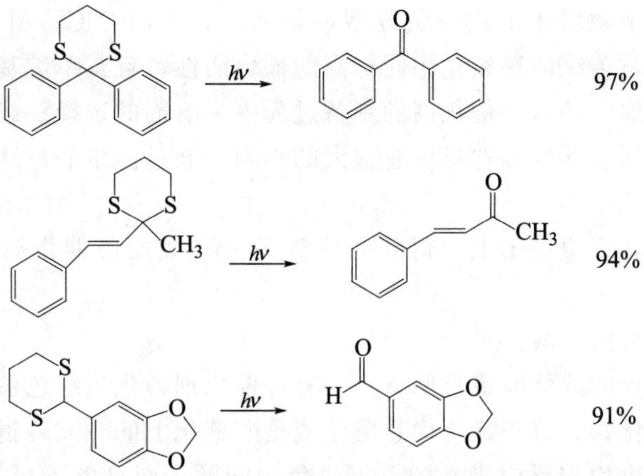

97%

94%

91%

再如，在传统方法下，醇钠或氢氧化钠催化苯乙酮与取代苯甲醛缩合合成查耳酮，产率很低。但在超声波作用下，仅在几分钟内，产率可达到 95% 以上。

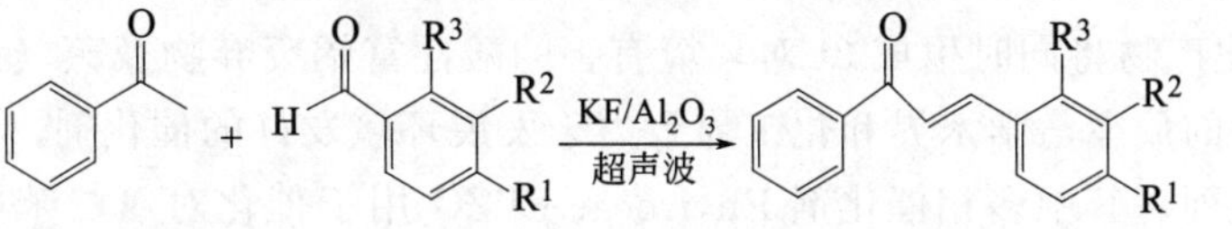

1.2.5 寻找安全有效的反应条件

在合成化学品的过程中，采用的反应条件对整个反应过程、对环境产生的影响起着决定性的作用。经济上比较容易评价，而且目前考虑较多的是能耗。过程对环境的影响程度评估比较困难，因此，目前仍然考虑不多。化学化工产业对人类、对环境的影响不仅来自其原料及产物，而且一切与整个过程相关的其他因素对人类和环境也都有很大的影响。在这些因素中，反应所用的催化剂和溶剂是两个重要的因素。

1.2.5.1 寻找安全有效的催化剂

由于催化剂在化学反应中能起到加快反应速率，降低反应温度、压力等多种作用，几乎所有的化学化工过程均要使用催化剂。在石油炼制的烃类裂解、重整、异构化等反应及石油化工的烯烃水合、芳烃烷基化、醇酸酯化等反应中，常采用氢氟酸、硫酸、三氯化铝、磷酸、三氟化硼等作为催化剂，这类酸催化反应都是在均相条件下进行的，在工业生产中存在许多缺点，如在工艺上难以实现连续生产，催化剂不易与原料和产物相分离，催化剂对设备有较大的腐蚀作用，对环境造成污染，危害人体健康和环境安全等。这就需要研究开发环境友好的催化剂来取代这些传统的催化剂。

（1）活性组分的负载化

克服这些酸催化剂缺点的方法之一，就是使其负载化，或使均相催化剂多相化。把这些液体酸固载在蒙脱土类多孔性固体物质上，使有毒有害催化剂转变为环境友好催化剂。例如，传统的傅-克（Friedel-Crafts）反应常用氢氟酸、硫酸或三氯化铝、三氟化硼等作催化剂，最常采用的是三氯化铝。三氯化铝虽然有容易获得、价格便宜等优点，但它有如下缺点：①必须在无水条件下操作，遇水就会释放出氯化氢；②有腐蚀性难于操作；③在烷基化反应中由于会生成多烷基化产物和其他异构化副产物，故一烷基化产物的选择性不高；④在酰基化（酰化、苯甲酰化、磺酰化）反应中由于产物分子的复杂性，需要大于化学计量的三氯化铝；⑤产物混合物的分解需要加入水从而释放出大量的氯化氢，也会产生不纯的有机氯化物。

把三氯化铝负载于蒙脱土上构成负载型催化剂，如 K10-AlCl₃ 用于芳香族化合物的烷基化反应，不但具有与传统的三氯化铝同样高的催化活性，且其单烷基化选择性还高于三氯化铝及其他传统催化剂。在这一催化剂的制备过程中，溶剂的选择、载体的选择、三氯化铝的负载量等均对催化剂的活性和选择性有很大的影响。通过简单的过滤就可使催化剂复原重新投入使用。

又如把氯化锌负载于蒙脱土上，得到一种新型的傅-克反应催化剂，已构成了一种新的工业催化剂的基础。

（2）用固体酸代替液体酸

用固体酸代替传统的液体酸也是使有毒、有害催化剂转化为绿色催化剂的有效方法。利用酸性白土、混合氯化物、分子筛等代替液体酸是酸催化上的一大转折，这不仅可以在一定程度上缓解或彻底解决均相反应带来的不可避免的问题，而且由于可在高达 700～800K 的温度范围内使用，大大扩展了热力学上可能进行的酸催化反应的应用范围。例如在 Friedel-Crafts 酰基化反应中，传统方法需要用 1mol 腐蚀性的、易水解的无水三氯化铝催化剂，依此法生产 1t 酰化产物将同时生成 3t 对环境有害的酸性富铝废弃物及蒸气。为克服传统酸催化剂对环境带来的危害，学术界和化工界致力于发展环境友好的催化剂，比较成功的有无毒的 Envirocats 系列。其中多相催化剂 Envirocat EPZG 用于催化对氯二苯甲酮。对氯二苯甲酮为一合成药物中间体，由苯与对氯苯甲酰氯经傅-克反应生成：

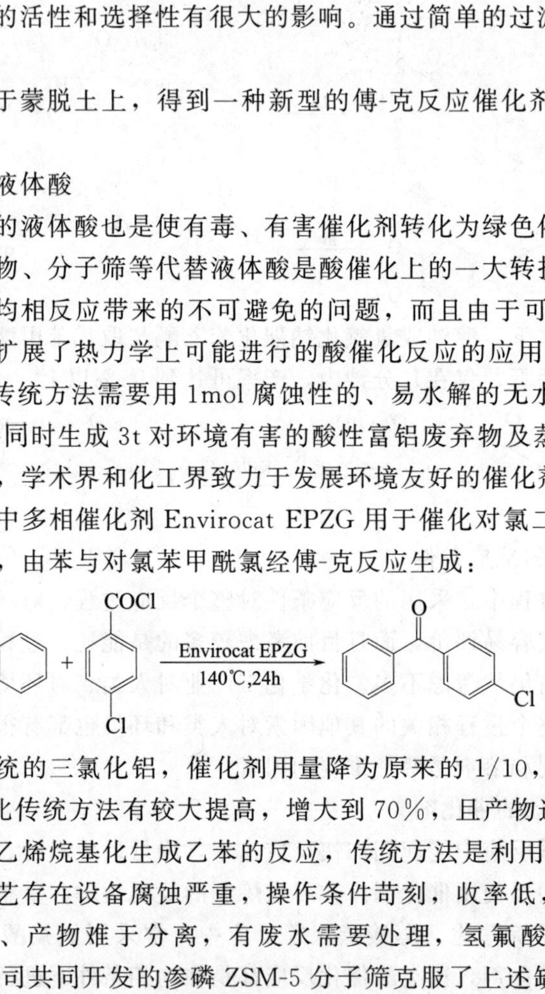

用该催化剂取代传统的三氯化铝，催化剂用量降为原来的 1/10，废弃物氯化氢的排放量减少了 3/4，而产率比传统方法有较大提高，增大到 70%，且产物选择性增大，邻位产物量极少。又如，由苯与乙烯烷基化生成乙苯的反应，传统方法是利用三氯化铝、三氟化硼、氢氟酸作催化剂，其工艺存在设备腐蚀严重，操作条件苛刻，收率低，脱氯化氢、氯代烷烃困难，催化剂与反应物、产物难于分离，有废水需要处理，氢氟酸有毒等诸多缺点，而 Mobil 公司与 Badger 公司共同开发的渗磷 ZSM-5 分子筛克服了上述缺点。再如，中国石油化工股份有限公司石油化工科学研究院研制成功的钴-β-沸石-氧化铝固体酸催化剂用于苯的烷基化反应也很好地克服了液体酸的缺点。

1.2.5.2　寻找安全有效的反应介质

化学化工过程中许多情况下都要用到有机溶剂和助剂，但这些溶剂和助剂不是构成目标分子的物质，不能结合到最终产物中，将成为废弃物进入环境，而这些有机溶剂不仅危害人体健康，对水、大气也有污染。例如二氯甲烷、氯仿、四氯化碳和芳烃等溶剂。这些溶剂中有的被疑为致癌物，低碳数氟氯烃是破坏臭氧层的凶手。在从蒸气裂解 C₄ 馏分中抽提丁二烯时，有一些工厂仍在使用剧毒的乙腈作溶剂，有一些工厂则使用有毒的二甲基甲酰胺

（DMF）作抽提剂；利用丁二烯聚合生产顺丁橡胶时使用有毒的甲苯作溶剂。因此，为了减少对人及环境的危害，在化学化工过程中尽量不使用溶剂和助剂。在必须使用时，尽量使用对人及环境安全无害的溶剂和助剂。当前绿色化学研究中在溶剂方面最活跃的是以超临界流体（SCF），特别是超临界二氧化碳、超临界二氧化碳＋水以及水作溶剂的有机反应。

（1）选择超临界流体作溶剂

一般的超临界流体具有价格低廉、无毒无害的特点。由于超临界流体在不同的超临界区域内有不同的流体性质，可以通过控制超临界流体的超临界条件来调整其性能，从而提高反应物、催化剂、产物等的溶解性，消除界面传递对反应速率的影响，以满足化学反应所需要的介质条件。

Tanko 等用超临界二氧化碳作溶剂，在研究烷基化芳香族化合物的溴化反应时发现，与传统溶剂体系相比，对一些反应而言，卤化反应的收率和选择性都与传统溶剂一致；而对另一些反应，其产率和选择性均高于传统溶剂。使用超临界二氧化碳作溶剂需要克服的一个问题是许多物质在二氧化碳中的溶解度较小，采用二氧化碳中的表面活性剂等研究已取得较大进展，为广泛使用二氧化碳作溶剂开辟了道路。

我国在超临界二氧化碳作溶剂方面也开展了一些研究工作。例如，中国科学院广州化学研究所在烯烃羰基化反应中进行了二氧化碳既作溶剂又作反应物的研究，取得了可喜的结果；在丙烯酸自由基聚合反应中，使用二氧化碳作溶剂，通过链转移和交联剂控制聚合物分子量及分子量分布取得了比较理想的效果；用二氧化碳作溶剂、四氢呋喃作共溶剂，研究了2,5-对二十烷基苯乙烯和丙烯酸的聚合反应，也取得了一些新的成果。

（2）水作溶剂的两相催化法

在采用安全无害溶剂方面，另一个重要的研究方向就是采用以水作溶剂的两相催化方法。利用水溶性均相络合催化剂，催化剂在水中有很大溶解度，它和有机反应物组成两相催化体系，反应在有机相和水相的界面上进行，利用催化剂中心原子配体性质、表面活性剂等，使体系在两相界面上形成胶束，以增大两相接触界面，并增大界面上反应物的局部浓度，利用胶束的结构效应还可控制产物的立体选择性。这样不仅反应条件温和、活性高、选择性好，反应后有机相与水相也极易分离；同时用水作溶剂也避免了有机溶剂对环境的污染。例如丙烯的氢甲酰化反应，传统方法是采用钴催化剂，在高压下进行反应。

$$CH_3CH\!=\!CH_2 + H_2 + CO \xrightarrow[\text{高压}]{\text{钴催化剂}} CH_3CH_2CH_2CHO(90\%)$$

这种方式对反应条件要求比较严格，同时产物与催化剂分离也比较困难，钴还要造成一定的污染。但采用铑（Rh）和钯（Pd）的水溶性配合物作催化剂进行两相反应，不仅克服了上述缺点，生成正丁醛的选择性也由 90% 增大到 98%。

$$CH_3CH\!=\!CH_2 + H_2 + CO \xrightarrow[\text{H}_2\text{O}]{\text{Rh/TPPTS}} CH_3CH_2CH_2CHO(98\%)$$

TPPTS 为三苯基膦三磺酸钠。

1.3　绿色化学的产生与发展

1.3.1　绿色化学在各国的兴起

1984 年，美国环境保护署（EPA）提出"废物最小化"，基本思想是通过减少产生废物和回收利用废物以达到废物最少，这是绿色化学的最初思想。但废物最小化有一定的局限性，因为它主要是一个与有害废物有关的术语，包括废物的回收、利用，而未能将注意力集中在生产过程上。因而，1989 年美国环境保护署提出了"污染预防"的概念。污染预防是指最大限度地减少生产场地产生的废物，它包括减少使用有害物质和更有效地利用资源，并以此来保护自然资源。至此，绿色化学的思想初步形成。1990 年，美国环境保护署颁布了《污染防治条例》，将污染的防治定为国策，体现了绿色化学的思想，是绿色化学的雏形。1991 年，美国化学会（ACS）首次提出"绿色化学"这一词语，并成为美国环境保护署的中心口号，确立了绿色化学的重要地位。1992 年，美国环境保护署又发布了"污染预防战略"。这些活动推动了绿色化学在美国的迅速兴起和发展，并引起全世界的极大关注。在这一年，在巴西里约热内卢召开了联合国环境与发展大会（UNCED），后被称为"绿色国际会议"。大会通过了《21 世纪议程》，正式奠定了全球发展的最新战略——可持续发展。从此，人类从工业文明的发展模式转向生态文明的发展模式。绿色化学也在这一大背景下产生并逐渐成为可持续发展理论的重要内容。1995 年，美国总统克林顿设立了"总统绿色化学挑战奖"，从 1996 年开始每年颁发一次，这是化学领域唯一的总统级科学奖。此奖下设 5 个奖项：①更新合成路线奖；②改变溶剂/反应条件奖；③设计更安全化学品奖；④小企业奖；⑤学术奖。该奖项旨在推动社会各界合作，防止化学污染和进行工业生态学的研究，鼓励支持重大的创造性科学技术突破，从根本上减少乃至杜绝化学污染源，通过美国环境保护署与化学化工界的合作，实现新的环境目标。此外，日本也制定了以环境无害制造技术等绿色化学课题为内容的"新阳光计划"。1996 年，联合国环境规划署对绿色化学进行了重新定义："用化学技术和方法去减少或消灭那些对人类健康或环境有害的原料、产物、副产物、溶剂和试剂的生产和应用"，从而更加确切地规定了绿色化学范畴。1996 年，在新英国大学举办了第一届题为"环境友好的有机合成反应"的 Gordon 研究会议。1997 年，在美国国家科学院举办了第一届绿色化学与工程会议，展示了绿色化学的重大研究成果。同年，由美国国家实验室、大学和企业联合成立了绿色化学院，美国化学会成立了绿色化学研究所，研究对环境友好的化学过程和推广绿色化学教育。1999 年，绿色化学的发展达到了世界性发展阶段。首先诞生了世界上第一本英文国际杂志"*Green Chemistry*"，同时还建立了绿色化学网站。世界上第一本绿色化学专著"*Theory and Application of Green Chemistry*"在英国诞生。澳大利亚皇家化学研究所（RACI）也于 1999 年设立了绿色化学挑战奖，旨在推动绿色化学在澳洲的发展。2000 年，美国化学会出版了第一本绿色化学教科书，旨在推动绿色化学教育的发展。同年，英国也成功完成了首届绿色化学奖颁奖仪式，旨在鼓励更多的人投身绿色化学的研究工作，推广工业界的最新发展成果。绿色化学受到了世界各国的高度重视，政府直接参与，产学研密切合作已成为国际绿色化学研究和开发的显著特点，有关绿色化学的国际学术会议与日俱增，体现了全球性合作的趋势。

1.3.2　绿色化学在中国的发展

国际上兴起的绿色化学与清洁生产技术浪潮引起了我国科学界的高度重视。1995 年，绿色化学问题被提上议事日程。首先是中国科学院化学部确定了"绿色化学与技术"院士咨询课题，对国内外绿色化学的现状与发展趋势进行了大量调研，并结合国内情况提出了发展绿色化学与技术、消灭和减少环境污染源的七条建议。科技部组织调研，将绿色化学与技术研究工作列入"九五"基础研究规划。1996 年召开了工业生产中绿色化学与技术专题研讨会，就工业生产中的污染防治问题进行了交流讨论。1997 年 5 月，在北京举行了以"可持续发展问题对科学的挑战——绿色化学"为主题的学术研讨会,中心议题为:可持续发展对物质科学的挑战,化学工业中的绿色革命,绿色科技中的一些重大科学问题和中国绿色化学发展战略。同年,由国家自然科学基金委和中国石油化工总公司联合资助的"九五"重大基础研究项目"环境友好石油化工催化化学与化学反应工程"正式启动。《国家重点基础研究发展规划》亦将绿色化学的基础研究项目作为支持的重要方向之一。1998 年,在中国科学技术大学举办了第一届国际绿色化学研讨会。同年 12 月在北京九华山庄举行的第 16 次九华科学论坛上,专家们以可持续发展的战略眼光,对绿色化学的基本科学问题进行了充分的研讨,并提出了如何在"十五"期间优先安排和部署我国在该领域研究工作的意见,确定了绿色化学三方面研究重点:其一,绿色合成技术、方法学和过程的研究;其二,可再生资源的利用和转化中的基本科学问题;其三,绿色化学在矿物资源高效利用中的关键科学问题。此外,一些院校也纷纷成立了绿色化学研究机构,如中国科学技术大学绿色科技研究与开发中心、四川大学绿色化学与技术研究中心等。绿色化学在中国虽然起步较晚,但在近几年受到了充分的重视,得到了长足的发展。

20 余年来,绿色化学领域发展很快,在基础研究和技术开发方面不断取得重要进展,每年都有大量的研究论文发表。大量与绿色化学相关的专利授权,一些绿色化学技术已经投入使用,形成了一批新兴产业,呈现出良好的发展势头。如获得 2010 年美国总统绿色化学挑战奖中绿色合成路线奖的双氧水制环氧丙烷(HPPO)项目。与传统环氧丙烷工艺相比,HPPO 工艺最大的优点在于生产过程中只生产终端产品——环氧丙烷和水,而不产生副产品。同时投资成本可减少 25%,污水排放可减少 70%~80%,能源消耗可减少 35%。此外,HPPO 装置的占地面积非常少,所需配套设施也较少。目前已有采用该技术的环氧丙烷装置投产。受下游带动环氧丙烷需求量近几年稳步增长,如果全部采用类似的绿色技术,其所带来的节能减排效果十分可观。所以,绿色化工从原理和方法上给传统化学工业带来了革命性的变化。由此可见,绿色化学将推动人类可持续发展不断向前。

参 考 文 献

[1] 田淑珍.21 世纪的化学——绿色化学简介 [J].卫生职业教育,2003,5:22.
[2] 孟宇.浅谈绿色化学与化工生产的零排放 [J].中国石油和化工标准与质量,2012 (2):32.
[3] 陈大勇,陈平.己二酸制备方法的绿色评价及绿色合成初探 [J].化学工业与工程技术,2009,30 (1):24-26.
[4] 汪家铭.己二酸生产现状与发展前景 [J].合成技术及应用,2010,25 (3):20-26.
[5] 杜灿屏,麻生明.有机化学学科前沿与展望 [M].北京:科学出版社,2011:16.
[6] 闵恩泽,吴巍,等.绿色化学与化工 [M].北京:化学工业出版社,2000.
[7] 沈玉龙,魏利滨,曹文华,等.绿色化学 [M].北京:中国环境科学出版社,2004.
[8] 胡常伟,李贤均.绿色化学原理和应用 [M].北京:中国石化出版社,2002.

习　　题

一、名词解释

　　1.绿色化学

　　2.绿色化学的现代内涵

　　3.绿色化学的研究目标

二、填空题

　　1.绿色化学的现代内涵体现在以下五个方面:(1)原料绿色化;(2)(　　);(3)(　　);(4)溶剂绿色化;(5)(　　)。

　　2.绿色化学的核心问题是研究（　　），寻求（　　），探索（　　），设计和研究安全新颖的化学产品。

三、选择题

　　1. 以下不是超临界 CO_2 流体作为溶剂的优势的是（　　）。

　　　A. 非极性或轻微极性的化合物易溶

　　　B. 溶解能力可以通过温度和压力进行调节

　　　C. 流体黏度高，密度小

　　　D. 对高聚物有很强的溶胀和扩散能力

　　2. 双氧水制环氧丙烷（HPPO）项目与传统环氧丙烷工艺相比，最大的优点是（　　）。

　　　A. 投资成本减少　　　　　　　　　B. 污水排放减少

　　　C. 不产生副产品　　　　　　　　　D. 所需配套设施较少

四、简答题

　　1.绿色化学研究的内容是什么？

　　2.如何设计安全有效的目标分子？

五、论述题

　　1.绿色化学的特点。

　　2.绿色化学的任务。

2 绿色化学的基本原理

在化学和分子科学各个分支的发展中，绿色化学的出现将利用完善的、基本的科学原则，实现经济和环境的目标。有效的环境友好策略，是社会可持续发展的主要推动力。绿色化学是化学的新发展，它利用完善的基本原则，以保护人类健康和环境，实现环境、经济和社会的和谐发展。这一承诺和意图对人们有着巨大的吸引力。因此，绿色化学一经提出，就受到学术界的高度重视，在全世界迅速掀起了绿色化学的浪潮。

1998 年 Anastas 和 Warner 等从源头上减少或消除化学污染的角度出发，明确了绿色化学的十二条原则，这些原则带动了化学的各个层次，如学术研究、化工实践、化学教育、政府政策、公众的认知等的发展。它标志着绿色化学与技术研究已成为国际化学科学研究的前沿和重要发展方向。这十二条原则是：

① 防止污染优于污染治理——防止产生废弃物，从源头制止污染，而不是从末端治理污染；

② 原子经济性——合成方法应具有"原子经济性"，即尽量使参加过程的原子都进入最终产物；

③ 绿色合成——在合成中尽量不使用和产生对人类健康和环境有害的物质，不进行有危险的合成反应；

④ 设计安全化学品——设计具有高使用效益、低环境毒性的化学产品；

⑤ 采用无毒无害的溶剂和助剂——尽量不用溶剂等辅助物质，不得已使用时它们必须是无害的；

⑥ 合理使用和节省能源——生产过程应该在温和的温度和压力下进行使能耗最低，高效率地使用能量；

⑦ 利用可再生的资源合成化学品——尽量采用可再生的原料特别是用生物质代替石油和煤等矿物原料；

⑧ 减少化合物不必要的衍生化步骤——尽量减少副产品；

⑨ 采用高选择性的催化剂；

⑩ 设计可降解化学品——化学品在使用完毕后应能降解成无害的物质并且能进入自然生态循环；

⑪ 防止污染的快速检测和控制——发展实时分析技术以便监控有害物质的形成；

⑫ 减少或消除制备和使用过程中的事故和隐患——选择合适的物质及生产工艺，尽量减少发生意外事故的风险。

随着人们对绿色化学研究和认识的不断深入，Anastas 等顺应绿色化学不断向前发展的新形势，围绕无毒无害原料、催化剂和溶剂的使用以及原子经济性反应生产安全化学品的绿色化学理想，又对其最早提出的十二条绿色化学原则进行了适当的完善，提出了绿色化学的十二条补充原则，分别是：

　　① 尽可能利用能量而避免使用物质实现转换；

　　② 通过使用可见光有效地实现水的分解；

　　③ 采用的溶剂体系可有效地进行热量和质量传递的同时，还可催化反应并有助于产物分离；

　　④ 开发既具有原子经济性，又对人类健康和环境友好的合成方法"工具箱"；

　　⑤ 不使用添加剂，设计无毒无害、可降解的塑料与高分子产品；

　　⑥ 设计可回收并能反复使用的物质；

　　⑦ 开展"预防毒物学"研究，使得有关对生物与环境方面影响机理的认识可不断地结合到化学产品的设计中；

　　⑧ 设计不需要消耗大量能源的有效光电单元；

　　⑨ 开发非燃烧、非消耗大量物质的能源；

　　⑩ 开发大量 CO_2 和其他温室效应气体的使用或固定化的增值过程；

　　⑪ 实现不使用保护基团的方法进行含有敏感基团的化学反应；

　　⑫ 开发可长久使用、无须涂布和清洁的表面和物质。

　　这些原则涉及了光解水、新能源开发和温室效应等经济和社会发展过程中亟待解决的热点问题，是对其最早提出绿色化学十二条原则的深化和发展。

2.1　防止污染优于污染治理

2.1.1　绿色化学和环境治理

　　化学的发展改变了客观世界和人类社会，它创造了物质财富，显著提高了人类的生活质量。但是近年来地球出现了一个严重的问题，即环境污染。发达国家出现一系列因水体、大气污染引发的公害事件，如日本水俣病事件、洛杉矶光化学烟雾事件、伦敦烟雾事件等，严重恶化了当地的生态和生存环境，造成巨大的经济损失；而广大发展中国家也同时出现贫困型污染，如水土流失、土地荒漠、生态破坏、"三废"污染严重等，使贫困、资源、环境形成恶性循环。人类赖以生存的环境空间不断遭受破坏，导致人类自身的健康和生活质量受到严重影响。不论是农药 DDT 对生态的危害，还是造成畸形胎儿的药物，都使得人们对化学工业、化学品的疑虑越来越多。

　　环境意外污染事件促使公众为防治污染立法立规。据报道，1900—1960 年的 60 年间，在美国只有不到 20 个环境法被通过。而 1960 年到 1995 年的 35 年间，有超过 120 项环境法规颁布，可见在 1960 年后环境保护引起了政府的高度重视。虽然环境法颁布了几十年，有害化学品仍源源不断地被排放到环境中，其原因在于除了 1990 年的污染防治法案所有国家的法律均允许用控制来处理环境问题。仅 1994 年，就有超过 90 万吨有害化学品被排放到空气、水、土壤中。虽然从 1988 年到 1994 年，释放到环境中的有毒化学品数量降低了约 44%，但转移处理的有毒化学品量却成比例地上升。许多化学公司在环保项目上的预算与在科研开发上的预算一样庞大。从这些事实可以看出，使用、生产有害化学品不仅是原材料的浪费，还要花费大量资金用于处理处置这些物质，由此导致化学及化学工业的发展和创新受到损害。

　　绿色化学正是在环境治理陷入困境的情形下兴起的。绿色化学从根本上来说是环境友好化学，它设计、生产、运用环境友好化学品，并且生产过程是环境友好过程，从而防止污染，降低环境和人类健康受到危害的风险。绿色化学是对传统化学思维方式的更新和新发展。它的目的是把现有化学和化工生产的技术路线从"先污染，后治理"改变为"源头上根除污染"，它从源头上避免和消除对生态环境有毒有害的原料、催化剂、溶剂和试剂的使用及产物、副产物等的产生，力求使化学反应具有原子经济性，实现废物的"零排放"。绿色化学与环境治理是两个不同的概念。环境治理是对已被污染的环境进行治理，使之恢复到被污染前的面目；而绿色化学则是从源头上阻止污染生成的新策略，即污染预防，如果没有污染物的使用、生成和排放，也就没有环境被污染的问题，所以说防止污染优于污染治理。

2.1.2 污染预防是解决环境污染与社会可持续发展矛盾的途径

目前，实现人口与经济、社会、环境、资源的可持续发展，已成为世界各国的基本国策。绿色化学是具有明确的社会需求和科学目标的交叉学科。从经济观点出发，它合理利用资源和能源、降低生产成本，符合经济可持续发展的要求；从环境观点出发，它从根本上解决生态环境日益恶化的问题，是生态可持续发展的关键。因此，只有通过绿色化学的途径，从科学研究着手发展环境友好的化学、化工技术，才能解决环境污染与可持续发展的矛盾，促进人与自然环境的协调与和谐发展。

2.2 提高原子经济性

2.2.1 原子经济性的概念和 E-因子

20 世纪的有机化学，其特点不在于平衡化学方程式，而在于传统化学对一个合成过程的有效性的评价，即产率。注重产率往往会忽略合成中使用的或产生的不必要的化学品。经常会有这种情况出现，即一个合成路线或一个合成步骤，可达到 100%产率，但是会产生比目标产物更多的废物。因为产率的计算是由原料的物质的量与目标产物的物质的量相比较，1mol 原料生成 1mol 产品，产率即 100%。然而这个转化过程可能在生成 1mol 的产品时，产生 1mol 或更多的废物，而每摩尔废物的质量可能是产品的数倍。因此，产率计算看来很完美的反应有可能产生大量的废物。废物的产生在产率这一评价中不能体现。所以，现在对化学反应的评价有了新的要求。

2.2.1.1 原子经济性

美国著名有机化学家斯坦福大学的 Barry M. Trost 教授于 1991 年提出了原子经济性的概念，也因此获得 1998 年度的学术奖。传统上常用经济性衡量化学工艺是否可行，Trost 教授提出用一种新的标准评估化学反应过程——原子经济性的概念，即原料分子中有百分之几的原子转化成了产物，可用来估算不同工艺路线的原子利用度。理想的原子经济性反应，应该是原料分子中的原子百分之百地转化成产物，不生成副产物和废物，实现零排放，减少污染。Trost 认为，高效的有机合成反应应最大限度地利用原料分子的每一个原子，使之全部结合到目标分子中，达到零排放。原子经济性体现了资源节约型发展模式和环境友好的实现，是可持续发展战略的具体化。

原子经济性可用原子利用率（Atom Utilization，AU）衡量，其定义式如下：

$$原子利用率 = \frac{预期产物的分子量}{反应物质的原子量总和} \times 100\%$$

2.2.1.2 E-因子

1992 年荷兰有机化学家 Sheldon 提出了 E-因子的概念，E-因子是以化工产品生产过程中产生的废物量的多少来衡量合成反应对环境造成的影响，即用生产每千克产品所产生的废弃物的量来衡量化工流程的排废量：

$$E\text{-因子}=\text{废弃物的质量(kg)}/\text{预期产物的质量(kg)}$$

其中废弃物是指预期产物以外的所有副产物，包括反应后处理过程产生的无机盐等。无机盐如氯化钠、硫酸钠、硫酸镁是废弃物的重要来源，它们大多在反应进行后处理（如酸碱中和）的过程中产生。因此，要减少废弃物，使 E-因子减小，其有效途径之一就是改变许多经典有机合成中以中和反应进行后处理的常规方法。

用原子经济性或 E-因子考察化工流程过于简化，对于合成过程或化工流程所产生的环境影响的更全面的评价还应考虑废弃物对环境的危害程度。此外产出率，即单位时间单位反应容器体积的产物质量，也是一个重要的因素。

总之，要消除废弃物的排放，只有通过实现原料分子中的原子百分之百地转变成产物才能达到不产生副产物或废物的目标，实现废物"零排放"，对于一个化学工艺过程不仅要考虑其产率，还要考虑其原子利用率，这样才能实现更"绿色化"和更有效的化学合成反应。

2.2.2　反应类型及其原子经济性

原子经济性是衡量所有反应物转变成最终产品的程度。如果所有反应物都被完全结合到产品中，则合成的原子经济性是 100％。通常的合成反应类型可由原子经济性来进行评价。

2.2.2.1　分子重排反应

分子重排（Rearrangements）反应是 100％原子经济性反应，因为它通过原子重整产生新的分子，所有反应原子都结合到产物中。

通式：A ⟶ B

实例：Beckmann 重排

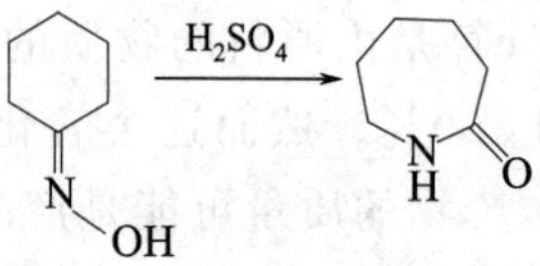

2.2.2.2　加成反应

加成（Addition）反应是原子经济性反应，如环加成、烯烃溴化等，将反应物加到底物上，充分利用原料中的原子。

通式：A ＋ B ⟶ C

实例：

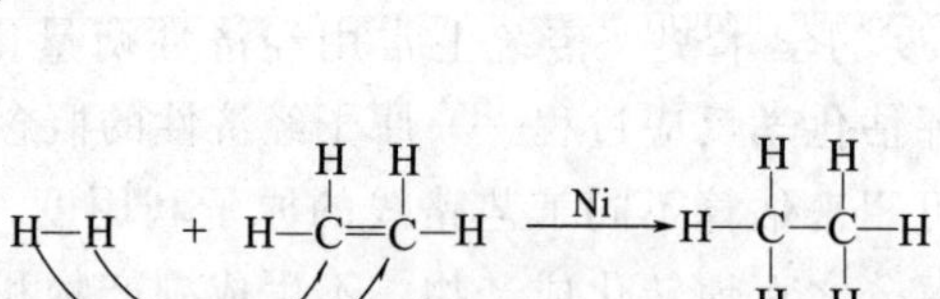

2.2.2.3　取代反应

取代（Substitution）反应中，离去基团是最终产物中不需要的废物，反应的原子经济性降低，而其非原子经济程度则视不同的试剂和底物而定。

通式：A—B ＋ C—D ⟶ A—C ＋ B—D

实例：

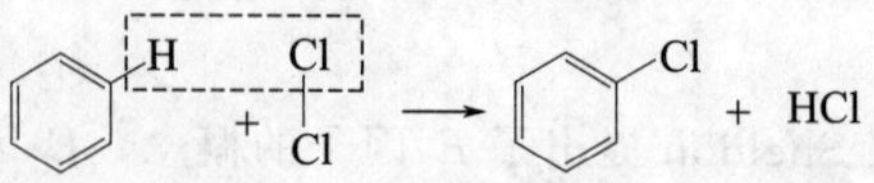

2.2.2.4 消除反应

消除（Elimination）反应是原子经济性最低的反应，所使用的任何未转化至产品的试剂和被消去的原子都成为废物。

通式：

$$\underset{\underset{\boxed{A\quad B}}{\big|\quad\big|}}{-\overset{\big|}{C}-\overset{\big|}{C}-} \longrightarrow -\overset{\big|}{C}=\overset{\big|}{C}- \;+\; A-B$$

实例：

$$\underset{\underset{\boxed{H\quad OH}}{H\quad H}}{H-\overset{H}{\overset{\big|}{C}}-\overset{H}{\overset{\big|}{C}}-H} \longrightarrow H-\overset{H}{\overset{\big|}{C}}=\overset{H}{\overset{\big|}{C}}-H \;+\; H_2O$$

绿色化学的核心是实现原子经济性反应，但在目前的条件下不可能将所有的化学反应的原子经济性都提高到 100%。因此，应不断寻找新的反应途径来提高合成反应过程的原子利用率；或对传统的化学反应进行改造，不断提高化学反应的选择性，达到提高原子利用率的目的。

2.3 绿色合成

绿色化学的根本在于设计化学品时，始终注重将毒害降至最低限度或消除毒害。过去保护环境往往认为要限制化学和化学品，甚至要消除化学和化学品，现在绿色化学则将化学作为一个解决问题的方法，而不是仅仅作为问题看待。绿色化学认识到只有通过化学家的技术、知识才能使现代科技的发展达到对人类健康、环境安全的地步。

2.3.1 理想的合成——绿色合成

为了保护环境，合成化学家要考虑反应的毒害问题。一般有两种途径降低毒害，一是减少暴露，二是降低危害。前者有许多形式，如防护衣、防护面具、控制接触等。但它也存在弊端：一方面，减少暴露往往伴随着生产成本的增加；另一方面，控制暴露有可能失败而面临更大的风险。因此，现在的合成化学主要考虑降低危害的途径，因为化学家能够运用所有的知识对合成进行改进，使化学反应的危害降低，同时从环境的角度看，无论是经济、法律还是社会前景，化学家都必须做到使危害更少。

美国斯坦福大学 Wender 教授对理想的合成作了完整的定义：理想的（最终是实效的）合成是指用简单的、安全的、环境友好的、资源有效的操作，快速、定量地把价廉、易得的起始原料转化为天然或设计的目标分子。这些标准的提出实际上已在大方向上指出了实现绿色合成的主要途径。目前，化学工作者的种种努力只是初步的，在一条合成路线中绿色可能只是局部的。绿色化学的真正发展需要对传统的、常规的合成化学进行全面的诸如从观念上、理论上和合成技术上的发展和创新。这种需求，既是对合成化学的挑战，更是为合成化学革命性的发展提供了前所未有的机会。

2.3.2 采用无毒无害的原料

通常情况，反应初始原料的选择决定了反应类型或合成路线的许多特征。一旦原料决定下来，其他的选择就相应改变。原料的选择很重要，它不仅对合成路线的效率有影响，而且反应过程对环境、人类健康的作用也受原料选择的影响。原料的选择决定了生产者在制造化学品的操作中面临的危害、原料提供者生产时的危害以及运输的风险，所以，原料的选择是绿色化学的决定性部分。

2.3.2.1　传统的原料

现在98％的有机化合物是从石油中得到的，石油精炼消耗了整个能源的15％，而且能源消耗正在逐年增加，因为低质量的原油精炼需要更多能量。石油转变为有用的有机化学品通常要经过氧化反应，而这一氧化步骤是一个由来已久的环境污染步骤，因而减少石油产品的使用是很必要的。

2.3.2.2　生物来源的原料

总的来说，生物质可以成为最好的原料，因为这类原料大部分已经高度氧化，用它们替代石油原料可以避免会造成污染的氧化步骤，同时在完成合成的过程中毒害也远远低于以石油为原料的合成方法。

有研究表明，大量农业产品可以转化为消费品，如谷物、马铃薯、大豆可以经过一系列过程转化为纺织品、尼龙等。

生物质作为原料的开发不仅仅局限于农业产品，农林废弃物、与食品无关的生物产品——通常由一些木质纤维素类物质组成，也可以成为原料。

随着生物技术、生物催化、生物合成等技术的进步，生物质原料已是一些化学过程中石油原料的替代品。Frost证明了一系列以葡萄糖为起始原料的合成反应。运用生物技术采取莽草酸路线可以合成大量化学品，如氢醌（对苯二酚）、儿茶酚、己二酸等。

2.4　设计安全化学品

2.4.1　设计安全化学品的原理

2.4.1.1　设计安全化学品的定义

设计安全化学品是指运用构效关系和分子改造的手段，使化学品的毒理效力和其功用达到最适当的平衡。因为化学品往往很难达到完全无毒或达到最强的功效，所以，两个目标的权衡是设计安全化学品的关键。以此为依据，在对新化合物进行结构设计时，对已存在的有毒的化学品进行结构修饰、重新设计也是化学家研究的内容。

设计安全化学品的观念早在20世纪80年代就已被提及。Ariens就曾提出药物化学家应从合成、分子毒理及药理三方面进行联合考虑，以使化学更好地为人类服务。但长久以来，化学家多关注化学以及运用化学取代、分子改造来改善其物化性质，使其达到期望的工业性能。设计安全化学品使化学家在设计时有了新的考虑角度，即发展和应用对人和环境无毒、无危险性的试剂、溶剂及其他实用化学品。什么才算安全或绿色化学品呢？这要从一个化学产品的整个生命周期来看，如果可能，该产品的起始原料应来自可再生的原料，然后产品本身必须不会引起环境或健康问题，最后当产品使用后，应能再循环或易于在环境中降解为无害物质。

2.4.1.2　设计安全化学品的原则

设计化学品时希望其最好不能进入生物有机体，或者即使进入生物体也不会对生物体的生化和生理过程产生不利的影响。然而考虑到形形色色、千差万别的复杂的、动态的生物有机体实现这种期望面临着艰巨的挑战，化学家必须掌握设计安全化学品的知识，建立判别化学结构与生物效果的理论体系。他们必须能从分子水平避免不利的生物效果，同时还必须考虑化学品在环境中可能发生的结构变化、降解，其在空气、水、土壤中的扩散以及潜在的危害。所以，不仅要顾及化学品对生物的直接影响，还要警惕间接的、长远的影响如酸雨、臭氧层破坏等。设计安全化学品一般遵循以下两个原则。

① "外部"效应原则　即通过分子设计，改善分子在环境中的分布、人和其他生物机体对它的吸收性质等重要物理化学性质，减少有害生物效应。例如，通过分子结构设计，增大物质降解速度、降低物质的挥发性、减少分子在环境中的残留时间、减少物质在环境中转变为具有有害生物效应物质的可能性等；通过分子设计，降低或阻止人类、动物或水生生物对物质的吸收。

② "内部"效应原则　即通过分子设计，增大生物解毒性，避免物质的直接毒性，避免间接生物致毒性或生物活化。

2.4.2　设计安全化学品的实施基础

要将安全化学品的设计在全球范围内进行实践，必须具备以下基本条件：

① 提高设计安全化学品的意识；

② 确定安全化学品的科技和经济可行性；

③ 对化学品的全面评价；

④ 注重毒理和化合物构效关系的研究；

⑤ 化学教育的改革；

⑥ 化学工业的参与。

传统化学往往注重检测化学品能否有所设计期望的性质，而对其起毒性作用的分子则难以辨别。现在通过物质在人体、环境中所造成毒性的机理，化学家能对化合物进行修饰以减小其毒性，而且，对化学品结构的修饰也可使其功能有所保持。当然，仍有许多毒性机理不为人知的化合物，那么通过化学结构中某些官能团与毒性的关系，设计时可以尽量避免有毒基团。同时将有毒物质的生物利用率降至最低也是设计途径之一。当一个有毒物质不能达到目标器官，其毒性就无从体现。化学家可以利用改变分子物理化学性质如水溶性、极性的知识控制分子，使其难于或不能被生物膜和组织吸收，消除吸收和生物利用，毒性也降低。所以，设计安全化学品是可行的。现在已经有很多成功的经验。例如，将致癌的芳胺经分子修饰以利于排泄或阻止生物活化；将分子中的碳原子以硅原子替代来降低毒性；一些典型的有毒物质如 DDT，可以经重新设计，既保持原有功效，又能在生理条件下快速分解为无毒、易代谢排出的物质。在美国总统绿色化学挑战奖中就设有设计安全化学品奖。绿色化学的进步证明设计安全化学品是有效的，也是有益的。它需要公众的意识，化学家、毒理学家的合作，化学教育的支持和化工行业的实践。

2.5　采用安全的溶剂和助剂

2.5.1　溶剂和助剂的应用及其危害

在传统的有机反应中，有机溶剂是最常用的反应介质，这主要是因为它们能很好地溶解有机化合物。通常用的溶剂中，含卤原子的溶剂如二氯甲烷、氯仿、四氯化碳等都被疑为致癌剂，芳香烃也致癌。由于它们良好的溶解性，其应用相当广泛，同时导致了对人类健康的危害。而助剂的使用主要是为了克服在合成中的一些障碍，比如分离用助剂，为将产品与副产品、杂质分开，通常用量大且浪费多。助剂应用非常广泛，以至于很少人评价它们到底是不是必需。除了对人类健康的影响，溶剂和助剂的应用对环境的危害也日渐突出。20 世纪氟利昂作为清洁溶剂、推进剂、发泡剂被广泛应用，它对人、野生生物的直接毒性并不大，它不易燃、不易爆炸，其意外危害度低，但是它破坏臭氧层。所以，采用无毒无害的溶剂和助剂将成为发展清洁合成的重要途径。

2.5.2　超临界流体

2.5.2.1　超临界流体的性质

超临界流体是指处于超临界温度及超临界压力下的流体，是一种介于气态与液态之间的流体状态。其密度接近于液体（比气体约大 3 个数量级），而黏度接近于气态（扩散系数比液体大 100 倍左右）。这一流体具有可变性，其性质随着温度、压力的变化而变化。

2.5.2.2　超临界流体的应用

由于超临界流体的性质，它在萃取、色谱分离、重结晶以及有机反应等方面表现出特有的优越性，从而在化学化工中获得实际应用。其中小分子如二氧化碳在压力 1.38MPa、温度 31.06℃时就可达到临界点。超临界 CO_2 流体作为溶剂有特殊的优势：①非极性或轻微极性的化合物易溶；②对低分子量化合物的溶解性能高，溶解性能随着分子量的增大而降低；③对于中分子量的含氧有机化合物具有很高的亲和性；④对游离脂肪酸及其甘油酯的溶解度低；⑤色素颜料等基本不溶；⑥温度在 100℃以下时，对于水的溶解度很低（<0.5%，质量分数）；⑦蛋白质、多肽、多糖、蔗糖和矿物盐类几乎不溶于超临界 CO_2 流体；⑧适用于分离低挥发性、高分子量、高极性的化合物。超临界 CO_2 流体以其适中的临界压力和温度、来源广泛、价廉无毒等诸多优点而得到广泛应用。如在医药工业中，可用于中草药有效成分的提取、热敏性生物制品药物的精制及脂质类混合物的分离；在食品工业中，用于啤酒花的提取、色素的提取等；在香料工业中，用于天然及合成香料的精制；化学工业中，用于混合物的分离等。同时在分析化学等方面也得到了应用。

2.5.3　无溶剂体系

无溶剂体系是指不使用溶剂而进行反应的体系，无溶剂反应也是绿色化学的研究方向之一，不仅对人类健康与环境安全方面具有显著的益处，而且也有利于降低反应成本。

在无溶剂存在下进行的反应大致分为三类：试剂与原料同时作溶剂的反应；原料和试剂充分混合在熔融状态下的反应；固体表面的反应。固态化学反应的研究吸引了无机、有机材料及理论化学等多学科研究人员的关注，某些固态反应已用于工业生产。固态化学反应实际上是在无溶剂化作用的化学环境下进行的反应，有时可比溶液反应更为有效并达到更好的选择性。

旋光性 2,2'-二羟基-1,1'-联萘酚是一个重要的手性配体，一般通过外消旋体的拆分得到。消旋的联萘酚通常由萘酚在等物质的量三氯化铁或三（2,4-戊二酮基）合锰作用下在液相氧化偶联制得，用三氯化铁氧化有时会产生副产物醌，而锰盐又价格太高不适于大量制备。Toda 发现以 $FeCl_3 \cdot 6H_2O$ 为氧化剂在固相反应更快更有效，只需在 50℃下反应 2h，稀盐酸洗后就能够以 95% 产率得到联萘酚。

萘酚　　　　　　　　　　　　联萘酚

再如，将等物质的量粉末状的二苯甲醇和对甲苯磺酸混合物室温下放置 10min 后，用乙醚萃取反应混合物，蒸馏得到醚，产率为 94%。

$$Ph\text{—}CH\text{—}Ph \xrightarrow{TsOH} Ph\text{—}CH\text{—}O\text{—}CH\text{—}Ph + H_2O$$

$$\underset{OH}{|} \qquad\qquad\qquad \underset{Ph}{|}\quad\underset{Ph}{|}$$

2.5.4 以水为溶剂的反应

由于大多数有机化合物在水中的溶解性差，而且许多试剂在水中会分解，因此，通常避免用水作反应介质。但以水作为反应溶剂又有其独特的优越性，因为水是地球上自然丰度最高的"溶剂"，价廉、无毒、不危害环境。此外，水溶剂特有的疏水效应对一些重要有机转化是十分有益的，有时可提高反应速率和选择性，更何况生命体内的化学反应大多是在水中进行的。

2.5.5 固定化溶剂

有机溶剂对人体健康和环境的危害主要是由于它们的易挥发性。所谓固定化溶剂，就是在保持其溶解性能的同时，不再具有挥发性，从而避免其对人体健康的危害和对环境的污染。例如，可以把溶剂分子固定在固体载体上，或者使溶剂分子与高聚物的骨架链接。事实上有些新的高分子化合物本身就有溶解性，可作为溶剂，比如以传统的溶剂为基础进行聚合反应得到聚合衍生物，它们在化学合成、分离和清洁等过程中具有传统溶剂的溶剂化作用，但却不会挥发到空气中和释放到水介质中造成污染。这类溶剂可单独使用，也可用高级烃类稀释后使用，且可以通过过滤等方法分离回收。目前这方面的工作已有初步成效。如下面的用于聚合反应的溶剂，就是将四氢呋喃键合在聚合物链上得到的。

2.6 合理使用和节省能源

2.6.1 化学工业中使用的能量
2.6.1.1 化学反应中的能量需求

化学化工反应在将物质转变为能量及将能源转变为对社会有用的形式中均扮演了主要角色。化学反应通常是原料和试剂一起在溶剂中加热回流，直到反应完全。但对一个反应到底需要多少热能或其他能量却没有分析过。所以，过程工程师要考虑能量的需求因素，以让化学过程更为有效。

化学反应中有需要通过热加速的反应，这类反应需要的能量通常被用来满足活化能。这时应用催化剂有一个很大的优势，即降低活化能，使反应完全的热能需求降至最低。

2.6.1.2 分离过程中的能量需求

化工过程中的分离、提纯是一个相当消耗能量的步骤，通常的分离步骤如蒸馏、重结晶、萃取等都需要能量的投入。因此，化学家在设计反应过程时，应将分离步骤所需的能量，不管是热能、电能还是其他形式的能量降至最低，这也是能量需求对环境、经济影响的要求。

2.6.2 可利用的能量
2.6.2.1 电能

除了传统的热能外，还有许多形式的能量在化学反应中得到应用。电能是运用得较多的一种。电化学过程是清洁技术的重要组成部分，由于电解一般无须使用危险或有毒试剂，通常在常温常压下进行，在清洁合成中具有独特的魅力。自由基反应是有机合成中一类非常重要的碳-碳键形成反应，实现自由基环化的常规方法是使用过量的三丁基锡。这样的过程不仅原子使用效率低，而且使用和产生有毒的难以除去的锡试剂。这两方面的问题用维生素 B_{12} 催化的电还原方法可完全避免。利用天然、无毒、手性的维生素 B_{12} 为催化剂的电催化反应可产生自由基类中间体从而实现在温和中性条件下的自由基环化反应：

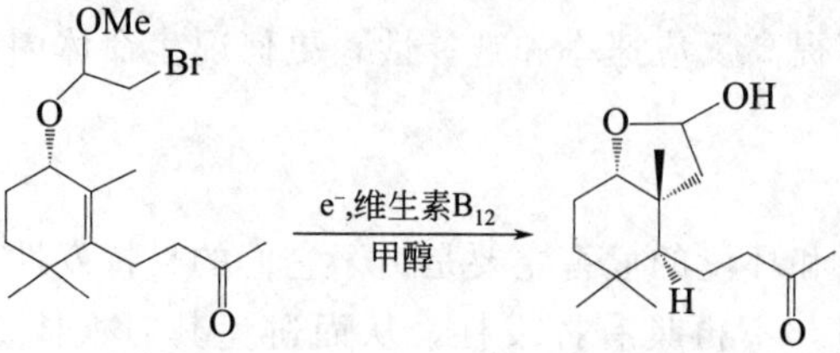

2.6.2.2 光能

运用环境友好的光化学反应来替代一些需用有毒试剂的化学反应是近年来研究较多的课题。Epling 等人就致力于寻找二硫烷、苄基醚氧化的替代反应。例如，可见光条件下的二硫代保护基团的感光裂解：

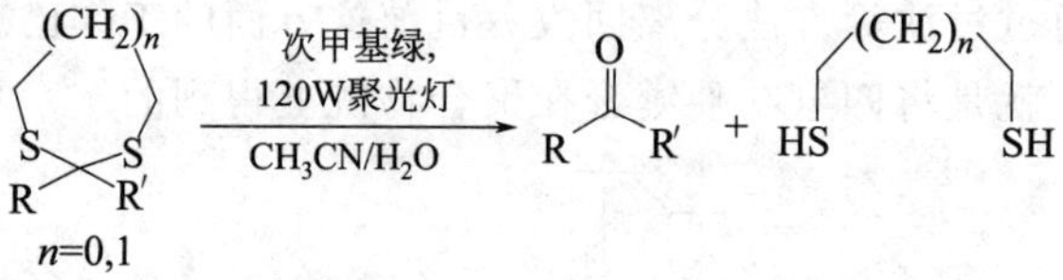

光照射的共轭多烯电环化反应不仅是一个原子经济性反应，而且是一个高度立体专一性反应。如（$1E,3Z,5E$)-2,4,6-辛三烯光照射电环化反应得到反-5,6-二甲基-1,3-环己二烯：

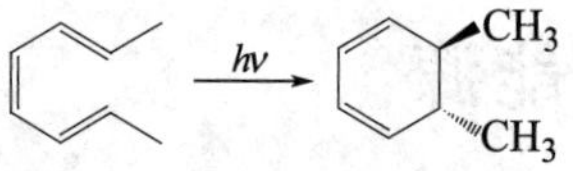

传统的 Friedel-Crafts 反应会产生有污染的副产物，而用光化学反应替代由醌和醛反应可以衍生出一系列的环系产物。这一方法避免了使用路易斯酸催化剂（$AlCl_3$、$SnCl_4$ 等）和硝基苯、四氯化碳、二硫化碳等溶剂。

2.6.2.3 微波

在许多情况下微波技术显示了极大的优势，它不需要通过持续加热来使反应进行。微波加热化学反应有极高的反应速率，甚至比热反应的速率提高 1000 倍，因此，反应时间短。

如下列类型的反应用微波加热都大幅度缩减了反应时间：

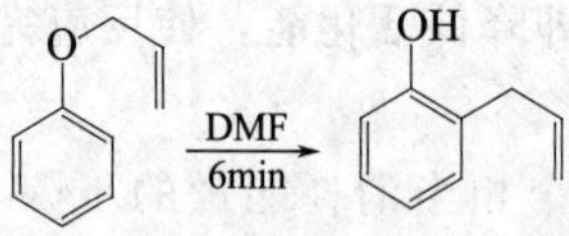

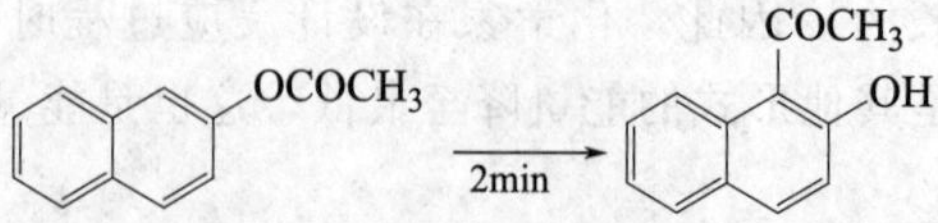

微波加热反应可以在溶液中进行，也可以无溶剂，固相反应也有很高的收率。而且在固体状态下的微波反应避免了在有溶剂的反应中溶剂所需额外的热量需求状况。微波协助萃取在环境样品的有机氯化合物的检测中也显示了其优越性。在微波条件下的萃取，不需热能，

萃取时间短且萃取效果更完全。

2.6.2.4 声波

按频率分类，频率低于 20Hz 的声波称为次声波；频率 20Hz～20kHz 的声波称为可听波；频率 20kHz～1GHz 的声波称为超声波；频率大于 1GHz 的声波称为特超声或微波超声。超声波应用于化学反应形成的交叉学科称为声化学，是一种绿色合成技术。超声波已广泛应用到氧化、还原、加成、取代、缩合、水解等各类有机反应中。一些反应如环加成、周环反应可采用超声波的能量来催化进行。声化学反应速率快，反应物转换率高。例如，在传统反应条件下，芳卤难以用过渡金属还原，但在超声波作用下，六甲基膦酰胺（HMPA）作溶剂，氯代苯很容易被还原，产率接近 100%。

$$\text{Cl}\underset{\text{HMPA, NaI, 60℃}}{\overset{\text{Zn/H}_2\text{O/NiCl}_2}{\longrightarrow}}$$

超声波可以加速烯酮化合物选择性还原成羰基化合物，催化剂雷尼镍可以循环使用：

$$C_6H_5\text{—CH}=\text{CH—C—}C_6H_5 + H_2 \underset{2.5\text{min}}{\overset{\text{Ni}}{\longrightarrow}} C_6H_5CH_2CH_2COC_6H_5(95\%)$$

2.6.3 反应能量需求的优化

化石能源是一种天然的碳氢化合物或其衍生物，包括煤、石油和天然气，属于不可再生的一次能源。随着人类对化石能源的大规模持续开采，化石能源的枯竭是不可避免的。

当一个合成路线可行时，化学家往往要去优化它，即提高产率或转化率，而能量的需要却被忽视了。过程工程师的职责之一就是要衡量化学反应能量的需求。化学家不仅要对一个反应路线产生的有害物质负责，而且对反应或生产过程中的能量消耗负责，通过设计反应体系，能量需求可以改变很多。所以，化学家应将反应过程中的每一步能量需求也作为设计对象去不断优化它，使该过程的能耗最低。

2.7 利用可再生的资源合成化学品

2.7.1 可再生资源的定义

人类可利用的资源可分为三类：一是不可再生资源，二是可再生资源，三是再生资源。可再生资源是指被人类开发利用一次后，在一定时间（一年内或数十年内）通过天然或人工活动可以循环地自然生成、生长、繁衍，有的还可不断增加储量的物质资源，它包括地表水、土壤、植物、动物、水生生物、微生物、空气、阳光（太阳能）、气候资源和海洋资源等。但其中的动物、植物、水生生物、微生物的生长和繁衍受人类造成的环境影响的制约。

可再生原料与消耗性原料的差别可以归结为形成的时间不同，两者是相对而言的概念。消耗性原料如石油，它需要几百万年的时间来形成，因此，石油被视为不可再生原料。可再生原料通常指以生物、植物为基础的原料，消耗后在一定时间范围内可产生的物质，准确地说，即指在人类的生存周期的时间范围内容易再生的物质，例如二氧化碳、甲烷都可称为可再生原料。广泛使用消耗性原料给人带来的忧虑之一就是这些原料有朝一日会完全耗尽和枯竭。如果我们现在还不断消耗那些难以再生的原料，就违背了可持续发展的目标。

2.7.2 传统的资源利用对环境的影响

2.7.2.1 直接影响

20 世纪后期，石油是化工行业的主要原料，石油作为一种传统资源，在使用过程中会产生大量的温室气体及其他含硫、含氮等有害气体，在加工生产后，还会产生燃料废弃物和原料废弃物，这些废弃物中含有大量的重金属，从而污染土壤及地下水，使人类的健康和环境付出了沉重的代价。

2.7.2.2　间接影响

石油化工作为国家的重点支柱行业，在我国的国民经济中起着举足轻重的作用，石油化工是以石油为原料而进行的物理和化学的反应工业，可以将生成的产品作为很多产业中的基本原料。众所周知，石油化工生产中产生的有害物质的量很大，危害人类生活和环境。例如无论石油的开采还是石油加工，都需要大量的水。在开采石油的时候需要水，石油加工的时候更需要水对装置的冲洗，所以，此过程间接造成了水污染；石油的提炼生产过程中由于需要大量的热量，从而造成能源消耗；再如，由它产生的一系列化工产品、化工原料往往经过氧化过程，而这一氧化过程带来了极大的污染，如重金属氧化剂的使用导致人类健康和环境受到严重影响。

2.7.3　有限资源所造成的压力

2.7.3.1　经济压力

石油作为重要的战略资源，对全球经济的飞速发展起到了催化剂的作用，被称为"工业的血液""黑金"。但石油是不可再生资源，终究会因为人类的开采消耗殆尽。研究表明，石油的生成至少需要 200 万年的时间，且分布极端不平衡，中东波斯湾沿岸原油储量占世界总储量的 2/3。

近年来，化石资源渐趋枯竭的坏消息频传，当原料枯竭时，其供求关系将造成价格上涨，然后传导到社会生产各个领域，势必会导致全球的经济压力和动荡。

2.7.3.2　生物性原料的局限

煤、石油和天然气等化石资源不可再生，又易造成严重的环境污染的压力，迫使人们寻找新的可再生资源。目前生物质资源被认为是替代化石资源的最佳选择。以生物质替代石油和煤炭资源发展化学工业是人类可持续发展的必经之路，越来越多的国家已经开始重视这方面的研究。生物多样性决定了生物质的多样性，任何一种生物都可能为人类提供一种或多种生物质，例如，水稻和木薯可提供淀粉、多糖及单糖；树木可以提供纤维素、松脂、木质素、植物油脂等。

现在正在研究生物原料的运用以及其向高价值化学中间体的转化，这无疑是对环境友好的。但是从经济的角度出发，生物可再生原料的使用也有其局限性。局限之一即季节性供应，生物基础原料因干旱或作物生长失败等因素会造成经济上的顾虑。这类原料提供不仅耗时长，不能连续供应，而且不稳定因素多，可能造成化工生产的停顿。局限之二是用农业产品代替工业产品作原料需要使用大量的土地。传统作物既需要土地又需要能量，在作为原料方面有不切实际的一面，所以越来越多的非传统生物制品被开发为可再生原料。例如，各种固体废弃物的综合利用，生活垃圾用于生产水泥和肥料等。生态环境化学品正是从其设计阶段就考虑到原料的再生循环利用，如何定量地评价化学品寿命周期中的环境负荷进而减少它，如何在使用后尽可能完全地对原料和物质进行再利用和再生循环利用，以便使化学品的生产、使用过程和地球生态圈达到尽可能协调的程度，从而根本上解决资源日益短缺，大量废弃物造成生态环境日益恶化等问题。

2.7.4　油脂——一类重要的可再生原料

植物油、动物脂肪和碳水化合物、蛋白质都是重要的可再生原料。例如 2011 年公开了由美国环球油品公司开发的"一种用于从可再生原料如植物油和动物脂肪和油制备航空燃料的方法"的专利。植物油、动物脂肪主要来源于大豆、棕榈、油菜籽、牛脂、猪油等。仅1998 年全球就产有 1.01×10^8 t 油脂，其中大部分作为人类的食品，只有 1400×10^4 t 用于油化学，这个数量正在逐年增长。值得注意的是，椰子油和棕榈果油中的十二和十四碳链的脂肪酸含量高，可以进一步作为洗涤剂、化妆品中的表面活性剂。而大豆、油菜籽、牛脂等中主要含长链脂肪酸如十八碳的饱和或不饱和脂肪酸，可作为聚合物、润滑油的原料。表面活性剂长期以来是石油化工产品，近几年由可再生原料生产的趋势已日渐明显（如图 2-1 所示）。

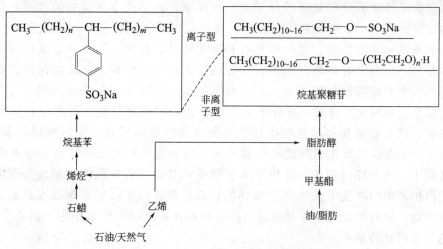

图 2-1　表面活性剂及其他化学品的产生

油脂在聚合物化学中的应用已有一段历史了。亚麻籽油、大豆油可作为聚合物质的干性油，环氧化的大豆油可作聚合物添加剂中的增塑剂，硬脂酸盐可作稳定剂，同时油脂的二羧酸可作为聚合物的分子构件（如图 2-2 所示）。

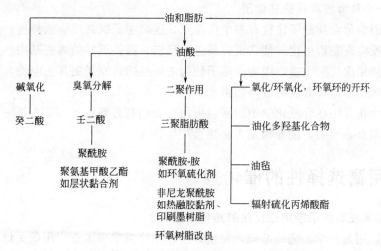

图 2-2　来源于自然油脂的聚合物的分子结构单元

由脂肪酸（单、二羧酸）和醇（单、多羟基）衍生的脂肪酸酯不仅可作"生物柴油"，同时在取代矿物油方面也显示了其可生物降解的优越性。并且脂肪酸酯还显示了特殊的润滑性能，可成为矿物油产品的环境友好替代物。可以预见，可再生资源的应用前景十分光明。

2.8　减少化合物不必要的衍生化步骤

2.8.1　保护与去保护

随着化学合成，特别是有机合成的技术和科学变得更加复杂，其要解决的问题也越来越具有挑战性。有时为了使一个特别的反应发生，通常需要对反应分子进行修饰，使其衍生为其他物质。现在合成的技巧愈趋复杂，合成方法愈趋多样化。为了获得期望的立体控制，为了使含不稳定基团的分子进一步反应，为了改变化合物的性能，化合物得到不断的衍生。其中化学中最常用的技巧就是使用保护基团，它使可能在某反应条件下发生反应的基团不参与反应。这一方法在精细化学品、药物、杀虫剂、染料等的制备工艺中极为常见。现在已有许多基团的保护方法，如羟基的保护、羰基的保护、氨基的保护、羧基的保护及碳氢键的保护等。一个典型的例子是用苄基保护醇的羟基。当要使某分子的某部分发生氧化反应时，该分子上的羟基也会同时被氧化。可以通过向反应物中加入苄基氯，使苄基氯和羟基作用生成苄基醚来保护醇的羟基。此时再进行氧化反应，该分子的另一个部位被氧化而醚键不会被氧化。当氧化反应完成后，再使苄基醚键断裂而使羟基再生。在上述过程中，使用了有害物质苄基氯，它在脱保护时成为废弃物。因此，采用保护基团的办法不仅消耗了额外的试剂，而且产生需要处理的废弃物。而这种衍生化在药物、染料的合成中非常普遍。控制和选择系统中的衍生作用、简化反应历程，这是绿色化学设计的基本方法。

2.8.2　成盐

为了便于操作，通常对化合物的性质如蒸气压、极性、水溶性等进行暂时的改变。例如，在制备羧酸时，经常在溶液中使其成盐析出，以进行纯化。而在最后步骤，无机盐又释放出来，成为废弃物。

2.8.3　增添一个只为被取代的官能团

在合成中因为化合物分子往往有多个反应点，这时为了提高反应选择性，使反应按预期进行，可以使反应点先衍生化，使它更容易进行反应，提供更好的离去基团。如在亲核取代反应中，通常使用卤代衍生物，因为卤原子使与之连接的碳原子更具正电性，而且卤原子是一个好的离去基团。这样含卤的废弃物由此产生。

这三种衍生化方法在合成化学中的普遍应用，我们有必要思考：是否每一个反应、每一个衍生化步骤都是必要的，废弃物是否必然会产生。

2.9　采用高选择性的催化剂

2.9.1　催化是实现高原子经济性反应的重要途径

催化剂的使用是化学工艺的基础，是使许多化学反应实现工业应用的关键。目前大多数化工产品的生产，均采用了催化反应技术，可以说，现代化学工业中，最重要的成就都是与催化剂的应用密切相关。所谓催化剂，就是指凡能显著改变化学反应的速率，而在反应前后自身的组成、数量和化学性质基本不变的物质。其中，能加快反应速率的称为正催化剂；能减慢反应速率的称为负催化剂。通常所说的催化剂一般是指正催化剂。例如，合成氨生产中使用的铁催化剂、硫酸生产中使用的 V_2O_5 以及促进生物体化学反应的各种酶（如淀粉酶、蛋白酶、脂肪酶等）均属正催化剂。催化剂是通过参加化学反应来改变反应速率的，由于催化剂与反应物之间形成一种势能较低的活化配合物，而改变了反应的历程，降低了反应所需的活化能。使用合适的催化剂不仅可以降低能耗，还可以增加反应物的原子经济性和目的产物的选择性，使分离的难度大大降低。尤其在精细化学品、专用化学品和药用化学品及其相关材料的制备领域，绿色催化在提高原子效率和简化生产工艺方面可起到关键作用。例如，用传统的氯醇法合成环氧乙烷，其原子利用率只有 25% ［式（2-1）］，而采用乙烯催化环氧化方法仅需一步反应，原子利用率达到 100%，产率 99% ［式（2-2）］。Hoffmann-La Roche 公司发展抗帕金森病药物拉扎贝胺（Lazabemide）提供了一个显示催化羰基化反应魅力的极好例子。第一条合成路线 ［式（2-3）］采用传统的多步骤合成，从 2-甲基-5-乙基吡啶出发，历经 8 步合成，总产率只有 8%；而用钯催化羰基化反应，从 2,5-二氯吡啶出发，仅用一步合成了拉扎贝胺，原子利用率 100%，且可达到 3×10^6 kg 的生产规模 ［式（2-4）］。

$$CH_2\!=\!CH_2 \xrightarrow{Cl_2} \xrightarrow{Ca(OH)_2} \;\overset{O}{\triangle}\; + CaCl_2 + H_2O \qquad (2\text{-}1)$$

$$2\;CH_2\!=\!CH_2 \;+\; O_2 \xrightarrow{催化剂} 2\;\overset{O}{\triangle} \qquad (2\text{-}2)$$

$$\xrightarrow{\text{8步，总产率8\%}} \qquad 拉扎贝胺 \qquad (2\text{-}3)$$

$$+ \;CO\; + \;H_2N(CH_2)_2NH_2 \xrightarrow[65\%]{Pd催化剂} \qquad (2\text{-}4)$$

在复杂分子的合成中，均相催化可达到很高的原子经济性。例如，在钯催化剂促进下，化合物 A 与 1,6-烯炔反应可同时建立维生素 D_3 的 A 环及与 CD 环的对接，得到 α-钙化醇 ［式（2-5）］。这样的过程还有可能扩展到 1,7-烯炔，从而用于下一代维生素 D 类似物的合成。

$$\xrightarrow{(dba)_3Pd_2,CHCl_3} \qquad \alpha\text{-}钙化醇 \qquad (2\text{-}5)$$

dba 为二亚苯基丙酮

R 为 Sit-BuPh$_2$，R′ = Sit-BuMe$_2$

2.9.2 环境友好催化过程

2.9.2.1 环境友好催化剂

催化科学的迅速发展以及人类环境保护的意识和要求日益强化，促使科学家研究和探索采用一类可回收和可重复使用的固体催化剂来逐步取代传统催化剂用于有机化学反应。科学家将这类固体催化剂亲切地称为"环境友好催化剂"（Environmentally Friendly Catalysts）。

例如，工业上生产羧酸酯的传统方法是以浓硫酸之类的无机酸或 $FeCl_3$ 之类的路易斯酸作催化剂，通过有机羧酸与醇类直接酯化反应。由于该方法属于均相催化反应，因此存在下述弊端：副反应多、选择性低，且催化剂无法回收和重复使用，从而导致资源的浪费；反应完成后不能得到清洁的液体反应产物，这使产物的后处理和精制操作繁杂。而如果用环境友好催化剂来催化酯化等有机反应的话，能够避免和克服使用传统催化剂而导致的上述弊端。

分子筛是无机硅铝酸盐，含硅、铝活性中心，不溶于有机反应体系，突出的优点是处理简单，易于分离，耐高温，不腐蚀设备，能够重复使用和回收再生，是典型的环境友好催化剂。

由于环境友好催化剂，例如沸石分子筛等，不溶于反应体系，属于多相催化反应，反应完成后通过简单的过滤就可将催化剂回收和得到清洁的液体反应产物，可使产物的后处理及精制操作大大地简化，而且无废液污染环境。另外，回收所得的固体催化剂可直接再用于或经适当处理后即可重新用于同一有机反应，可促使成本的降低。沸石分子筛之类的环境友好催化剂的使用还可避免副反应，获得高选择性的目的产物，且不存在对设备和化工管道的腐蚀性。显然，环境友好催化剂具有众多优越性的综合效应，既使产品的成本降低、经济效益更好，又避免了环境污染。

纽约布鲁克林技术大学的 Richard A. Gross 从活体组织中分离出脂肪酶，已经被应用于聚合物的体外催化合成。由于 Richard A. Gross 开发的脂肪酶降低了聚合反应活化能，故减少了能量消耗。Richard A. Gross 对聚合反应的基础研究还表明，脂肪酶在以下 4 个方面能力非凡：能催化高分子链之间的酯交换反应，而通常其需要在高温熔融状态下进行；能使用非正常的亲核试剂代替水，如糖类、平均分子量 19000 的单羟基聚丁二烯等；能以不需要链终止反应而获得预期分子量的控制方式，催化开环聚合的发生；其催化的逐步缩聚反应选择性，能使产物分子量分布好，分散度小于 2。

2.9.2.2　催化过程的环境友好介质

绿色化学的一个重要研究领域是绿色溶剂技术或替代反应条件。溶剂在化学反应及产物分离过程中被广泛使用。大量易挥发有毒有机化合物作为溶剂的使用带来了严重的环境污染和对人的危害。因此，绿色化学溶剂技术对实现绿色化学反应及过程是十分重要的。现在较为常见的绿色溶剂技术主要是这三个方面：①水作为溶剂进行的有机化学合成；②无溶剂的化学合成；③室温离子液体中的化学合成等。

水是绿色化学的首选溶剂之一，但水与很多有机底物不混溶，这就意味着要在液-液两相体系中进行相转移催化。另一个选择则是运用水溶性的过渡金属配合物在水相中催化反应，只要底物在水中稍溶即可。这种两相的金属有机催化的优势在于：在水相中的催化剂可经析相作用循环再使用。

一个典型的工业化应用的两相金属有机催化过程是丙烯经羰基化（醛化）作用得到丁醛。反应中使用了可溶于水的三磺化三苯基膦（tppts）的铑（Ⅰ）配合物作催化剂。

$$\diagdown\!\!\diagup \quad + \quad CO \quad + \quad H_2 \quad \xrightarrow[H_2O]{Rh(I)/tppts} \quad \diagdown\!\!\diagup\!\!\diagdown CHO \quad \text{选择率} 95\%$$

这一观念被应用到许多过渡金属催化的过程，例如不饱和醛的选择加氢：

Rh/tppts(1:10), H_2(2MPa), 80℃
甲苯/H_2O(1:1), pH=7　　　　　转化率100% 选择率99%

Rh/tppts(1:10), H_2(2MPa), 80℃
甲苯/H_2O(1:1)　　　　　转化率90% 选择率95%

而水溶性的 Pd(O) 配合物 Pd(tppts)$_3$ 能在酸性水介质中选择性地使苄基醇羰基化。同样的催化剂也被用于两相的苄基卤的羰基化、烯烃的加氢羧化。

转化率83%，选择率82%

超临界 CO_2 也可作为催化过程如氢化的溶剂。

此外，离子液体被认为是清洁工艺和绿色化学中很有前景的一类反应介质。尤其是可替代那些工业上大量使用的挥发性的有机溶剂。离子液体不易挥发，因此，对空气不会造成污染。近些年来，在离子液体中进行有机反应成为化学研究的一个重要领域。由于离子液体自身特殊的物理特性（低挥发、不燃、液态）和极好的溶解力，其已在许多反应中被用作溶剂或催化剂。如咪唑鎓盐和 $AlCl_3$ 衍生的离子液体被证实是 Friedel-Crafts 酰化反应的非常好的介质（和催化剂）。

到目前为止，多种类型的均相和多相催化反应过程已经在室温离子液体介质中得到了研究，反应类型包括加氢、氧化、还原、聚合等。

2.10　设计可降解化学品

2.10.1　现状

目前，有些化学品在环境中以原来的形式长期存在或被动植物吸收，因为这些化学品在设计时并没有考虑到它对人类健康和环境的影响，所以，它们的持久存在成为遗留已久的问题。其中最引人注意的就是塑料和农药。塑料在出现时以其耐久的使用寿命而著称，但它的这一物化性质引起越来越多的海洋、土地和水生圈的环境问题。而大量的农药都是有机卤化合物，它们在起作用时会在许多动植物中生物聚集，而且经常聚集在动物脂肪组织或脂肪细胞中，当被人食用时，也就造成对人的危害，DDT 就是第一个显示出大范围危害的这类农药。所以，在设计化学品时，能否降解必须作为其性能的评价标准之一。

2.10.2　以能降解为出发点设计化合物

绿色化学认为，设计化学品时必须注意：当化学品功能用尽时，它们能降解为无害的物质或在环境中不能长期存在。现在可生物降解的化学品已成为化学家的首选。不过在设计这类化学品时，同时也要考虑母体化合物生物降解后的存在形式，在设计分子时，引入一些易于水解、光解或其他裂解的官能团，是化合物生物降解的保障。降解前后的化合物的毒性和危害都应作评价，因为如果降解后的化合物增加了危害的风险，也就失去了绿色化学的意义。如今多糖聚合物已显示出较传统聚合物的优越性，毒理数据表明其危害低。多糖本身是可再生资源，而其聚合物在生态环境中可生物降解，所以多糖聚合物正在作为过去使用的一些有害物质的替代品。

2.11　防止污染的快速检测和控制

分析化学家能够检测到环境中的问题，但现在分析工作者需要在防止和减少化学过程中有害物质的产生方面发展新的方法和技术。过程分析化学家要能够在化学合成中进行同步检测，以随时改变反应条件。当一个污染物在反应初期以微量形成，而当反应温度、压强增加时，污染物也大量产生，这时，过程分析化学家如果能够连续地检测到污染物的浓度变化，就能够在污染物达到不可接受的浓度前迅速改变反应的条件。现在已有相当多的研究转移到过程分析化学这一领域中。

为了实现绿色化学的目标，分析技术要在生产过程中和快速这两方面不断发展。只有做到快速监测过程，才能控制有害副产物的产生，抑制副反应；另外，过程分析化学家在监测反应过程时可以判断反应是否完全。有的化学反应需要不断加入试剂，以使反应完全，这时，如果能快速检测到反应完全，就不必加入多余的试剂，从而减少了废弃物的产生。所以过程分析化学具有重要的现实意义。

2.12　减少或消除制备和使用过程中的事故隐患

化学化工中防止意外事故的发生是极其重要的，因为许多化学意外严重影响了人们的健康，恶化了当地的生态环境，造成巨大的经济损失。因此，在化学过程中应注意将发生化学意外（包括泄漏、爆炸、火灾等）的可能降到最低。当然在防止污染、减少废弃物产生的过程中有可能增加了意外的风险，所以，化学过程必须在防止污染和防止意外之间获得平衡。达到安全化学过程的途径之一是慎重选择物质及物质状态，包括使用固体或具低蒸气压物质替代易挥发液体或气体，避免大量使用卤素分子，而用带卤原子的试剂替代。

总之，我们应在遵循绿色化学的十二条原则的基础上，以体现当代最新科学技术的物理、化学、生物手段和方法，从源头上根除污染，以实现化学与生态协调发展为宗旨，来研究环境友好的新反应、新过程、新产品，这是国际化学化工研究前沿的发展趋势和我国可持续发展战略的要求，也是我们化学工作者的职责。

这些原则涉及了光解水、新能源开发和温室效应等经济和社会发展过程中亟待解决的热点问题，是对其最早提出绿色化学十二条原则的深化和发展。

前面提到的绿色化学原则及其随后衍生的绿色工程原则着眼于产品、过程和系统的各个环节对人体健康和环境的影响，从源头上减少或防止污染物的形成，因而，较好地反映了产品及其制备过程的绿色化问题，从理论上提出了降低甚至避免化学过程负面作用的方法和举措，预示着化学及其相关学科新的发展阶段的到来。然而，上述原则主要是直觉和常识的结晶，并没有清晰地反映出绿色化学的概念目标和相关研究领域的内在联系，这说明绿色化学作为一门新兴学科，已提出的绿色化学原则尚难以满足可持续发展对化学的要求，其内容仍处在发展和凝练阶段，今后还有许多问题需要审慎的考虑并对待。

参 考 文 献

[1]　江寅.绿色合成化学 [J].大众科技，2008（2）：106-107.
[2]　蔡卫权，程蓓，张光旭，等.绿色化学原则在发展 [J].化学进展，2009，21（10）：2002-2008.

习　　题

一、名词解释

　　1.原子经济性

　　2.E-因子

　　3.超临界流体

4. 可再生资源

5. 环境友好催化剂

二、填空题

1. 绿色化学从根本上来说是（　　　　　　），核心是（　　　　　　）。目的是把现有化学和化工生产的技术路线从（　　　　　）改变为（　　　　　　），它从源头上避免和消除对生态环境有毒有害的原料、催化剂、溶剂、试剂的使用及产物、副产物等的产生。

2. 绿色合成过程中，化学家往往采用两种途径降低毒害，一是（　　　　），二是（　　　　）。

3. 在化学反应中，除了利用传统的热能外，还有许多形式的能量可以在化学反应中应用，例如（　　）、（　　）、（　　）、（　　）等。

4. 化石资源是一种天然的碳氢化合物或其衍生物，包括（　　）、（　　）和（　　），属于不可再生的一次能源。

5. 可再生原料通常指以（　　）、（　　）为基础的原料，消耗后在一定（　　）内可产生的物质，准确地说，即指在人类的生存周期的（　　）内容易再生的物质，例如二氧化碳、甲烷都可称为可再生原料。

6. 属于可再生能源的是（　　），属于不可再生能源的是（　　）（填序号）。

①煤　　②太阳能　　③水能　　④石油　　⑤风能　　⑥地热能　　⑦天然气

7. 绿色化学认为，设计化学品时必须注意化学品功能用尽时它们能（　　）或（　　）。

三、选择题

1. （多选）绿色化学是（　　）。

A. 更高层次的化学　　B. 可持续发展化学　　C. 环境友好化学　　D. 清洁化学

2. 下列各项属于绿色化学的是（　　）。

A. 从源头解决污染　　B. 处理废物　　C. 治理环境　　D. 减少有毒物

3. 原子利用率最不经济的反应类型是（　　）。

A. 分子重排反应　　B. 加成反应　　C. 消除反应　　D. 取代反应

4. 下列方法中可以增大 E-因子的是（　　）。

A. 改变合成路径使理论产率增大　　　　B. 减少在生产过程中废物的生产量

C. 通过加入其他化学物质进行后处理　　D. 降低废物在环境中的行为对环境的不友好度

5. 绿色化学对化学反应提出了"原子经济性"的新概念及要求。理想的原子经济性反应是原料分子中的原子全部转变成所需产物，不产生副产物，实现零排放。以下反应中符合绿色化学原理的是（　　）。

A. 乙烯与氧气在银催化作用下生成环氧乙烷

B. 乙醇与浓硫酸共热制备乙烯

C. 苯和乙醇为原料，在一定条件下生产乙苯

D. 乙烷与氯气制备氯乙烷

6. （多选）下列属于人工合成高分子中绿色合成的是（　　）。

A. 使用绿色原料　　　　　　　　B. 在超临界二氧化碳中，用开环聚合法合成聚乳酸

C. 使用绿色催化剂　　　　　　　D. 使用酶催化聚合

7. 以环己烯为原料，可以与多种氧化剂反应得到己二酸（反应均在一定条件下进行）。下列氧化剂中可称为绿色化试剂的是（　　）。

A. 高锰酸钾　　　B. 过氧化氢　　　C. 重铬酸钾　　　D. 硝酸

8. 安全化学品应达到的要求最可能是（　　）。

A. 化学品的毒理效力和功效达到最适当的平衡

B. 化学品完全无毒

C. 化学品达到最强功效

D. 化学品毒理效力小于其功效

9. （多选）超临界 CO_2 流体作为溶剂的特殊优势有（　　）。

A. 非极性或轻微极性的化合物易溶

B. 对于中分子量的含氧有机化合物具有很高的亲和性

C. 对游离的脂肪酸及其甘油酯的溶解度低

D. 温度在 100℃以下，对于水的溶解度很低

10. 以下全是绿色溶剂或助剂的一组是（　　　）。

    A. 氟利昂，乙醇　　　　　　　　　B. 苯，水

    C. 超临界 CO_2 流体，固定化溶剂　　D. VOC，乙酸

11.（多选）微波技术在化学反应中的优势有（　　　）。

    A. 不需要持续加热

    B. 在固体状态下能避免有溶剂的反应中溶剂所需额外热量的需求

    C. 可以在无溶剂条件下进行

    D. 提高反应速率

12.（多选）离子液体被认为是清洁工艺和绿色化学中很有前景的一类反应介质，其作为反应介质的优点有（　　　）。

    A. 不易挥发　　　　B. 极好的溶解力　　C. 不易燃烧　　　　D. 具有溶剂和催化剂的双重功能

13. 在臭氧变成气体的反应过程中，氟利昂中的氯原子是（　　　）。

    A. 反应物　　　　　B. 生成物　　　　　C. 中间产物　　　　D. 催化剂

14.（多选）在设计化学品时，必须要注意当化学品用尽时它们能降解为无害的物质或在环境中不能长期存在。多糖聚合物相对于传统聚合物的优越性有（　　　）。

    A. 多糖是可再生资源　　　　　　　B. 可生物降解

    C. 易于水解　　　　　　　　　　　D. 毒性低

15.（多选）下列关于隐患性高分子材料用于后处理方法的说法不正确的是（　　　）。

    A. 全部回收利用　　B. 全部填埋　　　C. 全部堆肥　　　D. 全部焚烧

16.（多选）理想的氟利昂替代品必须满足的要求有（　　　）。

    A. 环保要求（不能含有氯原子）

    B. 替代品应与原制冷剂、发泡剂有近似的沸点、热力学特性及传热特性

    C. 理化性质要求其无毒、无味、无可燃性和爆炸性

    D. 可行性要求，即具有可供应性（廉价）和易采用性（无须对原有装置进行大改动即可达到要求）

四、简答题

1. 简述绿色化学的十二条原则。

2. 以下是制备环氧乙烷的方法，计算该反应的原子利用率，并说出提高原子经济性的意义。

$$C_2H_4 + Cl_2 + Ca(OH)_2 === C_2H_4O + CaCl_2 + H_2O$$

3. 怎样的化学品才算是安全或绿色的化学品？设计安全的化学品有哪些原则？

4. 试举出一个催化剂在绿色有机合成中应用的实例，并说出其优点。

5. 简述使用生物质燃油可实现"零排放"的原因。

五、论述题

1. 论述绿色化学实现的途径。

2. 论述传统的资源利用对环境的影响，并且针对产生的影响提出你的建议。

3. 传统的有机溶剂在使用过程中对人体和环境的危害都很大，请论述可以采取哪些安全的溶剂代替传统的溶剂，并针对一种进行举例说明。

3 绿色有机合成技术

绿色有机合成是指采用无毒、无害的原料、催化剂和溶剂（或无溶剂），选择具有高选择性、高转化率，不产生或少产生副产品的对环境友好的反应进行合成，其目的是通过新的合成反应和方法，开发制备单位产品污染系数最低、资源和能源消耗最少的先进合成方法和技术，从合成反应入手，从根本上消除或减少环境污染。

1828 年德国化学家维勒（F. Wöhler）在实验室中合成尿素，开创了有机合成。早期的有机合成主要是仿造天然物，如染料、香料等。后来，为了满足人类的需要，不断创造新的化合物成为有机合成的重要任务。近 200 年来有机合成取得了辉煌的成就，正如著名的有机化学家、诺贝尔奖获得者 R. B. Woodward 所说：化学家在老的自然界旁边又建立起一个新的自然界。当今世界的各个方面都离不开有机合成的成果。但是随着社会的不断进步，人类文明的不断发展，传统的化学合成方法已经对人类赖以生存的生态环境造成了严重的污染和破坏。多年来治理污染的经验告诉我们，只注重末端治理的方法投资大、收效小，污染治理的观念已经由末端治理升华到以预防为主。近年来可持续发展的理念得到了足够重视，提出了与传统治理污染不同的"绿色化学"概念，它是从源头解决污染问题的一门科学。绿色化学时代的到来对有机合成化学提出了新的要求，它强调反应的原子经济性和选择性，原子经济性即是在获取新物质的转化过程中充分利用每个原料的原子，实现"零排放"，它可以充分利用资源又不产生污染。

3.1 无溶剂合成

在自然科学的发展过程中，有机合成起着巨大的推动作用，它对人类的生产和生活具有不可估量的意义。药物、化肥、人造纤维、洗涤剂、杀虫剂、保鲜剂、染料以及具有各种性能的现代材料等，无一不是有机合成的产物。可以说当今国计民生的各个方面、科学研究的不同领域都离不开有机合成的产品。一直以来，人们已经形成了一种固定的思维模式，认为有机反应总是在溶液中进行，因为有机溶剂能很好地溶解有机物，保证物料混合均匀、能量交换稳定。但是，有机溶剂的毒性和不可回收已成了环境污染的主要源头，使人类社会的可持续发展受到极大的威胁，这就使化学家面临新的挑战，要去探索、研究对人类健康和环境较少或没有危害的绿色化学。于是各国政府、学术界纷纷呼吁采取措施从根本上预防和控制污染。1996 年，美国设立了"总统绿色化学挑战奖"，用来奖励利用化学原理从根本上减少化学污染取得的成就。有机合成作为化学合成的重要组成部分，在绿色化学中居于举足轻重的地位，在绿色化学及其理念指导下，最终要实现绿色合成。

无溶剂有机合成就是绿色有机合成的重要组成部分。因为它不使用溶剂，而且在反应速率、产率、选择性方面，均优于溶液反应。无溶剂有机合成反应因其不使用溶剂，因而彻底避免了反应过程中溶剂对环境的污染，同时又降低了生产成本。另外，由于没有溶剂的介入，它有着与传统溶液反应不同的新的分子环境，在固态时，反应物分子构象相对稳定，可利用形成包结物、混晶、分子晶体等手段控制反应物的分子构型，尤其是通过与光学活性的主体化合物形成包结物控制反应物的分子构型，实现对映选择性的不对称合成，因而有可能使反应的速率、选择性和转化率得到提高；同时还可使产物的分离提纯变得较为简单。另外这类反应通过室温研磨、微波辐射、超声波辐射、振荡和光照等简捷技术就可以实现。基于以上诸多优点，无溶剂有机合成反应近年来得到了合成化学家的重视，已成为实现"绿色有机合成"的一个重要途径。

3.2　固相合成

固相化学合成反应是指固体与固体反应物直接接触发生化学反应，生成新的物质。固相化学合成反应是研究固体物质的制备、结构、性质及应用的一门新型化学合成反应科学。固相化学合成反应不使用溶剂，具有高选择性、高产率、工艺过程简单等优点，已成为制备新型固体材料的主要手段之一。固相化学自 20 世纪初被确定为一门学科以来，被广泛应用于新型功能材料的合成，20 世纪 50 年代高纯单晶半导体的固相成功制备，引发了电子工业的彻底革命；所有石油裂化都使用以硅铝酸盐作基础的催化剂，其中对催化领域有很大影响的 ZSM-5 分子筛在自然界中尚未找到天然存在形式，可采用固相化学反应来合成；在磷酸盐中最具影响的 VPI-5 也是用固相化学反应合成的。如今的新型高温陶瓷超导材料以及新型光、电、磁材料也成功地采用固相合成方法来制备，这些材料的成功开发有望引起一场计算机、化学制造业等相关领域的技术革命。固相化学合成反应按反应的温度高低可以分为高温固相反应和低热固相反应。

3.2.1　高温固相反应

3.2.1.1　高温固相反应的机理和特点

高温固相反应是高温合成反应中一类很重要的合成方法，从热力学上讲，某些固体物质混合后反应生成新的物质，必须具备一定的反应条件，一般在常温下或较高的反应温度下固体物质也能发生反应，但反应可能需要数天才能完成，高温下固相反应的时间可以大大缩短，提高了生产效率。高温固相反应的反应温度通常在 200℃以上。

高温固相反应的第一阶段是在晶粒界面上或界面邻近的反应物晶格中生成晶核，成核反应需要通过反应物界面结构的重新排列，其中包括结构中阴、阳离子键的断裂和重新结合，反应物晶格中的离子脱出、扩散和进入缺位，高温下有利于晶核的生成。第二阶段是进一步实现晶核的晶体生长，需要横跨两个界面的扩散才有可能发生晶体生长反应，并使原料界面间的产物层加厚。因此决定反应的控制步骤应该是反应物晶格中离子的扩散，高温下有利于晶格中离子扩散，另外，随着反应物层厚度的增加，反应速率会随之而减慢。

从高温固相反应的机理和特点可以得出影响高温固相反应速率的主要因素有三个：①反应物固体的表面积和反应物间的接触面积；②生成物相的成核速度；③相界面间特别是通过生成物相层的离子扩散速度，这与反应物和生成物的结构有重要的关系。研究高温固相反应规律和特点，将有利于对高温固相合成反应的控制和新反应的研究开发。

3.2.1.2　高温固相反应合成中的几个问题

① 反应物固体的表面积和接触面积　反应物固体的表面积和反应物间的接触面积是影响高温固相反应速率的一个重要因素。通过反应物料的物理破碎或各种化学途径获得粒度

细、比表面积大、表面活性高的反应物原料，再通过加压成片，甚至热压成型使反应物颗粒充分均匀接触或通过化学方法使反应物组分事先共沉淀或通过化学反应制成反应物先驱物。采用这些方法改变反应物固体的表面积和接触面积将非常有利于进一步高温固相反应，提高固相反应速率，降低反应温度。如尖晶石型 $ZnFe_2O_4$ 的固相反应"先驱物"的制备，以 $Fe_2[(COO)_2]_3$ 和 $Zn(COO)_2$ 为原料，按 $1:1$ 溶于水中充分搅拌混匀，加热并蒸去混合溶液的水分。$Fe_2[(COO)_2]_3$ 和 $Zn(COO)_2$ 逐渐共沉淀下来，产物几乎为 Fe^{3+} 与 Zn^{2+} 均匀分布的固溶体型草酸盐混合物。产物沉淀经过过滤、灼烧即成为很好的固相反应原料"先驱物"。用"先驱物"原料进行 $ZnFe_2O_4$ 的固相合成，固相反应的温度可比常规的大为降低。

② 反应物固体原料的反应性　生成物相的成核速度也是影响高温固相反应速率的一个重要因素。反应物固体的结构与生成物结构相似，则结构重排较方便，成核较易，有利于进一步高温固相反应。如果反应中固体反应物和生成物结构中离子排列结构相似，则易在固体反应物界面上或界面邻近的格内通过局部规正反应（Topotactic Reaction）或取向规正反应（Epitactic Reaction）生成产物晶核或进一步使晶体生长。反应物的反应性还与反应物的来源和制备条件、存在状态特别是其表面的结构情况有密切关系。反应物一般均为多晶粉末，且晶体不完整，当多晶不完整时，晶粒表面同时出现不同晶面，晶体不同部分的表面具有不同的结构，因而具有不同的反应性。其次，固体的反应性和晶体中缺陷的存在也有相当大的关系。从制备方法、反应条件和反应物来源的选取等方面应着眼于原料反应性的提高，对促进固相反应的进行是非常有作用的。例如在固相反应以前制取具有高反应性的原料如粒度细、高比表面积、非晶态或介稳相，或者新沉淀、新分解、新氧化还原或新相变的新生态反应原料，这些反应物往往由于结构的不稳定性而呈现很高的反应活性。对于有金属氧化物为固体原料参与的高温固相反应，有时可以以其氢氧化物代替为原料，在固相反应中氢氧化物分解而生成新相金属氧化物，反应所需的温度可远低于直接使用金属氧化物为固体原料的固相合成反应。

③ 固相反应产物的性质　由于固相反应是复相反应，反应主要在界面间进行，反应的控制步骤为离子的相间扩散，因而此类反应生成物的组成和结构往往呈现非计量性和非均匀性。在一定温度下反应产物是组成为生成物和中间产物的固溶体，或者至少可以说在该温度下在固相反应的初级阶段生成产物的组成在一定范围是可变的。这造成了组成和结构的非均匀性。如继续进行反应，即使持续很长时间也难于使其组成趋向生成物的计量比。这种现象几乎普遍地存在于高温固相反应的产物中。

晶格中和相间的离子扩散是影响固相反应的一个重要因素。有时甚至是固相反应的控制步骤。在固相反应中由于反应物结构和生成物结构的特点，要进一步细致研究其中离子的扩散规律是较为困难的。因而这将是研究高温固相合成反应的一个重要方向。

3.2.2　低热固相反应

相对于高温固相反应而言，低热固相反应的研究受重视程度要少得多，几乎处在刚起步的阶段，许多工作有待进一步开展。Toda 等的研究表明，能在室温或近室温下进行的固相有机反应绝大多数高产率、高选择性地进行；忻新泉及其小组近十年来对室温或近室温下的固相配位化学反应进行了较系统的探索，探讨了低热温度固-固反应的机理，提出并用实验证实了固相反应经历四个阶段，即扩散-反应-成核-生长，每一步都有可能是反应速率的决定步骤，总结了固相反应遵循的特有规律，利用固相化学反应原理，合成了一系列具有优越的三阶非线性光学性质的 Mo(W)-Cu(Ag)-S 原子簇化合物以及一类用其他方法不能得到的介稳化合物——固配化合物，合成了一些有特殊用途的材料，如纳米材料等。

3.2.2.1　低热固相化学反应机理

与液相反应一样，固相反应的发生起始于两个反应物分子的扩散接触，接着发生化学作用，生成产物分子。此时生成的产物分子分散在母体反应物中，只能当作一种杂质或缺陷的分散存在，只有当产物分子聚集到一定大小，才能出现产物的晶核，从而完成成核过程。随着晶核的长大，并达到一定的大小后开始出现产物的独立晶相。可见，固相反应经历四个阶段，即扩散-反应-成核-生长，但由于各阶段进行的速率在不同的反应体系或同一反应体系不同的反应条件下不尽相同，使得各个阶段的特征并非清晰可辨，当然，在具体的固相反应体系中，这四个阶段是相互牵连、连续进行的。固相反应的每个阶段都有可能成为整个反应的速控步，总反应特征只表现为反应的决速步的特征。长期以来，一直认为高温固相反应的决速步是扩散和成核生长。原因就是在很高的反应温度下化学反应这一步速率极快，无法成为整个固相反应的决速步。在低热条件下，化学反应这一步则可能是速率的控制步。

根据低热固相化学反应机理可知低热固相化学反应有四种不同的速控步：①产物晶体成核速率为速控步；②产物晶核生长速率为速控步；③化学反应速率为速控步；④反应物的扩散速率为速控步。

3.2.2.2　低热固相化学反应的特有规律

低热固相化学反应与溶液反应一样，种类繁多，按照参加反应的物种数可将固相反应体系分为单组分固相反应和多组分固相反应。到目前为止，已经研究的多组分固相反应有如下十五类：①中和反应；②氧化还原反应；③配位反应；④分解反应；⑤离子交换反应；⑥成簇反应；⑦嵌入反应；⑧催化反应；⑨取代反应；⑩加成反应；⑪异构化反应；⑫有机重排反应；⑬偶联反应；⑭缩合或聚合反应；⑮主客体包合反应。从上述各类反应的研究中，可以发现低热固相化学与溶液化学有许多不同，遵循其独有的规律：潜伏期、无化学平衡、拓扑化学控制原理、分步反应和嵌入反应。

3.3　液相合成

液相合成主要是指在制备过程中，通过化学溶液作为媒介传递能量的合成方法。传统液相合成大致可分为溶剂-凝胶法、沉淀法、水解法、水热/溶剂热法、微乳液法等。下面以具体实例介绍液相合成。

3.3.1　超高超低黏度羟乙基纤维素的液相合成

羟乙基纤维素（Hydroxyethyl Cellulose，简称 HEC）是一种水溶性纤维素醚，是近年来发展迅速的重要的非离子型纤维素醚，其产量仅次于世界范围内产量最大的 CMC，被广泛应用于高分子聚合反应、涂料工业、日用化学品、建筑行业、石油开采和医药工业等。我国于 1977 年开始试产，生产工艺为气相法。目前国内在生产工艺上有气相法和液相法两种，气相法生产的产品黏度一般不高，在 10000mPa·s 以下，而液相法生产的产品黏度范围很宽。据国外报道，2% 的水溶液（25℃），随其品级不同，黏度可低至 $2\sim3\text{mPa·s}$，也可高达 10^5mPa·s。

3.3.2　液相法构造有机硅烷超疏水表面

有机硅化合物具有表面自由能低、耐高、低温、化学稳定性及生物相容性好等优异性能，在许多领域得到了广泛应用，其中有机氯硅烷（$RSiCl_{4-n}$，$n=0，1，2，3$）具有较强的反应性，通过简单的液相反应可以实现材料表面的硅烷化，赋予材料特殊的表面性能。氯硅烷和硅氧烷是最常使用的两种有机硅烷，它们在一定水含量下能发生水解，在这个过程中形成聚硅氧烷涂层，该涂层具有许多优良的特性，如低表面能、无毒、耐氧化和耐腐蚀，因此被广泛应用于超疏水涂层的构造。

(1) 溶胶-凝胶法

溶胶-凝胶法是采用无机盐或金属烷氧基化合物作为活性前驱体，在溶液中发生水解、缩合反应形成稳定的溶胶，然后通过一定方法整理到基底上，经过蒸发干燥从溶胶转变为凝胶，从而制备出具有超疏水性能的涂层。Wang 等人通过溶胶-凝胶法制造了超疏水复合涂层，首先将 SiO_2 纳米颗粒添加至乙醇溶液中，超声处理 15min 后获得均匀分散的 SiO_2 纳米粒子，随后在该悬浮液中加入乙烯基三乙氧基硅烷，在氨水的催化作用下进行反应，得到改性 SiO_2 溶胶，再将玻璃片浸入该悬浮液进行涂层整理，最终涂层接触角达到 156°，具有优异的超疏水性能。Yang 等人以 $Ti(OBu)_4$ 为前驱体，在乙酸催化下制备了 TiO_2 溶胶，随后使用含氟烷基硅氧烷对 TiO_2 溶胶表面进行修饰，再将氟化 TiO_2 溶胶涂在棉织物表面进行固化，成功制备超疏水棉织物，涂层具有良好的化学稳定性，接触角可达到 152.5°，具有较好的自清洁效果。

(2) 液相沉积法

有机硅烷液相沉积法与气相沉积法反应机理大致相同，通过基底表面的羟基吸附水形成一定厚度的水层，硅烷单体在基底表面水层发生水解交联，在基底表面形成一定粗糙结构的超疏水涂层。与气相法不同的是，液相法通过吸收溶剂中的水分进行水解交联，整个反应体系可以暴露在大气中，且硅烷反应程度高于气相沉积法，Anac 等研究表明，通过气相法和液相法制备的涂层，都具有良好的化学稳定性和超疏水性，液相法制备涂层的厚度与密集程度高于气相法，但是其透明度有所下降。Orsolini 等在具有亲水性的纳米原纤化纤维素材料上，使用甲基三氯硅烷通过液相法对其进行化学改性，使纤维素材料实现了从亲水性到超疏水性的变化，同时也说明了液相法处理不受基材形态的影响（致密的多孔薄膜、泡沫或纤维），材料经过改性后，热分析中残碳率明显提高，同时具备超疏水性、油水分离及选择性吸油的能力。

3.3.3 液相化学法降解不饱和聚酯树脂

不饱和聚酯树脂（Unsaturated Polyester Resin，UPR）是我国用量最大的热固性树脂，具有强度高、重量轻、价格低廉、耐腐蚀性好及工艺性能优良等特点，被广泛应用于航空航天、自动化制造、风电、压力容器和电子材料等领域。根据 2018—2028 复合材料市场报告的数据，2018 年应用于复合材料领域的 UPR 产值超过 90 亿美元。我国对于 UPR 的需求旺盛，其产能连年增长，2020 年达到 650 万吨。然而，具有三维交联空间网络结构的 UPR 难以降解和回收利用，已导致诸多严重的环境问题。针对这一难题，研究学者曾采用焚烧法、机械回收法、热解及能量回收法对废弃 UPR 及其复合材料进行降解回收处理。然而，上述处理方法能耗巨大，安全性差，且回收得到的增强体纤维力学性能下降严重，只能应用于某些低端领域。在此背景下，国内外的研究机构采用液相化学法处理废弃 UPR 及其复合材料。研究显示，液相化学法可在较温和的条件下降解 UPR，具有能耗低、安全性高、回收的增强体纤维损伤小等优势，使其成为 UPR 及其复合材料降解回收极具潜力的方法之一。

相比于其他回收方法，液相化学回收可以在较温和条件下将纤维与树脂基体完全分离，实现废弃 UPR 的完全降解。同时，回收后的树脂可用来重新制备新材料，回收得到的纤维受损伤较小，能够再加工成新的复合材料，避免纤维资源的浪费，实现了树脂与纤维的双回收。但是液相化学回收也有不足之处，表现为研发工艺成本较高，反应条件苛刻，对设备要求较高，降解过程中产生二次污染等问题处理流程复杂，有一定的安全风险等。因此，从目前的发展趋势来看，未来液相化学法回收仍需要解决诸多问题：①更温和、更高效、更绿色的降解方法；②不损伤纤维的降解体系；③无二次污染物生成的降解过程；④可重复使用的降解方案，以实现大规模的商业化应用。

3.3.4　液相法制备三聚氰酸

三聚氰酸，也被称为氰尿酸或者是异氰尿酸，是一种重要的精细化工品。目前以尿素为原料的三聚氰酸合成工艺，根据反应介质的差异，总体上可分为两大类：①固相法，采取的是尿素单独或者加入其他盐类进行热解和熔融制备；②液相法，即将尿素悬浮于一些高沸点溶剂中，经加热聚合，再脱去溶剂制得三聚氰酸。

液相法也被称为溶剂法，是指将尿素悬浮于某种惰性、高沸点的溶剂中，进行加热脱氨合成三聚氰酸，温度一般可以达到 150～180℃。相对于尿素直接热解会使氨气大量生成从而使其分压较大，液相法将尿素加热熔融在溶剂中成均相，使得反应趋向温和，同时还能够降低氨气的分压，抑制氰尿酰胺的生成，因此 20 世纪 90 年代以来液相法成为研究热点。相对于固相法，液相法在收率和纯度方面均较为理想，特别是使用过的溶剂能够通过过滤提取或者蒸馏精制后再次应用，不会对产品纯度产生较大影响，实现了溶剂循环利用的效果。液相法摒除了固相法的黏壁现象和过热分解的困扰，能耗低，对设备腐蚀较轻，能一次性合成高纯度、高收率的成品，具有连续化生产的优势。液相法对溶剂的选择要求严格，所选溶剂需要具备高沸点、低熔点，不与尿素、热解中间产物和三聚氰酸发生反应，对尿素及中间体有着优良的溶解性能。可见，只有小部分溶剂能够满足要求，而能够满足需求的溶剂价格又都很昂贵，且具有一定的毒性，因而制约了其工业化生产，鲜有文献报道相关企业进行大规模生产。但液相法工序和后处理相对简便，反应过程中副产物少，能够避免杂质进入，得到三聚氰酸的成品品质较高，特别是在清洁生产工艺方面具有很大的潜质，因此对其研究也越来越多。

3.4　电合成

有机物的电化学合成又称有机物的电解合成，简称为有机电合成，近年来被认为是"绿色合成"技术。电化学合成是在含有聚合物单体、溶剂、电解质、引发剂等的溶液中通入阳极电流而发生聚合反应。工作电极可以使用石墨、金属、金属氧化物和半导体材料等。

电化学是研究电能和化学能相互转化关系的科学，这种转化是在电子导体（如金属、半导体）和离子导体（如电解质溶液、熔盐）的界面上发生的，因此，现代电化学又被定义为研究电子导体和离子导体界面现象的一门科学。

电化学正在介入全球性三大问题：能源开发、环境保护和生命科学的领域。太阳能是未来最可靠的能源之一，利用太阳能，电化学在两个途径上极有发展前途：一是通过光电化学能转换提供光电化学能电池；二是光借助电解水产生氢气，以氢气作为新型能源。

在研究生命科学方面，电化学过程已成为洞察人体信息的一种重要手段。利用电化学传感器，用以构成人工脏器或病态脏器的人工调节，这一工作使电化学工程与医学工程相结合，以促进人体医学和生命学的发展。

电合成是研究将电能转化为化学能的科学，即利用电能来合成化学物质，它为人类提供了一种清洁生产的合成方法。对于一些用一般化学方法难以制备得到的产品，如钠、钾、钙、镁、铝等活泼金属，以及许多强氧化性和还原性物质，必须采用电合成方法。某些有机化合物采用化学合成法时其选择性或产率很低，或分离很难，或有严重污染，而采用电化学法合成则可以避免上述不足。但后来由于有机电合成反应机理的复杂性，及技术上的不成熟，更由于有机催化合成的迅速发展，有机电合成工业从经济上竞争处于不利地位，长期处于实验室水平。直到 20 世纪 60 年代中期，有机电合成发生了两件划时代的大事。美国化学家 M. Baizer 成功研究了电解还原丙烯腈合成己二腈的方法。1965 年孟山都（Monsanto）公司实现了这一反应的工业化。与此同时，美国纳尔科（Nalco Chemical Co.）公司用 Grignard 试剂 C_2H_5MgCl 与铅阳极反应生成四乙基铅，实现了电解合成四乙基铅的工业化。自此以后，有机电合成技术在工业上取得了广泛的应用，除了孟山都公司和纳尔科公司外，用电合成方法生产有机产品的著名企业还有 3M 公司、道化学公司（Dow Chemical Co.）和杜邦公司（DuPont Co.）等。此外，德国的巴斯夫（BASF）、赫司特公司（Hoechest Co.），英国的荷里第公司（Holliday Co.），日本的旭化成公司、大冢化学公司，印度的中央电化学研究所及我国也开发了许多电合成有机化合物的项目。到 20 世纪末，世界上已有逾百种有机化学品的电合成实现了工业化或进行过工业化试验。

与化学法相比，电化学合成具有许多优点：①电化学合成采用"电子"作反应试剂，大都不需加入氧化剂和还原剂，反应体系中包含的物质种类比较少，产物易分离和精制，产品纯度高，对环境污染小，有时甚至完全无公害，是"绿色化学合成工业"的重要发展方向；②在电合成过程中，通过选择电极、电极电位和溶剂等方法可以控制反应的进行方向，反应选择性高，副反应较少，电合成的产品收率较高；③电化学合成反应一般在常温、常压下进行，不需要特殊的加热和加压设备，工艺流程短，设备投资、噪声和热污染少；④电化学过程的电流、电压等参数采集和控制方便、容易实现自动化。

作为一门技术，有机电合成还存在不足之处：①由于把电当反应物质使用，故消耗电能大，是化学法的 2～3 倍；②需要特殊的反应装置（如电解槽、各类电极、隔膜等）；③与电解无机物相比，电流密度较小，生产强度较低，单槽产量较小；④影响反应因素的较多，技术难度较大。这些缺点使得有机电合成在工业应用的发展上受到很大的阻碍。

有机电合成的使用范围：①没有已知或类似的化学合成；②已知化学法为多步骤或低产率；③要消耗大量的氧化剂或还原剂，而这些试剂在大批生产时有困难，或者价格昂贵；④现有的化学法中，"三废"处理困难引起环境的污染大或处理费用高，经济上不合理；⑤某些复杂化合物的反应选择性差；⑥市场需求量小，但产值特别高的有机产品，宜采用有机电合成。

有机电合成的研究开发方向：①提高有机电合成反应的选择性及产率，降低能耗和物耗；②提高生产强度及反应器的空间-时间产率；③选择合适的产品，如产量不大，而产值特别高的精细化工产品，或现有有机合成工艺困难的高、精、尖的产品。

以上问题的解决，首先依靠电化学科学及电化学工程的进展，同时也寄希望于一些新的技术及工艺的开发应用。如媒质反应技术、相转移催化技术、成对电解合成及外加磁场的应用等。

3.5　光合成

　　光催化技术是一项新的环境能源技术，它具有能耗低、操作简便、反应条件温和、可减少二次污染、可连续工作等优点，日益得到人们的重视。光催化技术的研究开始于 20 世纪 50 年代，当时是为了解决无机化合物导致的光分解反应即由染料导致的涂料老化问题展开的。在 20 世纪 60～70 年代，科研人员在研究与开发复印、传真等光电新技术时，对具有光的刺激应答功能的半导体氧化物材料进行了一系列的探索研究。1972 年藤岛昭等人在实验中偶然发现用 TiO_2 单晶半导体为电极，在光照下能将水电解为氧和氢。同时，他们还发现水中的一些微量有机物也被电解掉了，取得了光催化技术研究的重大突破。之后，他们将 TiO_2 负载于金属载体上制成微电池，在水中也同样证实了 TiO_2 具有光催化反应功能。此后 20 多年，藤岛昭等人在日本领衔从事纳米 TiO_2 的研究和技术开发工作。对 TiO_2 光催化氧化技术的研究与开发、推广与应用，被称为"光洁净的革命"。各国科学家们也纷纷研究光催化现象，但是光催化技术在建筑环境与设备工程中的应用研究还是近些年的事情。在建筑环境和设备领域中，利用光催化技术改善室内空气质量，光催化技术的杀菌作用，光催化材料对玻璃幕墙和建筑装饰表面的自清洁和防雾功能，纳米技术强化空调与制冷设备的传热性是目前国内外研究和开发的热点。

　　在基础研究方面，光催化技术要解决的问题是中间产物和活性组分，解释固液界面的光催化机理，半导体表面的能级结构与表面态密度的关系，担载金属或金属氧化物的作用机理、光生载流子的移动和再结合的规律，多电子反应的活化、有机物反应的活性与其分子结构的关系等。

　　在应用研究方面，和其他催化研究一样，光催化研究的核心是寻找性能优良的光催化剂，所以高效光催化剂筛选及制备是光催化研究的核心课题。另外，光催化技术所面临的问题是在机理和实际废水催化氧化动力学研究的基础上对光催化反应器进行最优化设计，并对催化过程实行最优操作，因此，高效多功能集成式实用光催化反应器的开发，将会成为一种新型有效的水处理手段，特别是在低浓度难降解有机废水的处理及饮用水中"三致"物质的去除方面发挥重要作用，该技术具有结构简单、操作条件容易控制、氧化能力强、无二次污染、节能、设备少等优点，具有一定的工业化应用前景。

3.6　催化技术

　　催化是化学工业的支柱，现代化学工业 80% 以上的化工过程是催化反应，但是传统的催化过程往往单纯注重生产的经济性而对其环境效益和生态效应注意不够，所以目前使用的催化剂多数都在一定程度上对环境带来危害。随着人们对绿色化学、清洁工艺的日益关注，研究和开发对环境友好的绿色催化技术也就成为十分重要的课题。

3.6.1　环境友好的固体酸催化

　　酸碱催化是最常见的催化过程，在石油炼制、石油化工中占有重要地位，如烃类的裂解、异构化、重整、烯烃水合、芳烃烷基化、酯化等都是催化过程，传统的催化剂是液体酸如硫酸、磷酸、氢氟酸、三氯化铝、氯化锌等路易斯酸。以液体酸为催化剂的一些重要工业催化反应列于表 3-1。

表 3-1 液体酸为催化剂的一些重要工业催化反应

反应类别	过　　程	液体酸	反应温度/℃	缺　　点
烷基化	苯＋乙烯——乙苯	$AlCl_3$、BF_3、HF	100～200 20	腐蚀，操作条件苛刻，收率低；脱 HCl、RCl 困难，催化剂难分离，HF 有毒
	2-甲基丙烯＋2-甲基丙烷——异辛烷	浓硫酸、HF	80 30～40	腐蚀，有毒，废水处理，催化剂难分离，有副反应
酯化	邻苯二甲酸酐＋丙烯醇——苯二甲酸二丙基酯 乙酸＋沉香醇——乙酸里哪酯 水杨酸＋甲醇——水杨酸甲酯 环氧氯丙烷＋乙烯醇——氯丙酸乙酯	硫酸、对甲苯磺酸	＞120	腐蚀，废水处理，催化剂难分离
异构化	Beckmann 重排:己内酰胺——ε-己内酯	硫酸、发烟硫酸	100～150	生成大量硫铵，腐蚀，废水处理
	歧化:邻(间)二甲苯——对二甲苯	HF-BF_3	＜100	腐蚀，污染，操作需熟练
加成/消除	水合: 正丁烯——仲丁醇 异丁烯——叔丁醇	硫酸		废水处理
	醇化: 环氧乙烷/乙二醇＋羧酸——乙二醇酯	硫酸、BF_3、烧碱	120～150	腐蚀，催化剂分离
脱水/水解/酯化	丙酮合氰化氢＋甲醇——甲基丙烯酸甲酯	硫酸	80～100	副产硫铵，废水处理，污染及腐蚀，硫酸回收
	丙烯氰(甲基丙烯酸)＋烷基醇——丙烯酸酯(甲基丙烯酸酯)	硫酸		废水及污染，催化剂回收
缩合	Prinz 反应: α-烯烃＋甲醛——烃基醇＋烷基二噁烷——异戊二烯	硫酸	30～60	有副产物，硫酸与多余甲醛回收难
聚合	正丁烯——聚丁烯 α-烯烃——低聚物 四氢呋喃——聚丁烯醚 β-蒎烷——低聚物	BF_3、$AlCl_3$ $AlCl_3$、BF_3 发烟硫酸 $AlCl_3$		腐蚀，催化剂分离 催化剂失活 催化剂失活 催化剂用量大

这些过程存在设备腐蚀，废酸回收、排放等环境问题。近年来发展了环境友好的固体酸催化剂，优点是没有设备腐蚀问题，产物与催化剂易于分离，催化活性高。

固体酸是指能使碱性指示剂改变颜色的固体或能对碱性物质化学吸附的固体，常用的固体催化剂有如下种类。

① 氧化物 如 Al_2O_3、SiO_2、B_2O_3、Nb_2O_5、ZrO_2、MgO、ZnO_2 等。Al_2O_3 有各种结晶状态，α-氧化铝完全无水，又称刚玉，是由氢氧化铝或水合氧化铝在高温下热分解制得的。Al_2O_3 可用于脱水、脱卤化氢、醇醛缩合反应，也可用作载体，如合成环氧乙烷时的催化剂 Ag-Al_2O_3。SiO_2 可用于酚的叔丁基化、Beckmann 重排。水合的 Nb_2O_5 通称铌酸，可用于 1-丁烯的异构化、2-丁醇的脱水。一些由多种氧化物组成的复合金属氧化物也用作催

化剂，如 SiO_2-Al_2O_3 用于石油的催化裂化、邻二甲苯异构化，Al_2O_3-ZnO_2 用于酚的烷基化、丁烯的异构化。

② 载体催化剂　由液体酸负载在相应的载体上，如 H_3PO_4-硅藻土、HF-Al_2O_3 等。H_3PO_4-硅藻土的组成约为 60% P_2O_5、40% SiO_2，固体磷酸是将正磷酸和少量的锌氧化物和氯化物加到硅藻土上加热制得，用于丙烯、丁烯的低聚及烯烃的水合。

③ 天然黏土矿物　黏土、膨润土、蒙脱土、高岭土等。天然黏土常用于制备夹层催化剂，以它们为基础材料，在层与层之间插入金属、金属离子、氧化物等形成夹层化合物，作为催化剂。它们的活性中心在夹层内，反应物要进入夹层才能被催化，也就是说，夹层催化剂对反应物分子的大小、形状、带电情况具有选择性。这种催化剂称为择形催化剂，这种选择性可以抑制副反应的发生。交联黏土多用于重油馏分的裂解。用 Al(Ⅲ) 交换的蒙脱土作为层状催化剂，用于仲醇和叔醇的脱水成烯，用酸处理的蒙脱土用于缩醛的制备。

④ 超强酸　固体表面酸度大于 100% 硫酸的固体酸，如 SbF_5/SiO_2-ZrO_2、ZrO_2-SO_4、WO_3-ZrO_2 等。最早发现的超强酸是液体，如 HSO_3F-SbF_5、HF-SbF_5 等，它们的酸强度非常高，甚至可使 C—H 键、C—C 键质子化，但因强的腐蚀性和毒性难以实际应用。固体超强酸没有腐蚀问题，也不污染环境，可以在高温使用，产物易于分离，选择性也较高，用于烃类的异构化、芳烃烷基化、裂解、酯化等。

⑤ 阳离子交换树脂　如全氟磺酸树脂（Nafion-H）。离子交换树脂作为催化剂除解决了腐蚀和污染问题之外，还大为简化了分离操作，可以重复使用，如 Nafion-H 树脂可用于酰基化反应和双烯合成反应。

⑥ 杂多酸　如 $H_3PW_{12}O_{40}$、$H_3SiW_{12}O_{40}$、$H_3PMo_{12}O_{40}$。杂多酸化合物为杂多酸及其盐类。杂多阴离子是指由两种以上不同的含氧阴离子缩合而成的聚合态阴离子。研究最多的杂多酸酸根为 $PMo_{12}O_{40}^{3-}$，其中杂原子 P 和多原子 Mo 的比例为 1∶12，十二钼磷酸阴离子其结构为 Keggin 结构。除钼杂多酸系列外还有钨杂多酸系列等。一般认为杂多酸根阴离子是通过共有 MO_6（M 为 Mo、W）八面体的顶点或棱边相互连接的。杂多酸化合物作为催化剂的优点是通过改变组成元素可以调控其酸性和氧化还原性。杂多酸化合物的催化应用有异丁烯水合、醇类脱水、丁烯异构化、异丁醛一步催化制备甲基丙烯酸等。

⑦ 沸石分子筛　如 β-Zeolite(Beta)、Mazzite(Maz)、ZSM-5 等。

利用固体酸催化剂新开发出的一些过程列于表 3-2。

表 3-2　新开发出的一些代表性的重要固体酸催化剂

反应类别	过　程	催化剂	开发公司
烷基化	萘+甲醇——甲基萘酚 酚(苯胺)+烷基苯——烷基酚(烷基苯胺)	HZSM-5,460℃ 多种分子筛	Hoeches Mobil 石油
异构化(歧化)	甲苯——苯+二甲苯 甲苯+C_9 芳烃——二甲苯	HZSM-5 分子筛 DeH-7、DeH-9	Mobil 研究与开发 UOP
加成/消除	脱水:MTBE——2-甲基丙烯+甲醇 TAME——2-甲基丁烯-1+2-甲基-2-丁烯 水合:环己烯+水——苯酚 醚化:甲醇+烯烃——MTBE 混合 C_5+甲醇——TAME	固体酸 HF、黏土 H^+ 树脂 新型分子筛 酸性树脂 Dow/Rohm&Haas 酸性树脂	UOP/Hucls/住友 Exxon 化学 旭化学 Arco 化学 Exxon 化学

反应类别	过　　　程	催化剂	开发公司
聚合/加成/环化	乙醇——乙醚 乙醚＋甲醇——汽油 C_3、C_4 烯烃——芳烃、烷烃	ZSM-5 ZSM-5 DHCD-2 DHCH-4	Mobil UOP/BP
裂解	烃类裂解 重烃馏分裂解	UCC1Z-210 Flexicat ARTCAT 焙烧高岭土	UOP Exxon Engelhard Ashand 石油

3.6.2　金属有机催化

分子中含有碳-金属键（用 C-M 表示）的化合物称为金属有机化合物。第一个金属有机化合物 Zeise 盐 $K[C_2H_4PtCl_3]$ 于 1827 年发现。后来有机锌、有机镁、有机锂化合物的合成和应用有很大发展，20 世纪 50 年代初二茂铁的合成以及此前 Ziegler 催化剂的成功使用使金属有机化学的发展出现了飞跃。大批新型金属有机化合物被合成，大量金属有机化合物催化的有机合成反应被发现。20 世纪 60 年代以来有多位从事金属有机化学研究的科学家获诺贝尔化学奖。20 世纪 80 年代初国际上出现了一门新兴学科：导向有机合成的金属有机化学。

对于金属参与的有机反应，有三个重要步骤：碳-金属键的形成、碳-金属键的反应、碳-金属键的猝灭。由于最终的合成产物中已没有金属，所以碳-金属键的猝灭为重要步骤，如果猝灭后的金属与参与生成碳-金属键的金属相同，这就是金属有机催化反应。

含有 π 体系的有机物（如烯烃）常能与过渡金属成键，生成过渡金属 π 配合物，烯烃与金属离子配位以后，其双键特性在一定程度上被削弱，有利于发生氢化、氧化、羰基化、烃基化、聚合等反应。由于这些催化反应时通过烯烃等简单分子与过渡金属离子配位络合，形成一系列配位中间体而起到催化作用的，所以这类催化作用又称络合催化反应。当过渡金属配合物可溶于反应体系时就是均相催化，均相络合催化的突出优点是高选择性、高活性和反应条件温和。

例如，Rh 和叔膦形成的配合物 $RhCl(PPh_3)_3$ 称为 Wilkinson 催化剂，可使烯烃在常温、常压下进行催化加氢：

$$CH_2{=}CH_2 + H_2 \xrightarrow[\text{苯}]{RhCl(PPh_3)_3} CH_3{-}CH_3 \tag{3-1}$$

催化过程如图 3-1 所示，其中 L 代表三苯膦。如图 3-1 所示，先由 H_2 与 $RhCl(PPh_3)_3$ 进行加成，生成六配位的二氢化物，然后它与乙烯配位而形成 π 络合物，进而重排，H 转移到配位的乙烯上，变为乙基-铑配位体，随后发生消除反应，另一个 H 迅速转移到乙基上，得氢化产物 CH_3CH_3，并再生 $RhCl(PPh_3)_3$ 络合物。

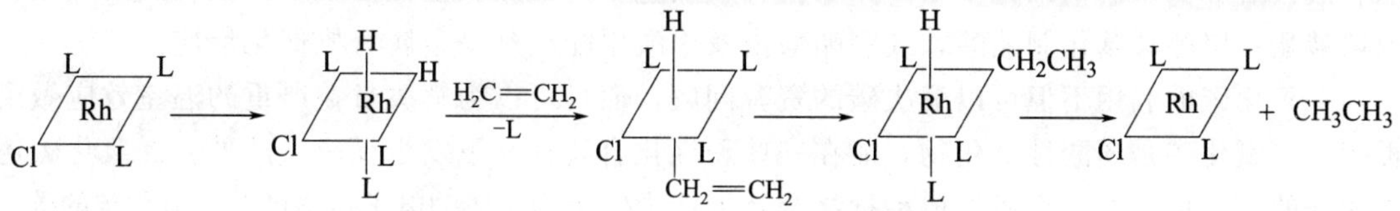

图 3-1　乙烯催化加氢

3.6.2.1　用于聚合反应

目前，石油化工仍然是化学工业的基础。90％的有机化学产品是以石油为起始原料的。石油化学工业中，乙烯、丙烯、丁二烯、苯乙烯等烯烃的聚合占有最重要的地位，金属有机催化烯烃聚合具有巨大的经济效益。

20 世纪 50 年代初，Ziegler-Natta 催化剂的出现，大大促进了高分子工业的迅速发展，开创了烯烃聚合工业的新纪元。

现在，世界上聚烯烃的年产量已高达数千万吨，经济效益十分可观，成为人类社会上不可缺少的组成部分。20 世纪 80 年代初 Kaminsky 等首先发现由三甲基铝和水的产物 $[Al(CH_3)O]_n$，$n=10\sim20$，即甲基铝氧烷（MAO）与二甲基二茂锆组成了溶于甲苯的均相催化体系，在 40℃、4×10^5Pa 的乙烯压力下聚合反应 1h，以每克锆计可得聚乙烯 100t，亦可催化效率达到 1 亿倍，还证明在 $-20℃$ 时约有 30％的锆生成了活性物种，在 $70\sim90℃$ 时生成活性物种的锆达到 100％，且催化活性可保持 5d 不变。不久，Ewen 和 Kaminsky 又相继发现 $Cp_2Ti(Ph_2)$、$Et(Ind)_2TiCl_2$、$Et(H_4Ind)_2TiCl_2$、$Et(H_4Ind)_2ZrCl_2$ 催化剂，以甲苯为溶剂，合成了全同立构的等规聚丙烯。这一结果彻底否定了均相催化剂不能产生全同立构聚丙烯的观点。金属茂催化剂，即环戊二烯基过渡金属络合物催化剂已经成为当前国际上的研究热点。初步结果表明，这类单中心催化剂具有极高的催化活性，克服了传统多相催化剂所生成的聚烯烃产物分子量分布宽和结构难以调控的缺点，所得到的高分子产物分子量分布狭窄、组成分布均匀，并能有效地进行立体控制聚合；还可以实现一些用多相催化剂难以实现的聚合反应，DuPont 公司与 North Carolina 大学的 M. S. Brookhart 合作开发了一种新型聚合催化体系，以钯和镍的二亚胺络合物为主催化剂，使乙烯、丙烯和其他 α-烯烃生成高分子量聚合物，催化转换数高达 2×10^6 次/h，可与金属茂催化剂媲美，而且通过调节催化剂结构与反应条件，能高选择性地得到线形聚合物或支链聚合物。

3.6.2.2　用于开拓资源

当前，虽然石油是能源和有机合成的主要支柱，但毕竟资源有限，供应又不十分稳定，因此，化学工业的原料路线和产品结构要向多元化发展，实行油、煤、气并举的方针。煤炭和天然气转化利用的主要途径是先转化为水煤气、合成气、CO 和氢气，再转化为目标产物。凡含一个碳原子的化合物如 CH_4、CO、CO_2、HCN、CH_3OH 等，参与的反应化学，都可以定义为 C_1 化学即一碳化学。作为一门创造未来的化学，C_1 化学中催化基础研究的主要内容，实质上是金属有机化学中的小分子活化，即这些一碳小分子在一定条件下通过和过渡金属配位而获得活化，从而可以进行插入、氧化加成、还原消除等一系列基元反应，实行定向催化转化。

羰基合成（或 Oxo 反应）是在有机化合物分子中引入羰基和其他基团而成为含氧化合物的一类反应，在基本有机原料和精细化工产品的生产中占有重要地位。羰基化反应以合成气与烯烃、炔烃、甲醇和卤代烃等基本原料反应，能够生产醇、醛、酮、酸、酸酐、酯、内酯、酰胺醌等一系列精细化学品。在羰基合成反应中，烯烃羰基化合成醇，或合成丙烯酸及丙烯酸酯；甲醇羰基化制醋酸，或制醋酸酐及甲酸甲酯，都是金属有机催化反应。

二氧化碳的利用不但可以解决碳的资源问题，而且可以为解决日益严重的温室效应做出贡献。二氧化碳是弱酸性氧化物，能在一些碱性化合物存在下发生反应。此外，二氧化碳还是较强的配位体，有与金属形成种种络合物的能力。因为金属的电子转移可在二氧化碳的碳或氧中的 $1\sim3$ 原子上发生，所结合的金属可以是 $1\sim2$ 个过渡或非过渡金属，所发生的络合还可能是可逆的。这些特性使二氧化碳有很多的机会被活化而参加某些反应。例如，二氧化碳可以插入到金属、碳、氧、氮、卤素等组成的化学键中，图 3-2 概括了 CO_2 的各种转化。

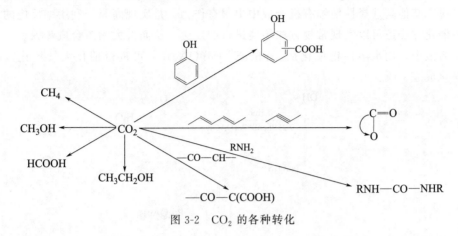

图 3-2　CO_2 的各种转化

图 3-2 的左半边是还原 CO_2 生成 C—H 键的反应，右半边是生成 C—C、C—N 或 C—O 键的研究实例。CO_2 氢化还原生成乙醇，兼具 C—H 键生成和 C—C 键的生成反应。

二氧化碳活化后可能发生共聚合反应，在高温高压下二氧化碳可与多元胺通过共缩聚产生分子量较低的聚脲。加入 $HOP(OPh)_2$、$PhOPCl_2$、$(EtO)_2PN(Me)COMe$ 等磷化合物和吡啶可在较温和条件下实现缩合；用芳香二胺比用脂肪族二胺的产率和产物的分子量都较高：

$$CO_2 + H_2ArNH_2 + HOP(OPh_2) \longrightarrow \left(CONHArNH\right)_n \tag{3-2}$$

二氧化碳可与环氧化物开键开环聚合，生成脂肪族聚碳酸酯：

$$CO_2 + R^1R^2C\underset{O}{—}CR^3R^4 \longrightarrow \left[(CR^1R^2—CR^3R^4)_x COO\right]_n \tag{3-3}$$

$$x \geqslant 1, R^1 \sim R^4 = H、烷基$$

反应需要在阴离子配位催化剂的活化作用下进行。二乙基锌加等物质的量的水是较好的催化剂，比醋酸锌等简单金属化合物有效。

3.6.2.3　用于精细化学品的合成

精细化工产品主要包括药物、农用化学品、油田化学品、香精、电子化学品、皮革化学品、表面活性剂、胶黏剂、多种特殊用途的工业助剂和化学中间体等。这些精细化工产品，往往具有复杂的化学结构，甚至多个手性中心，必须运用高选择性的合成技术。这也与金属有机催化密切相关。

不对称催化研究之所以受到如此广泛的重视，其根本的原因在于其广泛的工业应用前景和巨大的市场，仅就手性药物而言，2000 年全球的市场已达 1200 多亿美元，2/3 以上开发中的药物为手性药物，而不对称催化是获得手性增值最有效的手段，因此手性技术特别是不对称催化已经成为国内外关注的高新技术领域之一。通过不对称催化不但可以提供医药、农药、精细化工所需要的关键中间体，而且可以提供环境友好的绿色合成方法。例如，Takasago 公司利用 BINAP-Rh 催化的亚胺不对称异构化反应技术，1983—1996 年已经生产近 3×10^4 t 薄荷醇及其中间体，而消耗掉的手性配体仅为 250kg。利用 BINAP-Ru 催化的酮的不对称氢化已经成为生产 β-内酰胺类抗生素药物中间体的关键工艺之一，年产量超过 40t。Novartis 公司运用 Togni 和 Spindler 的不对称氢化技术，从 1996 年开始生产以单一对映体为主的除草剂，使除草剂用量（在同等除草效果下）减少 40％，使生产原料消耗大大降低，同时由于除草剂用量的减少，环境负担也大大降低。在催化不对称合成之外，金属有机催化反应在其他高选择性精细有机合成中也很有作为，是实现高原子利用率反应的重要途径。应用催化方法还可以实现常规方法不能进行的反应，从而大大缩短合成步骤。

在水溶液中，用水溶性钯催化剂 ［PhenS* Pd(OAc)$_2$］可进行催化大气氧化，高产率地把醇氧化成醛、酮：

$$(3-4)$$

Noyori 发展了一种把环己烯直接用 30％双氧水氧化成己二酸的方法，只产生己二酸与水。这是一个不用有机溶剂和不含卤素的绿色过程：

$$(3-5)$$

在现代有机合成反应中，碳-氢键活化是非常重要的，这主要是基于绿色化学和合成效率的要求。最近在这方面有了突破，辛烷与双硼试剂在铑催化剂的催化下发生高选择性的碳-氢键活化反应生成 1-辛基硼酸：

$$(3-6)$$

日本化学家 Y. Fujiware 等发展了利用 Pd(OAc)$_2$ 为催化剂，通过邻位金属化反应活化芳基碳-氢键生成芳基-钯键，再进一步发生 α,β-不饱和酮的共轭加成反应，为苯并内酯环化合物的合成提供了方法。该反应形成了催化物种的循环，只需要催化剂 Pd(OAc)$_2$ 完成反应。该反应的激励还有待于进一步研究：

$$(3-7)$$

产率95%

3.6.2.4　相转移催化

加入一种催化剂后能使分别处于互不相溶的两相（液-液两相体系或固-液两相体系）中

的物质发生反应或加速这类反应的过程称为相转移催化。相转移催化剂（PTC）将某一相内的化学试剂带到另一相中，如将固相的盐或溶于水相的盐带到有机相，以便与有机相中的反应物接触而发生反应。1-氯辛烷与氰化钠水溶液加热至沸腾，2 周内都没有 1-氰基辛烷生成。当在反应体系中加入 1％～3％（摩尔分数）的三丁基十六烷基溴化鏻（THPB），则只要加热回流 1.8h 就得到产率 99％的 1-氰基辛烷，THPB 就是相转移催化剂。一般来说相转移催化剂要满足两个要求：一是能将所需要离子带入有机相中；二是有利于离子迅速反应。通常是将负离子带到有机相中，也有些是把正离子或中性分子从一相转移到另一相。常用的相转移催化剂有以下三类。

① 鏻盐 常用四级铵盐（季铵盐），也可用季鏻盐、季钾盐和锍盐。一般含 1～25 个碳原子的季铵盐和季鏻盐都有催化作用，如氯化三正辛基甲基铵、氯化四正丁基铵、溴化三正辛基乙基鏻盐、溴化正十六烷基三正丁基鏻等。这类催化剂使用范围广，价格便宜，反应活性高。缺点是在高温或高碱性条件下不稳定，在催化固、液两种反应时需添加微量水以加快反应。有些催化剂会有乳化现象，造成产物分离困难。

② 冠醚（大环多醚，CE） 它们能与碱金属离子络合而形成有机正离子，发挥相转移作用，催化性能良好。缺点是价格昂贵，有毒，应用受到限制。它们对强酸也不太稳定。

③ 开链聚乙二醇、聚乙二醇醚 它们不是环状但也可与碱金属、碱土金属离子络合发挥相转移作用，但效果不如冠醚。对强酸不稳定。

常用的相转移催化剂列于表 3-3。

表 3-3 常用的相转移催化剂

类别	品名	代号	结构
季铵盐	氯化四丁铵	TEBAC	$(n\text{-}C_4H_9)_4N^+Cl^-$
	溴化四丁铵	TEBAB	$(n\text{-}C_4H_9)_4N^+Br^-$
	碘化四丁铵	TEBAI	$(n\text{-}C_4H_9)_4N^+I^-$
	氢氧化四丁铵		$(n\text{-}C_4H_9)_4N^+OH^-$
	硫酸氢四丁铵	Aliquot336	$(n\text{-}C_4H_9)_4N^+HSO_4^-$
	氯化三辛基甲基铵	BTMAC	$(n\text{-}C_8H_{17})_3(CH_3)N^+Cl^-$
	氯化苄基三甲基铵	BTMAB	$(C_6H_5CH_2)(CH_3)_3N^+Cl^-$
	溴化苄基三甲基铵	BTEAC(TEBAC)	$(C_6H_5CH_2)(CH_3)_3N^+Br^-$
	氯化苄基三乙基铵	TEBAB	$(C_6H_5CH_2)(C_2H_5)_3N^+Cl^-$
季铵盐	溴化苄基三乙基铵		$(C_6H_5CH_2)(C_2H_5)_3N^+Br^-$
	氯化苄基三丙基铵		$(C_6H_5CH_2)(C_3H_7)_3N^+Cl^-$
	氯化苄基三丁基铵	BTBAC	$(C_6H_5CH_2)(C_4H_9)_3N^+Cl^-$
	溴化苄基三丁基铵		$(C_6H_5CH_2)(C_4H_9)_3N^+Br^-$
	碘化 α-甲苄基三甲基铵		$(C_6H_5CH)(CH_3)(CH_3)_3N^+I^-$
	氯化十二烷基苄基二乙基铵		$(C_{12}H_{25})(C_6H_5CH_2)(C_2H_5)_2N^+Cl^-$
	溴化十二烷基苄基二乙基铵		$(C_{12}H_{25})(C_6H_5CH_2)(C_2H_5)_2N^+Br^-$
	氯化十六烷基三甲基铵		$(C_{16}H_{33})(CH_3)_3N^+Cl^-$
	溴化十六烷基三甲基铵		$(C_{16}H_{33})(CH_3)_3N^+Br^-$
	氯化三(十六烷)基甲基铵	CTMAB	$(C_{16}H_{33})_3(CH_3)N^+Cl^-$
	溴化双十八烷基二甲基铵		$(C_{18}H_{37})_2(CH_3)_2N^+Br^-$

续表

类别	品名	代号	结构
季磷盐	卤化己基三丁基磷 卤化四苯基磷 卤化十六烷基三丁基磷		$(C_6H_{13})(C_4H_9)_3P^+X^-$ $(C_6H_5)_4P^+X^-$ $(C_{16}H_{33})(C_4H_9)_3P^+X^-$
冠醚	18-冠醚-6 二苯并 18-冠醚-6		
聚乙二醇	聚乙二醇 350	PEG-350	$HO(CH_2CH_2O)_nH, M=350$
	聚乙二醇 600	PEG-600	$HO(CH_2CH_2O)_nH, M=600$
	聚乙二醇 1000	PEG-1000	$HO(CH_2CH_2O)_nH, M=1000$
	聚乙二醇 2000	PEG-2000	$HO(CH_2CH_2O)_nH, M=2000$
	聚乙二醇甲醚		$HO(CH_2CH_2O)_nCH_3$

相转移催化反应的原理最早由 Starks 提出，以亲核取代反应为例：季铵盐（或季磷盐）在两相反应中的作用，是使水相中的负离子（Y^-）与季铵盐正离子（Q^+）结合而形成离子对 $[Q^+Y^-]$，并由水相转移到有机相，在有机相中极迅速地与卤代烃作用生成 RY 和 $[Q^+X^-]$，新形成的 $[Q^+X^-]$ 回到水相再与负离子 Y^- 结合成离子对后转移到有机相。

然而，通常应用高亲脂性的催化剂，这样 Q 在水相不以明显的浓度存在。Brandstrom 以及 Landini 等人指出 Q 保留在有机相，而只是负离子通过界面进行交换，历程更为简单。

关于用冠醚催化的固-液两相取代反应，通常认为如下三式所示：

$$M + Nu^-(固) + CE(液) \Longleftrightarrow CE\text{-}M^+Nu^-(液)$$
$$CE\text{-}M^+Nu^-(液) + RY(液) \longrightarrow CE\text{-}M^+Y^-(液) + RNu(液)$$
$$CE\text{-}M^+Y^-(液) \Longleftrightarrow CE(液) + M^+Y^-(固)$$

这个反应的特点是亲核取代反应发生于溶液中，而界面反应可忽略。

相转移催化反应通常是在中性、强碱或酸性条件下进行。在中性条件下进行的，主要包括亲核取代、氧化、还原等反应。在强碱条件下进行的有酯化、氮-烃基化、两位离子的烃基化、异构化、H/D 置换、加成、α 消除、β 消除、氢化、重排、重氮基的反应等。酸存在下的反应有酯化、醇的卤化等。

（1）脂肪族的亲核取代反应

$$RX + Y^- \longrightarrow RY + X^-$$

$X^- = Cl^-$、Br^-、$CH_3SO_3^-$、$CH_3C_6H_4SO_3^-$；$Y^- = F^-$、Cl^-、Br^-、I^-、CN^-、

$RCOO^-$、NO_2^-、NO_3^-、RS^-、NCS^-、NCO^-、ArO^-、ArS^- 等。这是研究得最多的一类反应，最具有代表性的是卤代烷与氰化物发生的亲核取代，即可通过液-液或固-液两相体系进行反应。

（2）氧化反应

相转移催化剂多数用四级铵盐，当高锰酸钾作氧化剂时，也可以用冠醚作催化剂。反应时通过相转移剂把起氧化作用的实体（如高锰酸钾负离子）带入有机相中进行反应，等于将高锰酸钾溶于苯中。例如1-癸烯的苯溶液和高锰酸钾水溶液在氯化三辛基甲基铵的作用下发生反应，顺利地形成正壬酸，产率91%，产品纯度高达98%，反应如下：

$$CH_3(CH_2)_7CH{=\!=}CH_2 \xrightarrow[\text{Aliquat 336}]{KMnO_4 + C_6H_6 + H_2O} CH_3(CH_2)_7COOH + HCOOH \quad (3\text{-}8)$$

不仅烯烃，一级、二级醇也可用该方法氧化成相应的酸和酮。

（3）C-烷基化作用

碳-碳键的形成在有机合成化学中占据着很重要的地位，用来增长碳链。具有活泼氢的化合物的 C-烷基化反应的经典方法是在强碱的催化作用下消除一个质子而形成碳负离子，再与卤代烷反应进行烷基化作用。这类反应通常需在无水条件下进行，不仅操作条件苛刻，而且试剂昂贵。而相转移催化方法可使这类反应在浓氢氧化钠水溶液和有机溶剂两相体系中，于较温和条件下进行，并且具有较好的选择性和较好的产率。典型的 C-烷基化反应一般都能用相转移催化方法完成。

① 取代乙腈的烃基化　取代乙腈的烃基化是研究得最多的反应之一，特别是苯乙腈，例如：

$$\text{苯}-CH_2CN + C_2H_5Br \xrightarrow[\text{TEBAC}]{NaOH + H_2O} \text{苯}-\underset{\underset{C_2H_5}{\mid}}{CH}CN \quad (3\text{-}9)$$

产率88%

苯乙腈烃基化时，可能生成一元或二元烃基化产物。实际得到哪种产物，决定于试剂的摩尔比和反应时间的长短。

② 醛、酮、酯、砜的烃基化　由于羰基、磺酰基都是较强的吸电子基，它们的 α 碳上的氢更为活泼，和乙腈及其衍生物相同，遇碱失去质子，形成碳负离子。除 α 无取代基的醛在碱液里发生自身聚合，不进行取代外，α 取代的醛以及上述其他各类化合物的碳负离子，都可与卤代烃发生取代反应，例如：

$$CH_3(CH_2)_3\underset{\underset{C_2H_5}{\mid}}{CH}CHO + H_2C{=\!=}CHCH_2Cl \xrightarrow[\text{TEBAI}]{NaOH + H_2O} CH_3(CH_2)_3\underset{\underset{C_2H_5}{\mid}}{\overset{\overset{CH_2CH=CH_2}{\mid}}{C}}CH_2OH \quad (3\text{-}10)$$

产率85%

$$\text{苯}-CH_2\overset{\overset{O}{\parallel}}{C}CH_3 + C_2H_5Br \xrightarrow[\text{TEBAI}]{NaOH + H_2O} \text{苯}-\underset{\underset{C_2H_5}{\mid}}{CH}\overset{\overset{O}{\parallel}}{C}CH_3 \quad (3\text{-}11)$$

产率90%

③ 一级醇转变为卤代烷　用传统的方法使醇转化成氯代烷需在无水氯化锌催化下使醇与气体氯化氢反应；若用浓盐酸与醇直接反应，不仅产率低，还需要用大量的氯化锌。但改用相转移催化法，可得到较好的产率。例如月桂醇在溴化正十六烷基三正丁基鏻催化下，与浓盐酸反应 45h 可得到产率为 94% 的 1-氯正十二烷，反应 30h 产率为 91%，反应 8h 产率约为 60%：

$$n\text{-}C_{12}H_{25}OH + HCl \xrightarrow[H_2O, \ 100\sim105℃]{n\text{-}C_{16}H_{33}P^+(n\text{-}C_4H_9)_3Br^-} n\text{-}C_{12}H_{25}Cl \qquad (3\text{-}12)$$

（4）羰基化反应

将有机卤化烃经羰基化反应转化成有机酸或酯，是非常有用的有机反应，而将相转移催化技术应用到金属催化的羰基化反应，在工业上尤其具有发展的潜力。例如，以 $Co_2(CO)_8$ 为金属催化剂，在 $PTC(R_4NX)/OH^-$、1atm（1atm=101325Pa）CO、$20\sim50℃$ 条件下能将卤代甲苯转化成苯乙酸，产率可高达 90% 以上，本反应的有效金属催化剂是 $Co(CO)_4^-$，它是由 $Co_2(CO)_8$ 在 $PTC+OH^-$ 条件下进行自身氧化还原反应而自然生成，以 R_4N^+Co $(CO)_4^-$ 存在于有机相中，进行羰基化反应产生酸盐：

$$RN_4^+Co(CO)_4^- + ArCH_2Cl \longrightarrow R_4NCl + ArCH_2Co(CO)_4$$
$$ArCH_2Co(CO)_4 + CO \longrightarrow ArCH_2COCo(CO)_4$$
$$ArCH_2COCo(CO)_4 + 2R_4N^+ + 2OH^- \longrightarrow R_4N^+Co(CO)_4^- + H_2O + R_4N^+ + ArCH_2COO^-$$

在有机相中，所生成的酸盐进入水相后与氢氧化钠进行阳离子交换，得到酸的钠盐后停留在水相，而 R_4N^+OH 则再进入有机相继续进行反应。反应结束后的产物为钠盐，可溶于水：

$$R_4N^+ + ArCH_2COO^- + Na^+OH^- \Longrightarrow Na^+ArCH_2COO^- + R_4N^+ + OH^-$$

而催化剂 $R_4NCo(CO)_4$ 大部分仍在有机相中，故反应后仅需将水相与有机相分离即可将产物分离，这就解决了工业上烦琐的产物分离问题。本催化系统也适用于一般卤代烷类的羰基化反应。

（5）手性催化

近年来还发展了手性相转移催化剂用于手性催化。Arai 等人发现季铵盐能有效地催化不对称氧化反应：

$$Ph\diagup\!\!\diagup\!\!-COPh \xrightarrow[30\%H_2O_2(30g),n\text{-}Bu_2O]{5\%(摩尔分数)催化剂,LiOH} Ph\text{（环氧化产物）}Ph \qquad (3\text{-}13)$$

产率达 97%，84%ee

季铵盐催化剂

$$\text{（间甲基肉桂酰苯）} \xrightarrow[30\%H_2O_2,n\text{-}Bu_2O]{5\%(摩尔分数)催化剂,LiOH} \text{（环氧化产物）} \qquad (3\text{-}14)$$

产率达 97%，84%ee

Rerrard 等报道了用下列催化剂能有效地催化不对称 Michael 加成反应：

$$(3-15)$$

从上述介绍可见，相转移催化具有高度的反应活性与选择性，产品收率高、纯度高，而副产物少，操作简便。特别是可以少用或不用有机溶剂，可以用普通的试剂如 KOH、Na_2CO_3 等代替昂贵且有毒的 NaH、$NaNH_2$ 等试剂，这些都表明这是一种大有前途的绿色技术。

3.7　超声技术

3.7.1　超声波作用原理

超声被广泛应用于医学、工业焊接、材料净化、器具清洗等领域。近年来，声化学研究逐步深入，已在物理化学、聚合物化学、分析化学、晶体化学乃至工业化学反应过程中得到应用。

一般认为，最早发现超声波化学效应的是 Richards 和 Loomis，他们研究的是高频声波（频率＞280kHz）对不同的溶液、固体和纯溶液的影响，随后也有一些零星报道。近 20 年来，这方面的研究已呈蓬勃发展之势。但迄今为止，对超声波产生化学效应的原因仍不十分清楚。一个普遍接受的观点是：空化现象可能是化学效应的关键，即在液体介质中微泡的形成和破裂及伴随能量的释放。空化现象所产生的瞬间内爆有强烈的振动波，产生短暂的高能环境（据计算，在纳秒的时间间隔内可达 2000～3000℃ 和几百个大气压）。这些能量可以用来打开化学键，促使反应进行。突出的例子是金属参与的反应，通常有金属参加的反应有两种情况：一是金属作为反应物在反应过程中被消耗掉；二是金属作为反应的催化剂。不论哪种情况，通常都会因为金属表面形成的产物和"中间体"得以及时除去，使得金属表面保持"洁净"，这比通常的机械搅拌要有效得多。在其他类型的非均相反应中均有类似的作用，在某些使用相转移催化剂（PTC）的反应中甚至可以代替 PTC。而在均相反应中情况相对就要复杂得多，可概括如下：①超声波引起的微泡爆裂时所产生的机械效应；②微泡爆裂时产生的高能环境（高温、高压）；③微泡爆裂时从溶剂或反应试剂产生活性物质，如离子和自由基存在竞争，则有可能产生不同的产物；④超声波对溶剂本身结构有破坏作用。这些效应单一或共同作用的影响，使得反应体系的反应性能大大增强。

3.7.2　超声波在强化有机合成中的应用

3.7.2.1　氧化反应

这方面的研究尽管比较多，但真正用于合成的应用实例却很少。表 3-4 列出了几种氧化反应在超声波作用下的反应结果。

表 3-4　超声波促进下的氧化反应

反应物	产物	反应条件	收率/%
$CH_3(CH_2)_5CH(OH)CH_3$	$CH_3(CH_2)_5COCH_3$	$KMnO_4$、己烷、搅拌 5h	2
		$KMnO_4$、己烷、超声波辐射 5h	92
$n\text{-}C_7H_{15}CH_2OH$	$n\text{-}C_7H_{15}CH_2ONO_2$	60%HNO_3、室温、搅拌 12h	100
	$n\text{-}C_7H_{15}COOH$	60%HNO_3、室温、超声波辐射 20min	100
Ph_2CHBr	Ph_2CO	溴代物、NaOCl、超声波辐射 2h	93

3.7.2.2　还原反应

有机还原反应中很多都采用金属或其他固体催化剂，超声波对这类反应的促进明显，尤其是某些大规模工业生产中的还原反应优点更加明显，见表 3-5。

表 3-5　超声波促进下的还原反应

反应物	产物	反应条件	收率/%
（环己烯结构）	（环己基-B 结构）	H_3B、SMe_2、THF、25℃、24h	98
		H_3B、SMe_2、THF、25℃、超声波辐射 1h	98
（邻苯二甲酰亚胺-$(CH_3)_2$ 结构）	（羟基内酰胺-$(CH_3)_2$ 结构）	Al-Ag、$THF\text{-}H_2O$、超声波辐射	69
（异佛尔酮结构）	（二氢衍生物结构）	$Zn\text{-}NiCl_2$（9：1）、$EtOH\text{-}H_2O$（1：1）、室温、超声波辐射 2.5h	97
（邻苯二甲酰亚胺衍生物, COOMe、OPh 结构）	（邻苯二甲酰亚胺衍生物, COOMe、OH 结构）	H_2、Pd-C、MeOH/AcOH、超声波辐射	43
（甾体烯酮结构）	（甾体酮结构, H）	Zn、HOAc、15℃、超声波辐射 15min	100 5α 与 5β 摩尔比为 0.8：1

3.7.2.3　加成反应及相关反应

超声波在加成反应及相关反应中的应用研究也十分广泛，表 3-6 列出部分反应的实例。

表 3-6　超声波在加成反应中的应用

反应物	产物	反应条件	收率/%
（PhCH=CHPh + Br_2）	（PhCH(Br)—CHPh(Br)）	四丁基溴化铵、50kHz 超声波辐射 2h	98
		四丁基溴化铵、搅拌 11.7h	78

续表

反应物	产物	反应条件	收率/%
（噻吩砜溴化物）+ Me$_2$CO	（噻吩砜—OH）	THF、Zn-Ag,室温、超声波辐射 THF、Zn-Ag,回流	88.9 33.4
PhCHO+BrCH$_2$COOB	PhCH(OH)CH$_2$COOB	25～30℃,活化 Zn 粉、I$_2$,超声波辐射 5min 传统方法 12h	98 61
H$_2$C=CH—CN+CH$_3$(CH$_2$)$_{13}$OH	CH$_3$(CH$_2$)$_{13}$(CH$_2$)$_2$CN	超声波辐射 2h 搅拌 2h	91.4 0
PhO—（苯环）—CHO	PhO—（苯环）—CH(OSO$_2$Ph)CN	NaCN、PhSO$_2$Cl、甲苯、H$_2$O,超声波辐射 NaCN、PhSO$_2$Cl、甲苯、H$_2$O,搅拌 7h	94 40

3.7.2.4 取代反应

超声波在取代反应及相关反应中的应用研究也十分广泛，表 3-7 列出部分反应的实例。

表 3-7 超声波促进下的取代反应

反应物	产物	反应条件	收率/%
PhCH$_2$Br+KCN	PhCH$_2$CN	H$_2$O 与 KCN 摩尔比 0.61,甲苯,搅拌 24h H$_2$O 与 KCN 摩尔比 0.6,甲苯,超声波辐射 6h	55 68
RCOCl+KCN	RCOCN	乙腈,超声波辐射 四丁基溴化铵,放置 6h	70～85 29
n-CH$_3$(CH$_2$)$_3$Br+KSCN	CH$_3$(CH$_2$)$_3$SCN	四丁基溴化铵,搅拌 6h 四丁基溴化铵,超声波辐射 6h	43 62
（环庚酮）=O + Br(CH$_2$)$_4$Br	（螺环酮）	t-BuOK、苯、40℃、搅拌 6h t-BuOK、苯、40℃、超声波辐射 6h	28 90
PhC≡CCl+PhSO$_2$H+CuCO$_3$	PhC≡CSO$_2$Ph	超声波辐射	73
p-NO$_2$C$_6$H$_4$Cl+PhOH	p-NO$_2$C$_6$H$_4$Ph	Bu$_4$NBr、K$_2$CO$_3$、超声波辐射	53.7
Ph—C(CH$_3$)(CH$_3$)—Cl	Ph—C(CH$_3$)(CH$_3$)—OAc	Zn(OAc)$_2$、(n-C$_8$H$_{17}$)$_4$NBr,25℃,超声波辐射 常规方法	65 易消除

3.7.2.5 偶合反应

超声波在偶合反应中的应用研究也比较普遍，尤其是在 Ullmann 型偶合中，在没有超声波的情况下，很少或根本就没有反应发生。

3.7.2.6 缩合反应

在 Claisen-Schmidt 缩合反应中，采用超声波可使催化剂 C-200 的用量减少，反应时间缩短，转化率高达 87%。表 3-8 列出部分反应的实例。

表 3-8　超声波促进下的缩合反应

反应物	产物	反应条件	收率/%
（含 Me Me、OHC、NO$_2$、HO 基团的吲哚啉衍生物与醛）	（螺环产物）	超声波辐射 15min 传统方法 7d	91 60
2 （茚满酮）	（缩合产物）	Al$_2$O$_3$、环己烷，80℃、超声波辐射 24h	90
EtCOOH＋PhX	EtCOOPh	KOH，聚乙二醇，超声波辐射 6h 机械搅拌 6h	80 44
（糖多羟基化合物）＋（环己酮）	（缩酮产物）	超声波辐射 0.75h 搅拌 12h	75 43
PhCHO＋(NH$_4$)$_2$CO$_3$＋NaCN	Ph（乙内酰脲/海因衍生物）	45℃、超声波辐射 3h 25℃、4～10d	73.6 20

3.7.2.7　歧化反应

在没有超声波时，同样条件下 Cannizzaro 反应不能发生。采用超声波，转化率达到 100%：

$$
\text{PhCHO} \xrightarrow[\text{超声，10min}]{\text{Ba(OH)}_2,\ \text{EtOH}} \text{PhCH}_2\text{OH} + \text{PhCOOH} \tag{3-16}
$$

3.7.2.8　水解反应

① 皂化反应　在工业上一些很重要的物质如甘油酯、菜油和羊毛蜡，其皂化反应都能被超声波显著加速，这些多相反应可在比通常所使用的温度低得多的温度下进行，这样可以避免高温反应中出现变色：

$$
\text{Me,Me-C}_6\text{H}_3\text{-COOMe} \xrightarrow[\text{NaOH，超声，1h}]{20\%} \text{Me-C}_6\text{H}_4\text{-COONa} + \text{MeOH} \tag{3-17}
$$

② 酚羟基的脱保护　叔丁基二甲硅基是酚羟基的一个最有用的保护基，但它现在的几种脱保护体系均存在这样或那样的缺点，如在超声波作用下 KF-Al$_2$O$_3$ 体系中可得到很好的效果：

$$
\text{Ac-C}_6\text{H}_4\text{-OSi(Me)}_2\text{Bu-}t \xrightarrow[\text{H}_2\text{O}]{\text{KF-Al}_2\text{O}_3,\ \text{超声}} \text{Ac-C}_6\text{H}_4\text{-OH} \tag{3-18}
$$

③ 腈的水解　在一些腈的水解中，超声波的使用不仅可以提高收率，而且可以避免使用相转移催化剂：

$$
\text{ArCN} \xrightarrow{\text{OH}^-/\text{H}_2\text{O}} \text{ArCOOH} \tag{3-19}
$$

3.7.3 超声波在化学工程中的应用

(1) 超声波法干燥

超声波法干燥的特点是不必升温就可以将水从固体中除去，因此可用于热敏物质的干燥。它还具有加快干燥速度和降低固体中残留水含量的作用。例如用转鼓式超声波干燥器干燥葡萄糖酸钙仅用 20min，而在目前的工业生产条件下该干燥过程长达 8h 以上。L. Rasero 等用超声波干燥器处理含水 8% 的抗坏血酸，15min 即达到基本无水状态，比常规干燥快得多。而且处理后的样品没有任何形式的变质，如采用一般的干燥箱进行烘干，则会对样品造成较大的破坏。J. A. Gallego-Juarez 等进行了超声波和常规气流对食品干燥效果的对比研究，发现采用高频超声波可以很容易使样品中的含水量达到 1% 以下，能量的消耗也少很多，并且所得干燥产品质量较好且稳定，因此超声波干燥在工业领域应用前景广阔。

(2) 超声波法萃取

M. Salisova 等采用超声波法萃取鼠尾草中的药用活性成分，实验结果表明，20℃ 下，采用超声波法清洗器 12h 后即可完成萃取过程，而采用通常的静态浸渍方法则需 1～2 周；若采用超声装置进行萃取则效果更为显著，声振 2h 后即可将 60% 活性成分萃取出来，从而进一步缩短这一萃取过程的时间。M. Vinatoru 等对一些植物体（包括种子、叶片及花等）的生物活性物质进行了超声波法萃取和普通萃取的比较研究，认为在溶剂萃取过程中施加超声波法能够提高活性物质的萃取量，并且要比普通采用石油醚或乙醇进行萃取安全得多，此外还能降低萃取液中油脂的含量。超声波法萃取的效率也相当高，Pal Nirupam 等采用超声波作用下的逆流萃取，结果将工业废木料中 99% 以上的致癌物五氯苯酚除去，该研究成果具有相当大的工业意义，仅美国每年至少就有 $45 \times 10^8 \, m^3$ 含五氯苯酚的废木料需要处理。Bolores Hemanz Via 等采用超声波法辅助溶剂萃取白酒中的芳香化合物，与其他方法相比，采用超声波法萃取的重复性高得多，萃取时间大大缩短，并且可同时处理许多样品。

(3) 超声波均化

与机械搅拌、胶体研磨、均化器相比较，超声波均化具有以下优越性：①可在水溶液及黏性液体中实现分子级别的微混合，效果优于普通方法；②能产生微米至纳米级的乳化分散微粒并且比较均匀，可广泛应用于制造性能优良的纳米颗粒；③均化液极其稳定，乳化液长时间不会分层；④产生稳定乳化，达到相同尺寸的分散微粒，所需表面活性剂少，甚至不需要；⑤所消耗的能量比普通的均化过程要少；⑥普通均化方法所消耗的能量最终以热的形式消散，超声波法的能量不仅用于实现均化，另一个重要的方面是能够加速化学反应的进行。

H. Monnier 等初步研究了在水溶液及黏性液体中采用超声波实现分子级别的混合，得出超声波频率及功率对微混合的影响结果，认为低频率下超声波的作用显著，在一定范围内，微混合所需的时间随超声波功率增大而显著减少，超过一定功率则不会有显著效果。

在食品工业中，超声波可广泛应用于各种配料的均化过程，从而可以减少或不用乳化添加剂。在聚合物、涂料、纺织、医药、造纸、橡胶生产中，超声波的应用前景更为广泛。此外，还可用于高质量浮选剂、润滑油、燃料的制备。超声乳化燃油具有燃烧性能好、燃烧值高的特点。张光元等采用超声乳化的方式制备陶瓷灌注型，省去了水解工艺中 30% 的酒精和 6% 硅酸乙酯，并且制得的水解液性能优于普通方法的制备产品。超声乳化还可以制备用一般方法根本不能得到的乳化液，如普通搅拌只能得到 5％石蜡在水中的乳浊液，而采用超声波均化，可以得到 20％的石蜡乳浊液。

（4）超声波在微泡制备中的应用

利用超声波的空化效应可以很容易制备出微米级超分子材料体——微泡。微泡是一种十分有效的声波反射材料，可以大大增强超声设备的反射信号，这一特性使其可用作超声造影剂，进行医学超声造影，从而取得清晰准确的超声检测图像。无毒、直径在 $2\sim5\mu m$ 的微泡由于能够通过毛细血管，实现心肌及微小血管的造影，现已被广泛应用于医学临床的超声检测中。目前，已上市的超声波造影剂价格昂贵，一支仅能用于一次检测的造影剂价格就在 100 美元以上。我国还没有正式生产造影剂的厂家，应该尽快开发具有优良性能的微泡造影剂。超声空化法制备微泡的基本原理是对某些低浓度有一定黏度的成膜溶液，施加超过其空化阈值强度的超声辐射，则可以在液体中形成无数瞬时负压核，从而产生微气泡。国外已有的微泡造影剂，其中许多采用超声空化法进行生产，采用的微泡成膜材料有多种，包括表面活性剂如司盘类、吐温类、氨基酸类等，聚合物如聚乙二醇 4000、聚丁基-2-氰基丙烯酸酯等，蛋白质类如明胶、血清蛋白等，以及其他一些材料如脂类等。我国多采用超声空化人血白蛋白进行造影剂微泡制备。

（5）其他

超声波还可应用于化工领域的许多方面。如应用于结晶过程，除能显著加快结晶过程，还可以得到较细小的粒子并能有效地阻止晶体的结壳现象；应用于膜分离中有明显加速传质和去浓差极化作用，可以提高膜分离的效率；应用于废水处理，可以有效地将其中的有机物质分离出来，并能将废水中的有害物质分解；在发酵过程中，超声波能够促进细胞中的生物酶很快释放到细胞外，从而较大程度地提高发酵液的总体酶活性，相应提高了底物转化率。超声波的引入，给化学工程注入了新的活力，可以有效地优化许多化工过程，并能产生许多常规方法不能产生的结果。

3.7.4　超声波强化化工反应过程的展望

超声波强化化工反应过程的应用研究已相当广泛和活跃，对各种类型的化学反应几乎都有促进作用，当然也有副作用（减慢反应速率）的，只是程度大小不同而已。正因为如此，我们可以根据其促进作用的大小确定是否需要运用超声波去强化或抑制所期望的各种反应过程。

目前，超声波在化学反应过程中的应用还缺乏理论指导，但由于它的独特优点，如选择性高、反应条件缓和、收率高、反应时间短、易于操作等，人们完全可以相信在不久的将来，无论是在理论上还是在应用上，超声波技术都会在绿色化工生产中发挥重要的作用。

3.8　微波辐射技术

3.8.1　微波的作用原理

微波在电磁波谱中介于红外和无线电波之间，波长在 $1mm\sim100cm$（频率 30GHz～300MHz）的区域内，其中用于加热技术的微波波长一般固定在 12.2cm（2.45GHz）处。微波对物质的加热是基于物质的分子，物质的分子吸收电磁波以每秒数十亿次的高速摆动而产生热能，因此称为"快速内加热"。微波技术可以极大地提高化学反应速率，最大的可提高 1240 倍。微波为何能有如此巨大的功效呢，学术界对此一直持两种不同的看法。一种看法认为微波技术仅仅是加热手段，无论微波加热还是普通加热方法，反应的动力学不变。另一种看法认为微波技术除具有热效应外，还存在微波的特殊效应，微波催化了反应，降低了反应的活化能，也就是说改变了反应的动力学。Bose 等人利用微波合成了一系列氮杂环化合物，在其研究中发现，采用 DMF、DCE、二噁烷、乙醇和酯类等溶剂，在接近室温或较低温度下，微波能比传统加热技术更快地完成反应。据此认为微波在这些反应中并不只是具有加热效应，而是有微波特殊效应存在。类似的研究报道还有很多。日本学者 Shibata 等人利用自己设计的反应装置，对 H_2O_2、$NaHCO_3$ 的分解以及乙酸甲酯的水解反应进行动力学研究。结果表明，在相同浓度、温度、压力情况下，采用微波加热技术可以降低反应的活化能，Shibata 还对脉冲微波加热方式和连续微波加热方式进行对比研究，发现脉冲比连续微波加热方式能更大程度地降低反应的活化能。

然而更多学者以及越来越多的实验结果赞同以上第一种说法。Raner 等对萘酮酸与 2-丙醇酸催化酯化及香芹酮异构为香芹酚进行研究发现，在误差范围内反应速率与加热方式无关。在对萘与马来酸二乙酯的 Diels-Alder 反应动力学进行研究，绘制 Arrhenius 曲线后，发现油浴加热与微波加热具有相同的动力学曲线。他们认为微波加热是它的介电加热，辐射并不能使分子激发到更高的旋转或振动能级。物质吸收微波能量使内能增加，但无论采用何种加热方式，内能都将在平动、转动、振动能级之间分配，所以微波辐射与传统加热并无动力学上的不同。

应该看到的是，化学反应动力学的研究中，温度检测的准确性及反应体系的均匀状态等都是关键点，往往会因检测方法的不同而得到完全相反的结论。目前学术界多以第一种观点来解释实验中出现的各种现象。

3.8.2　微波技术在液相反应中的应用

利用微波技术进行的液相反应（也称为"湿"反应）中，选择合适的溶剂作为反应介质是反应成功的关键因素之一。在微波辐射（MWI）作用下，溶剂的过热现象经常出现，选择适当高沸点的溶剂，可以防止溶剂的大量挥发，这对于采用敞口反应容器进行的反应尤为重要。N,N-二甲基甲酰胺（DMF）、甲酰胺、低碳醇类、水等都是常用的溶剂。有的反应物本身就是一种良好的溶剂。

（1）Diels-Alder 反应及其他成环反应

自从 1986 年 Giguere 等人首次报道了微波技术在 Diels-Alder 反应中成功应用以来，微波技术在 Diels-Alder 反应及其他成环反应中有了大量成功的应用。Lllescas 及其研究小组也报道了利用微波炉进行 C_{60} 上的 Diels-Alder 反应。4,5-苯并-3,6-二氢-1,2-氧硫杂环-2-氧化物（4,5-benzo-3,6-dihydro-1,2-oxathiin-2-oxide）(1) 与 C_{60} 以 2∶1 的比例在甲苯溶液中，以 800W 微波加热回流 20min，得到 39% 的加成产物 (3)，而用传统的方法回流 1h，(3)的产率仅为 22%。

$$\qquad\qquad\qquad\qquad\qquad\qquad\qquad\qquad\qquad\qquad\qquad (3\text{-}20)$$

Banik 及其研究小组利用微波辐射技术制备了纯的不对称化合物 β-内酰胺。他们利用甘露醇二丙酮化合物为原料，在一天内能合成 25g 具有光学活性的 β-内酰胺。

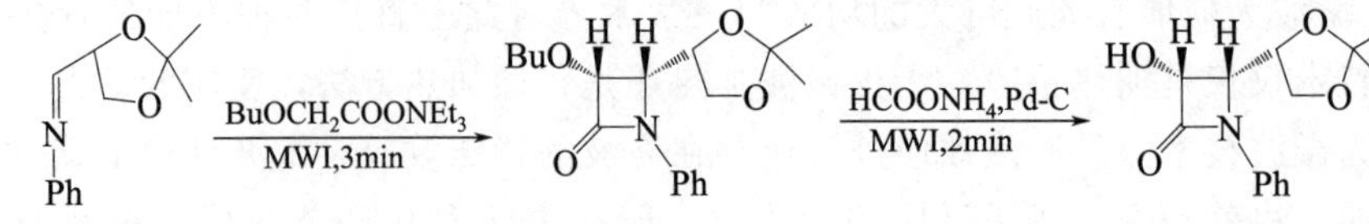

$$(3-21)$$

转化率75%　　　　　　　　　转化率90%

（2）缩合反应

在微波条件下的 Knoevenagel 缩合反应已有大量成功的应用，如 α-萘酚醛同丙二酸二乙酯 5min 可以生成产物，产率达到 78%；而传统方法加热 24h，产率仅为 44.7%。

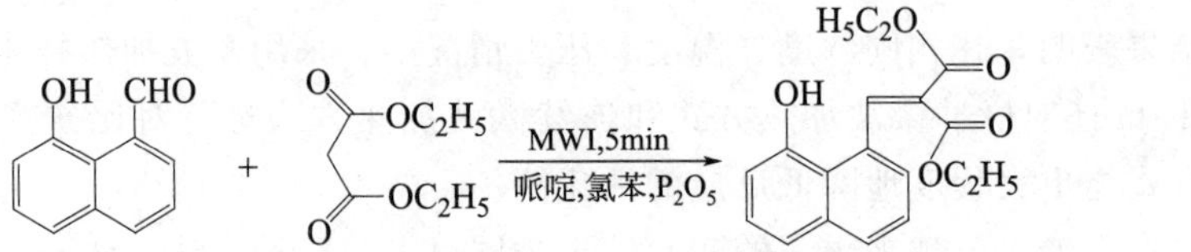

$$(3-22)$$

Dayal 等利用微波炉，由胆汁酸与牛磺酸合成了胆汁酸共轭物，整个过程在 10min 内就可以完成，而传统方法需要 30~40h。Dayal 用油浴或蒸汽浴与微波相似温度下加热 10min 未得到产物，具此认为微波特殊效应在这里起作用。

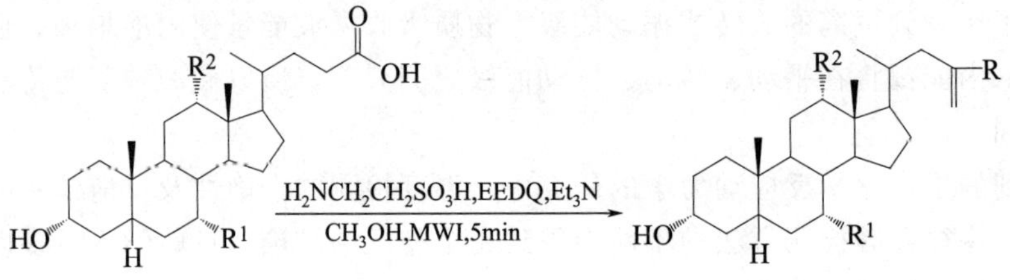

$$(3-23)$$

产率70%

R^1 表示 β-OH，R^2 表示—$HNCH_2CH_2SO_3^-$

（3）重排反应

微波技术已成功应用在 Claisen 重排、Fries 重排、频哪醇重排等许多重排反应中。反应物在 DMF 溶剂中、6min 辐射后可得到收率 92% 的重排产物，而传统方法反应 6h，收率只有 85%。

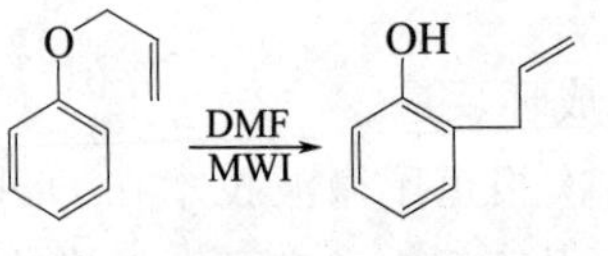

$$(3-24)$$

（4）氧化反应

在密闭容器中，利用高锰酸钾盐作为氧化剂，微波加热 5min 可以将甲苯氧化为苯甲酸，转化率 40%。

（5）催化氢化

在催化剂存在的反应中，微波仍不失为一种良好的加热技术，用 Raney Ni 作为催化剂，可使反应在数分钟内完成，而不致使内酰胺开环。

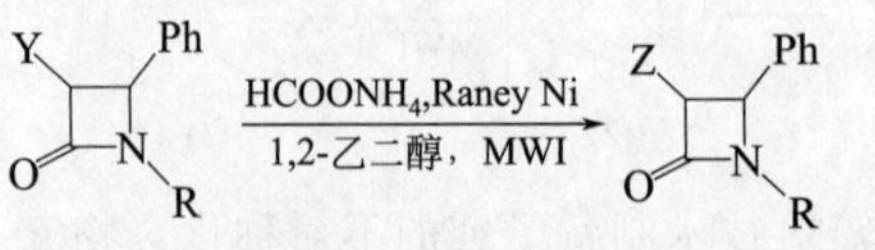

$$(3-25)$$

Y 表示—CH_2CH=CH_2，R 表示—$C_6H_4OMe(-4)$，Z 表示 i-Pr

（6）自由基反应

Bose 及其研究小组利用微波技术将 6,6-二溴青霉烷酸（6,6-dibromo-penicillanic acid）主要转化为目标化合物 *cis*-6,β-溴青霉烷酸及副产物异构体（量很少）。该反应为自由基反应。

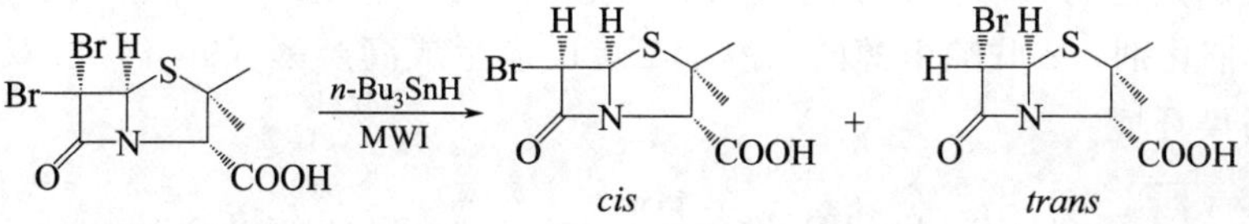

$$\text{（3-26）}$$

（7）其他

微波技术用于液相有机反应的实例还有很多，如酰基化反应［见反应方程式（3-28），其中第一个产物收率为 92%，第二个副产物产率小于 1%］、烯键的形成反应、肟的制备、芳基的取代反应、酯化和皂化反应、脱羧反应、Bischler-Napieralski 反应等。

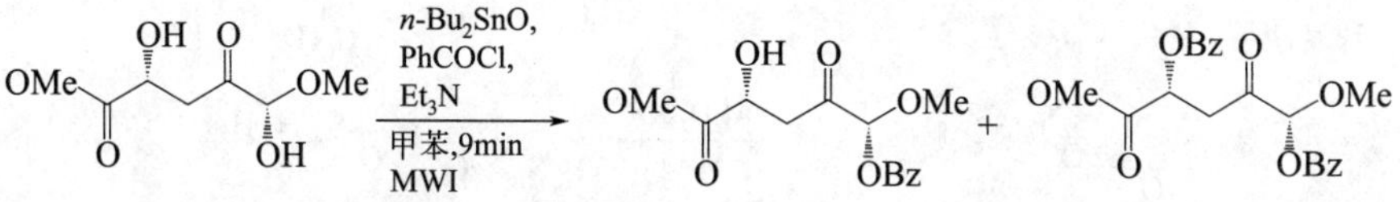

$$\text{（3-27）}$$

3.8.3 微波技术在非溶剂反应中的应用

溶剂介质中的反应，往往受到有机溶剂的挥发、易燃等因素的限制。虽然人们设计许多性能良好的反应装置，但安全性仍然是困扰液相反应的一个问题。非溶剂反应也称为"干"反应，正好缓解了这个问题。同时"干"反应避免了大量有机溶剂的使用，对解决环境污染具有现实意义。因此，"干"反应成为微波促进有机化学反应研究的热点。

微波干反应通常将反应物分散担载在无机载体上进行。无机载体如蒙脱土（montmorillonite）、氧化铝、硅胶等本身同微波偶合作用较弱，而且可以透过微波，因而可以作为良好载体，有时还可以起到催化作用。许多干反应如果不采用载体，则收率明显降低或根本不发生反应。但有些干反应不需要载体时却可以得到较好的结果。

（1）酯化反应

醇与酸催化脱水制成酯，在微波干反应中较为方便，它不需要分水器来除去生成的水，水分可以直接蒸发排至微波炉外。如苯甲酸同正辛醇在对甲苯磺酸催化下，不用无机载体，直接辐射可以得到 97% 的酯化产物，该反应如果采用 KSF、沸石、硅胶或氧化铝作载体，产率反而下降。

$$\text{PhCOOH} + n\text{-}C_8H_{17}OH \xrightarrow[\text{MWI, 3min}]{\text{PTSA}} \text{PhCOO}(n\text{-}C_8H_{17})$$

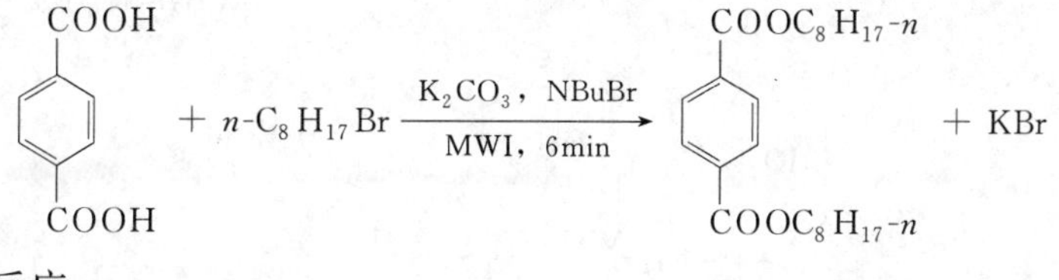

$$\text{（3-28）}$$

（2）烷基化反应

苯并噁嗪及苯并噁嗪化合物，同卤代烃 RX 在乙醇钠、TEBA 相转移催化剂条件下，在硅胶载体上 8~10min 获得高产率（72%~90%）的 N-烷基衍生物，反应速率比传统方法（6~8h）提高 30~80 倍。

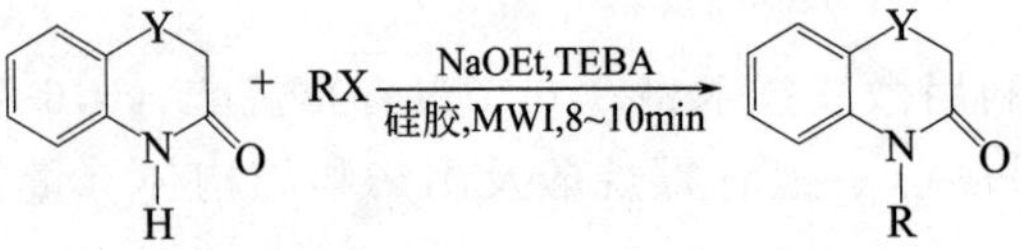

$$\text{（3-29）}$$

利用微波加热进行 Williamson 反应已有报道，其中 Majdoub 等利用季铵盐（aliquat）及 KOH 作为催化剂，2-呋喃甲醇同二溴十二烷反应生成高产率（96%）的双醚。产物后处理容易，不污染环境。

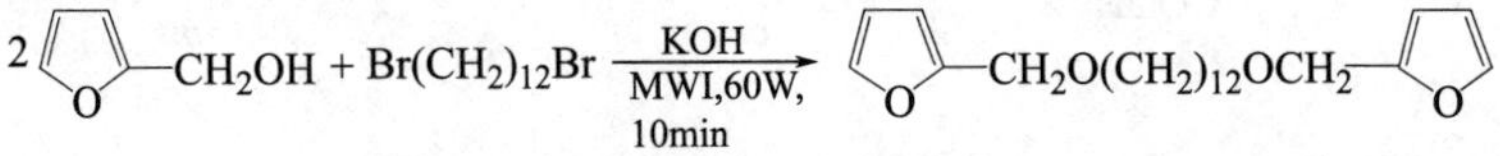

$$2 \text{ （呋喃）—CH}_2\text{OH} + \text{Br(CH}_2)_{12}\text{Br} \xrightarrow[\substack{\text{MWI,60W,}\\ \text{10min}}]{\text{KOH}} \text{（呋喃）—CH}_2\text{O(CH}_2)_{12}\text{OCH}_2\text{—（呋喃）} \qquad \text{（3-30）}$$

（3）烯化反应

Villemin 在此方面做了大量的工作，取得了很好的结果。如 3-苯基异噁唑啉-5-酮与噻吩甲醛在 Al_2O_3-KF 载体催化下，350W 微波加热 15min 可获得 92% 的 E 式构型产物。

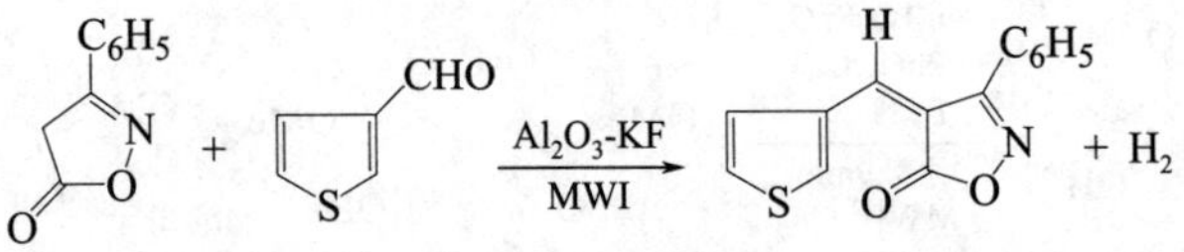

$$\text{（3-31）}$$

（4）重排反应

将 4-甲基-4-(对甲苯基)-5-己烯-2-酮担载在蒙脱土 K-10 上，微波辐射 8min 可得重排产物，而采用传统加热方法 250℃、48h 反应才能完成，前者反应速率高 360 倍。

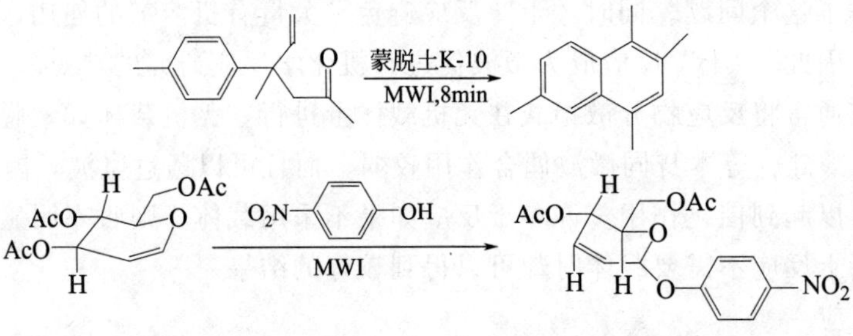

$$\text{（3-32）}$$

（5）环化反应

取代的噻二唑双环化合物，可由三唑化合物与 4-二甲氨基苯甲醛在微波辐射 3min 条件下制得，收率 90%；而传统方法 9h，收率才有 77%。

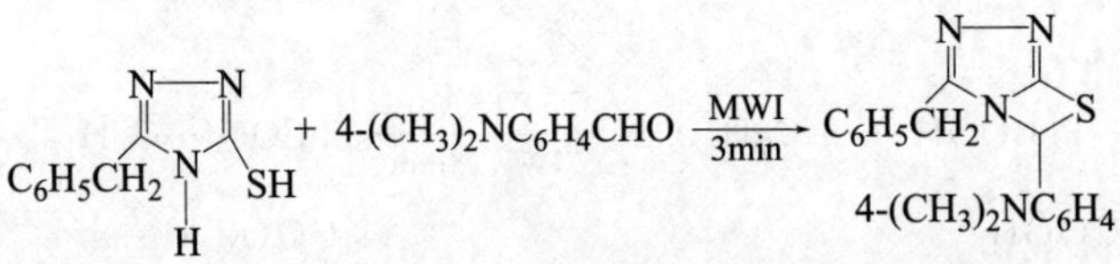

$$\text{（3-33）}$$

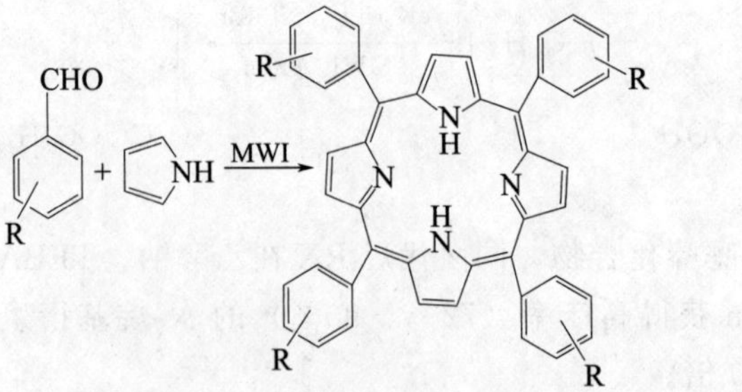

$$\text{（3-34）}$$

（6）开环反应

具有苯硫基取代的二氯环丙烷类化合物是一个非常稳定的化合物。要想将其开环制成 2-苯硫基-3-氯-1,3-环庚二烯，利用微波技术，将化合物吸附在 $AgBF_4$ 及 Al_2O_3 上，650W 辐照 10min 就可得到 75％的开环产物。

$$\text{(结构式)} \xrightarrow[\text{MWI,650W,10min}]{AgBF_4,Al_2O_3} \text{(结构式)} \qquad (3-35)$$

（7）氧化反应

Delgado 等研究发现，在微波作用下，1,4-二氢吡啶类化合物经 MnO_2 氧化后除得到了传统方法只能生成的"正常"产物 60％外，还发现了 38％"非正常"产物。

$$\text{(结构式)} \xrightarrow{MnO_2\text{-膨润土}} \underset{\text{"正常"产物}}{\text{(结构式)}} + \underset{\text{"不正常"产物}}{\text{(结构式)}} \qquad (3-36)$$

（8）去保护基

传统实验方法脱去保护基有时具有一定的困难，如保护酚羟基的乙酰基的脱去（在 Al_2O_3 载体上 3d 方可完成）。微波技术的应用大大改善了该类乙酰保护基的脱去反应，如 6 位乙酰基保护的羟基苯并二氢呋喃-3-酮，同苯甲醛在 Al_2O_3 上辐照 10min 即可在缩合反应的同时脱去乙酰保护基，转化率达到 91％。

$$\text{(结构式)} + OHC-Ph \xrightarrow[\text{MWI,10min}]{Al_2O_3} \text{(结构式)} \qquad (3-37)$$

3.8.4 微波技术在其他化学化工领域中的应用

微波技术除了在前面提到的诸多反应中的应用外，还广泛应用在高分子、生物化学、金属有机化学、同位素取代及低碳烃的研究中，表现出一定的优越性。

微波技术应用在高分子化学领域的研究较多，许多研究报告及专利相继在这一领域出现。一些成功的技术，如用于木材黏结的树脂固化或黏结剂的聚合技术等，在实际生产中已开始应用。

微波技术在聚合物合成、固化、交联等各方面都有成功的应用，如聚氨酯的合成、聚烯烃的交联等。一些利用微波技术合成或改性的高聚物，某些性能优于传统方法的树脂固化物，可以临床应用。除可以显著缩短反应时间外，有的聚合物如聚氨酯经微波辐射后形成膜的硬度较传统方法有明显增强。关于微波促进聚合反应的动力学研究也有报道。大量的研究表明，微波技术在高分子化学反应中具有许多传统加热技术无法比拟的优越性。

微波技术很早就用于生物化学的研究。早在 1987 年，台湾大学的王光灿等就报道了利用微波技术研究多肽及蛋白质的快速水解方法。他们发现利用微波技术可以加速对蛋白质及肽的水解，同时可以控制裂解部位。他们还发现利用微波技术可以快速进行肽的固相合成，而且可以极大地提高酶催化反应的效率，他们就这方面的研究专门进行了综述。

利用微波炉加热进行金属有机化学反应也有明显的效果，如一些金属配合物的合成，传统方法需要几个小时甚至上百个小时的反应，在微波条件下数十分钟即可完成。伦敦皇家学院化学系 Mingos 等利用微波炉实现了"一锅法"制备自组装的有机金属络合物，这是用"一锅法"通过配位键结合实现自组装的第一例。

利用短寿命的示踪原子快速、高产率合成同位素标记药物，对药物化学工作者来说一直是一种挑战。如 ^{122}I（半衰期 3.6min）、^{11}C（半衰期 20min）、^{18}F（半衰期 110min）等半衰期都很短，微波技术以其反应快速的特点已跻身于这一领域。H. Wang 等利用微波技术在密封管中对 ^{18}F 取代活性硝基或氟代苯类化合物及活性与非活性的卤代烃同 ^{131}I-碘化物的交换反应进行研究，发现 5min 内 ^{18}F 取代反应可以获得较高的产率；在 Cu_2Cl_2 催化下，p-$IC_6H_4NO_2$ 和 p-$IC_6H_4OCH_3$ 在 60s 内可以得到 80% 以上的 ^{131}I 取代物。这些研究表明，微波技术在半衰期短的示踪原子取代反应中具有良好的应用前景。

另外，微波技术在低碳烃化学研究中也有报道，如甲烷氧化偶联，甲烷、丙烯同水催化氧化制醇或酮等。

3.8.5 微波反应器

用于促进化学反应的微波装置，概括起来可分为两部分，即微波炉装置和反应器。

（1）微波炉装置

目前，适合于各种实验室应用的微波技术强化化学反应均使用的是家用微波炉。由于炉小，只有在反应物料少的情况下，微波才能显著促进化学反应，而当反应物料多时，则效果明显降低。基于这种原因，人们又设计出连续微波反应器（CMR）。其设计原理如图 3-3 所示，反应物经压力泵导入反应管 5，达到所需反应时间后流出微波腔 4，经热交换器 7 降温后流入产物储存罐 10。

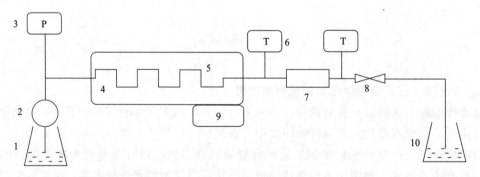

图 3-3　CSIRO 设计的连续微波反应器原理图

1—待压入的反应物；2—泵流量计；3—压力转换器；4—微波腔；5—反应管；6—温度检测器；

7—热交换器；8—压力调节器；9—微波程序控制器；10—产物储存罐

连续微波反应器可以大大改善实验规模，它的出现使得微波反应技术最终能应用于工业生产。有的连续反应器还可以进行高压反应。只是这种反应器目前还只能应用于低黏度体系的液相反应，对固相干反应及固液混合体系不能使用。另外，这种反应器所测量的温度不能体现反应管温度梯度的变化情况，不能进行反应动力学的准确研究。

（2）反应容器

一般来讲，只要对微波无吸收、微波可以穿透的材料都可以制成反应容器，如玻璃、聚四氟乙烯、聚苯乙烯等。由于微波对物质的加热作用是"内加热"，升温速度十分迅速，在密闭体系进行反应往往容易发生爆裂现象。因此，要求密闭容器能够承受特定的压力。耐压反应器较多，如美国 Parr 仪器公司及 CEM 公司为矿石、生物等样品的酸消化而设计的酸消化系统，可分别耐压 8.1MPa 和 1.4～1.5MPa；还有 CSIRO 设计的微波间歇式反应器（Microwave Batchch Reactor），可以在 260℃、10.1MPa 状态下进行反应。

对于非封闭体系的反应，例如敞口反应，对容器的要求不很严格，一般采用玻璃材料反应器，如烧杯、烧瓶、锥形瓶等。另外，根据反应动力学研究的需要，反应器还要安装一些检测温度和压力的辅助系统。

总之，用于化学反应的微波装置，逐渐朝着自动化程度高、安全、检测手段完善的方向发展。

3.9 膜技术

膜技术是一门涉及多学科的高新技术，近 30 年来发展迅速。膜技术主要用于分离过程，是新型的分离、浓缩、提纯、净化技术。早期膜分离技术用于脱盐，现在则在化工、医药、环保、电子等领域应用。它成为一种重要的化工单元操作，与其他常规分离方法比较具有效率高、能耗低、过程简单、不污染环境等优点，因此是发展中的绿色技术。

3.9.1 膜分离技术

膜分离是以选择透过膜为分离介质，在外力推动下对混合物进行分离、提纯、浓缩的过程。推动力主要为压力差、电位差、浓度差。作为分离介质的膜可以是固体或液体，可以是均相或非均相的，对称的或非对称的，中性的或带电的；膜的厚度从几微米到几毫米。膜的分离作用有的是利用物理性质不同；有的是利用物质通过膜的速度不同，这种速度上的差异取决于物质溶解和扩散能力。

膜可分均质膜和非对称膜，均质膜的任何一部分形态和化学组成都相同，非对称膜由两层组成，表面一层称皮层，下面一层称支撑层。非对称膜是使用最广泛的分离膜。

在实际应用时要将膜以某形式组装在基本单元设备内，成为膜分离器或膜组件。膜组件可以有板框式、圆管式、中空纤维式，已经工业应用的膜分离技术有微滤、超滤、反渗透、电渗析、气体膜分离和渗透汽化。

① 微滤 通常采用特种纤维树脂膜，孔径范围 0.1～10μm，主要用于从溶液或气体中脱去粒子，是筛分过程，透过的组分是溶液或气体，截留组分是 0.02～10μm 的粒子。

② 超滤 膜材料除醋酸纤维外还有聚砜、聚丙烯腈、聚酰亚胺等，主要用于从溶液中脱去大分子或大分子溶液中脱去小分子，也是筛分过程，透过组分为小分子溶液，截留组分为 1～20nm 的大分子粒子。

③ 反渗透 反渗透是利用膜的选择性只能透过溶剂而截留溶质粒子（0.1～1nm），膜材料为醋酸纤维、芳香族聚酰胺、中空纤维等。反渗透主要用于海水、苦咸水的淡化，超纯水制备。

④ 电渗析 使用离子交换膜，阳离子交换膜和阴离子交换膜交替排列在正负电极之间。在直流电场作用下，阴阳离子选择性地通过膜，从而达到分离目的，电渗析主要用于水处理。

⑤ 渗透汽化 液体混合物在膜的一侧与膜接触，其中易渗透的组分较多地溶解在膜上，并扩散通过膜，在膜的一侧汽化而被抽出。用于共沸物或相近沸点物溶液体系的分离，如乙醇脱水。耗能仅为常规恒沸精馏的 1/3～1/2，不适用苯类带水剂。

⑥ 气体膜分离 根据混合气体中各组分在压力推动下透过膜的速度不同而达到分离目的，可用于提氢、富氧、富氮、脱湿、回收有机蒸气等。

3.9.2　膜反应器

近年来，膜技术已不再局限于分离过程，开始向反应过程发展。将反应过程与分离过程组合在一起，膜技术发挥了它的优越性。与一般反应器相比，它不仅可以加速反应，更重要的是突破化学平衡的限制，使化学平衡移动，大大提高转化率，有可能将产物分离、净化等单元操作在一个反应器内完成，节约投资。

膜反应器主要有惰性膜反应器和催化膜反应器。惰性膜反应器用的膜本身是惰性的，只起分离效果。催化膜反应器所用的膜，同时具有分离和催化双重功能。虽然两类膜反应器结构基本相同，但工作原理不尽相同。惰性膜反应器是利用膜反应过程中对产物的选择透过性，不断从反应区移走产物，从而达到移动化学平衡并且分离产物的目的。至于催化膜反应器则是让反应从膜一侧进入或从膜两侧进入反应器。

膜生物反应器是使用生物催化或转化反应，如将产青霉素酰化酶的大肠杆菌细胞固定在中空纤维膜组件的纤维外腔中，将酶反应底物青霉素 G 钾盐的缓冲液从中空纤维的内腔输出，底物通过膜渗透进入中空纤维内腔，在酶的作用下进行水解反应，产物 6-氨基青霉烷酸（6-APA）和苯乙酸透过膜再进入中空纤维外腔，流出膜反应器，采用反应物反复循环通过膜反应器的方式，可使反应转化率接近 100%。膜反应器可连续使用半年以上。膜反应器用于 β-半乳糖苷酶水解乳糖、淀粉酶水解淀粉产生葡萄糖、葡萄糖异构酶产生高果糖糖浆等，均取得较好的结果。另外，膜生物反应器也可用于植物细胞培养，以产生有关产品。

膜生物反应器的操作简便，可连续化，可在无菌条件下运转，适用范围广，有较好的应用前景，目前个别的膜生物反应器已达到实用化和工业化水平。

3.10　生物技术

生物技术是新技术革命的一个标志。它与信息技术、新材料技术、新能源技术、海洋技术和空间技术并列为影响未来社会发展的六大科技支柱。生物技术是利用生物细胞或组织的功能结合工程技术的原理进行加工生产，为社会提供产品和服务的技术，是一门新型的跨学科技术体系。在化工方面则主要用于开发生产各种化学品。生物技术的突出优点是高效和经济，如将人的胰岛素基因转移到大肠杆菌中，就可高效和大规模生产药用胰岛素。生物技术利用的原料是可再生的生物质，主要过程在活的机体内完成，不会产生或很少产生废物即可持续发展。当前生物技术主要包括基因工程、细胞工程、酶工程、发酵工程几个方面。

3.10.1　基因工程

基因工程是指在体外将核酸分子插入病毒、质粒或其他载体分子，构成遗传物质的新组合，然后将其掺入到原来没有这种分子的寄主细胞内，并且能稳定繁殖的技术。脱氧核糖核酸（DNA）是遗传信息的携带者，DNA 分子由四种核苷酸依一定顺序排列呈双螺旋结构，可以自我复制或遗传，人类和生物的遗传密码就储存在 DNA 双链结构中以传递遗传信息。但 DNA 分子十分巨大，给研究带来很大困难。DNA 分子外切割技术与连接技术解决了这一难题。限制性核酸内切酶可以对不同种 DNA 分子进行切割，而 DNA 连接酶又可以进行DNA 分子的连接。这样人们就可以在体外根据需要进行 DNA 的切割和重组。但是这样得到的 DNA 片段大多不具备自我复制能力，所以还要设法将它们连接到具备自我复制能力的DNA 分子上即载体分子，形成重组 DNA，把重组 DNA 分子转移到适当的寄生细胞，使之增殖并让新的遗传信息得到表达，从而产生人类所需的物质。

现在利用基因工程主要是生产多肽、蛋白质类药物。用基因工程还可以生产人的生长激素、干扰素等产品。用基因工程创造一些具有特殊代谢功能的微生物菌种，用发酵或酶法生产化学品是很有前途的手段，如用于生产氨基酸、丙二醇、丁二酸等。在自然界数量巨大的生物质——木质纤维素的开发利用过程中已经开始利用基因工程。

3.10.2　细胞工程

细胞工程是对动植物的器官、组织或细胞在离体下进行培养、繁殖和人工操作从而达到加速繁殖、生产生物产品的目的。关键是细胞融合和克隆以及细胞大规模培养技术。

紫杉醇是一种抗癌药物，过去从野生红豆杉树皮中提取，药源植物生长缓慢，树皮中的紫杉醇含量不高，据统计三棵树才能提供一个病人一年的用药量。现在用大量培育红豆杉细胞的方法可以缓解药源不足的问题。

将红豆杉针叶与嫩枝用吐温-80（Tween-80）溶液洗涤后浸入 70% 乙醇和 2% 次氯酸钠溶液中灭菌，用灭菌液淋洗，在无菌条件下将它们切成 5mm 长的小段，然后将它们放置在琼脂培养介质中，在 300K 黑暗中培养约 3 周，然后将固态培养介质分散悬浮于 100mL 液态介质中，在黑暗中、300K 以下，以 100 次/min 频率振摇，当测得细胞中紫杉醇浓度 10 倍于介质中时（10~15mg/kg 湿细胞），细胞的体积分数仅约 1%，于是表明有 70%~80% 紫杉醇从活细胞排泄到介质中，然后分离纯化得到产品。现在已可以使紫杉醇生产能力在 2 周内达到 300mg/L。

用于治疗心肌梗死和肺部栓塞的溶栓药物——组织型纤溶酶原激活剂（t-PA）已通过细胞和基因工程技术研制成功。目前已经大规模培养重组了 t-PA 产品，应用于临床。

3.10.3　酶工程

酶工程是利用酶的催化作用进行物质转化的技术，是将酶学理论与化工技术结合而形成的新技术，也就是利用酶或者微生物细胞、动植物细胞、细胞器的特定功能，借助于工程学手段提供产品的一门科学。

由于酶具有很高的催化效率，且可催化广阔范围的化学反应。并且大自然是一个天然的各种酶的巨大储藏器，随着基因工程、蛋白质工程及化学修饰技术的发展，将为人们提供更多的定向改造了的酶。酶早期已被应用于工农医药等领域，表 3-9 列出了已被应用的六大酶中的各种酶。其中 85% 是水解酶，15% 是氧化还原酶和异构酶。水解酶中 70% 是蛋白水解酶，26% 是碳水化合物水解酶，4% 是酯类水解酶，只有相当少的氧化还原酶有商品意义。

表 3-9　已被应用的六大酶中的各种酶

分类	酶名	来源
氧化还原酶	葡萄糖氧化酶	霉菌
	过氧化物酶	萝卜
	过氧化氢酶	微生物
	类固醇水解酶	微生物
	尿酸酶	酵母
	细胞色素 C	心肌、酵母
转移酶类	环糊精葡萄糖基转移酶	细菌
	转氨酶	细菌

分类	酶名	来源
水解酶类	α-淀粉酶	微生物、麦芽、胰脏
	β-淀粉酶	细菌、大豆、大麦
	纤维素酶	霉菌
	葡萄糖淀粉酶	霉菌
	转化酶	酵母
	果胶酶	霉菌、细胞
	乳糖酶	微生物
	半纤维素酶	霉菌
	酸性蛋白质酶	霉菌
	中性蛋白质酶	微生物
	碱性蛋白质酶	细菌
	粗制凝乳酶	霉菌、胃
	胃蛋白酶	胃
	胰蛋白酶	胰腺
	胰凝乳蛋白酶	胰腺
	木瓜蛋白酶	木瓜
	菠萝蛋白酶	菠萝
	溶菌酶	蛋清
	脲酶	豆类
	蜜二糖酶	霉菌
	肽酶	微生物
	核糖核酸酶	霉菌
	脂肪酶	微生物
	氨基酰化酶	霉菌
	青霉素酶	霉菌
裂合酶类	天冬氨酸酶	细菌
	柚苷酶	霉菌
	橙皮苷酶	霉菌
	花色素酶	霉菌
	果胶去除酶	细菌
连接酶类	T_4-连接酶	微生物
异构酶	木糖（葡萄糖）异构酶	细菌

　　一般来说，一切生物体都可以作为酶的来源，但是为了便于应用则要求酶的含量高而且易于提取。早期的主要来源是动物脏器和植物种子，但是很快就转变为以微生物来源为主。这是因为从微生物容易得到所需的酶，容易得到高产的菌株，生产周期短、成本低、易管理，而且提高微生物生产酶的能力有较多途径。

　　酶催化的缺点是酶在水溶液中一般不是很稳定，而且酶与底物只能作用一次，不经济。克制这一缺点的方法是采用固定化技术，即通过化学或物理方法将酶束缚在一定的区域内，将酶固定化之后再起催化作用。

　　将酶固定在不溶于水的材料上主要有包埋法和结合法。包埋法是利用高分子物理截留作用将酶和细胞夹裹在高分子材料中。结合法是通过吸附、交联或共价结合等手段将酶固定在载体上。载体有多种，如纤维素、淀粉、明胶、硅藻土、多孔陶瓷、聚丙烯酰胺、离子交换树脂等。

　　固定化酶的优点是可重复使用，便于储存，易与产物分离，产品纯度高，有一定的机械强度可以搅拌，利用装柱等方式与底物溶液作用，可使生产连续化。酶在催化反应中的应用见表 3-10。

表 3-10 酶在催化反应中的应用

酶的类别	反应类型	利用率/%
氧化还原酶	C═C、C═O、C—H、C—C 键的氧化还原，分子的加氢、脱氢	25
转移酶	转移醛基、酮基、酰基、糖基硫酸基等	约 5
水解酶	水解或生成酯、酰胺、内酯、内酰胺、环氧化物糖苷等	65
裂合酶	加成或消除生成新的 C—C、C—N、C═C、C═O、C═N 等	约 5
异构酶	消旋化和异构化	约 1
连接酶	生成 C—O、C—S、C—N、C—C 键（需 ATP）	约 1

现在，已有一部分生物催化研究结果应用于实际生产，产生了巨大的效益。例如应用交联纯结晶脂酶生产 α-苯乙醇，成本仅为 1000 美元/kg，而非酶法生产同样产品，为 4000 美元/kg，而且用酶法生产，生产每批 100kg 产品，酶的消耗仅占成本的 4%。另外一个令人信服的例子是用微生物催化技术生产 2-苯基丙氨酸，成本仅为 1200～1300 美元/kg，生产规模可达 15m³，生产成本是原来合成法的 1/10。

近年来，化学修饰、基因工程、蛋白质工程等为酶的开发和改造开辟了新的途径。酶的化学修饰是用化学手段将某些化学物质或基团结合到酶分子上，将酶分子某部分去掉或改变为其他基团，从而改变酶的催化性质，例如将凝乳酶用各种酸酐化后，可使牛奶凝结力增加 100% 以上。基因工程则是在分子水平上直接操作 DNA，是理想的定向改造酶的方法，例如青霉素酰化酶是一种水解酶，在半合成内酰胺抗生素方面有重要作用。近年来有人将大肠杆菌青霉素酰化酶的基因克隆到质粒 pBR322 上，新构建菌株酶的活力比原来菌株提高 50 倍。

酶催化反应有许多优点，但天然酶来源有限，纯制较难。开发性能更好的人工酶是引人注目的课题，模拟酶就是模仿天然酶设计出来但又比较简单、稳定的物质，主要有环糊精、冠醚、胶束等。例如由环糊精构成的人造凝乳蛋白酶，活性与自然酶相当，但分子量只有 1365，而天然凝乳蛋白为 24800。

3.10.4 发酵工程

发酵工程又称微生物工程，是指在人工控制条件下，利用微生物的代谢活动，生产各种有用产品的过程。人类祖先很早就会酿酒、制醋，这就是古代的发酵工程。现代发酵工业是20 世纪 70 年代以来由于基因工程、细胞工程、酶工程的发展而达到了一个崭新的阶段，现在发酵工业已形成完整的体系，生产抗生素、氨基酸、有机溶剂、有机酸、多糖、酶制剂、维生素、核酸等，其产品在医药、食品、轻工、化工、纺织、环保等领域广泛应用。

发酵工程主要包括菌种选育、菌种生产、代谢产物的发酵、产物分离等。根据微生物的呼吸类型，发酵可分为两类：好氧性发酵，在发酵过程中需通入一定量空气；厌氧性发酵，在发酵过程中不需要提供空气。

发酵工程的产品举例如下。

（1）赖氨酸

赖氨酸即 2,6-二氨基己酸，是人体必需氨基酸之一，有促进生长发育、增强体质的作用，赖氨酸主要用于饲料、食品、饮料及医药工业。

目前赖氨酸发酵生产菌株主要是细菌。细菌赖氨酸生物合成途径主要是以大肠杆菌 K12为材料完成的。合成起始物是天冬氨酸，经激酶等作用形成天门冬氨酸半醛，后者与丙酮酸经醛醇缩合与脱水二步反应生成环状中间产物 2,3-二氢吡啶二羧酸，此后形成 L-α,ω-二氨基庚二酸，后者脱羧生成 L-赖氨酸。由葡萄糖生物合成 L-赖氨酸的总化学反应式如下：

$$3C_6H_{12}O_6 + 4NH_3 + 4O_2 \longrightarrow 2C_6H_{14}N_2O_2 + 6CO_2 + 10H_2O$$

从以上反应式可知理论转化率约为 66.7%。

赖氨酸工业化发酵生产通常以各种淀粉水解糖作为碳来源，氨水、铵盐或尿素为氮来源。赖氨酸发酵过程中培养基也需要维持中性，可以通过滴加氨水或尿素来控制，也可以加入 $CaCO_3$ 来维持。发酵液经阳离子交换树脂吸附及浓缩、结晶，得赖氨酸。

（2）乳糖

乳糖即 α-羟基丙酸，产销量仅次于柠檬酸，在食品、饮料、医药、化工等领域中应用广泛。

工业乳酸发酵一般使用德氏乳杆菌为菌种，进行同型发酵，葡萄糖几乎全部生成乳糖（DL 型）。代谢过程大致分为：葡萄糖经糖酵解（EMP）途径降解为丙酮酸，丙酮酸在乳酸脱氢酶催化下，被还原型辅酶 I 还原成乳糖。由于 L 型乳糖可聚合成聚乳糖酸，后者可做成生物可降解塑料，故近年来乳糖发酵技术研究重点集中在 L 型乳糖产生菌的选育方面。

国内乳糖发酵常用玉米粉（或大米粉、山芋粉）为原料，工艺流程如下：

斜面菌种 $\xrightarrow{45℃, 24h}$ 种子罐 $\xrightarrow{45℃, 25h}$ 接双酶水解糖 $\xrightarrow{50℃, 70h}$ 发酵 $\longrightarrow$ 过滤 $\longrightarrow$ 分离结晶 $\longrightarrow$ 酸化 $\longrightarrow$ 脱色 $\longrightarrow$ 成品

该方法工艺简单，设备投资少，收效快，一般产乳酸可达 13% 以上，糖的转化率达 90% 以上。

3.11　磁化学技术

磁化学从广义来讲，是指研究磁学技术中一切有关化学问题的一门学科，狭义的磁化学主要研究分子磁性与化学结构的关系，磁场对分子性质行为的影响等。有机磁化学是研究外磁场对有机化学反应影响的一门交叉边缘学科，主要研究磁场对有机反应的催化作用、反应选择性、反应速率和产率的影响等内容，已成为有机化学的一个新生长点。参加化学反应的粒子，通常需在热运动中获取一定的能量，粒子间发生有效碰撞，化学反应才能进行。过去化学家们总认为磁场与分子作用的能量与一般反应的活化能相比是微不足道的，反应粒子与磁场的相互作用能仅是粒子热运动能量的百万分之一到百分之一，不足以显著影响一般的化学反应速率，因此认为磁场对化学反应基本不起作用。然而随着理论和实验研究的深入发展，人们已逐渐认识到磁场不仅能改变化学反应的速率，而且能影响化学反应的产率，甚至通过选择合适的反应条件，还能控制反应途径，改变反应产物的构成，决定某些反应的发生与否等。此外，磁化学还是研究化学反应机理的一个重要手段。因此，对磁化学进行深入细致的研究，对于化学、化工及医药工业的发展具有重要的理论和实践意义，甚至可能改变或完善传统的化学理论，开辟化学科学的新方向。

控制化学反应进行的方法，一般可分为物理催化、化学催化和生物催化。在物理催化技术中，除了温度、压力因素外，还有机械法、冲击波、超声波、微波、电场和磁场等物理手段能影响化学反应的进行历程。早在十几年前，我国学者就曾利用外加磁场对合成氨及其催化剂做过实验，发现交变磁场对合成氨有催化作用，在常压及交变磁场作用下，合成氨的转化率可比无磁场时增加 40% 以上，而直流磁场对合成氨则有阻化作用。近些年来，关于磁

场对有机合成影响的研究日渐增多，主要可分为以下几类。

（1）磁场对聚合反应的影响

这类反应人们研究得较多，磁场的作用主要表现在影响聚合物的平均分子量、聚合产率、反应速率和立体构型等方面。如乙酸乙烯酯乳液的聚合，在 $0\sim0.1T$（特斯拉）磁场中，分子量随磁场强度的增加急剧上升；在 $0.1\sim0.52T$ 时，分子量不变；在 $0.52\sim1.00T$ 时，分子量随场强增加而迅速下降。对于反应速率而言，在 $0.04\sim0.3T$ 时，随磁场强度的增加几乎是直线上升的，而在 $0.3\sim0.8T$ 时，则随磁场强度的增加，明显下降。此外，苯乙烯在磁场中的聚合时间也可由无磁场时的 20h 缩短为 6h。磁场对聚合物立体构型的影响，表现为影响聚合物间同立构含量 S（％）的值，实验表明，聚甲基丙烯酸甲酯的 S 值随磁场强度的增加而按指数关系增加，在没有外磁场时，热聚合和光聚合对聚合物分子量中间同立构含量的影响相差不大，两者只差 1％，但没有外磁场时，随磁场强度的增加，聚合物的 S 值可相差 6.5％，而且磁场使聚甲基丙烯酸甲酯聚合时规整化排列，使得分子链中连续出现间同立构的概率亦增加，说明外磁场对聚合物的间同立构含量有着明显的影响。

（2）磁场对酯化反应的影响

外磁场对乙酸乙酯的合成有催化作用，不仅能提高酯化反应的产率，而且能使反应体系的电导率发生变化，使乙醇的氢键缔合程度降低，从而使反应速率加快。

$$CH_3COOH+CH_3CH_2OH \longrightarrow CH_3COOCH_2CH_3$$

反应体系在 0.35T 的磁场中处理后，乙醇的 NMR 化学位移发生了变化，乙酸的电导率增加了 $0.201\mu S/cm$，酯净增率超过 50％。根据此原理，可用磁场催化白酒的老熟，经过一次磁化处理的酒，其自然老熟期可缩短 3 到 4 个月，处理后的酒变得醇和香宜且杂味减少，使酿酒费用大为降低。国内外一些酿酒企业已运用磁化技术取得了良好的经济效益。

（3）磁场对光还原反应的影响

对于下列光还原反应：

$$Ph_2CO+PhSH \longrightarrow Ph_2\overset{\cdot}{C}OH+PhS\cdot$$

以前曾有文献认为在磁场强度低于 0.32T 时，在十二烷基磺酸钠（SDS）胶束溶液中此反应没有磁场效应。后来经过进一步研究，人们发现 $Ph\overset{\cdot}{C}OH$ 和 $PhS\cdot$ 自由基的逃逸产率在 $0\sim10T$ 的磁场中，随场强的增大而减小，其中 $PhS\cdot$ 逃逸率产率在 10T 时是 0T 时的 9 倍。这是由于在 $0\sim10T$ 的磁场中，自由基对的三重态-单重态转化的速率加快，还常常可能改变反应物或中间体的光学活性和其他行为，如自由基的寿命、特征谱带的位移和强度的变化等。

参 考 文 献

[1] Takechi H, Kamade S, Machida M. 3-[4-Dromomethyl Phenyl]-7-2H-1-benzopyran-2-one（MAPC-Br）: a highly sensitive fluorcscent derivatization regaent for carboxylic acids in high-performance liquid chromatography [J]. Chem Pharm Bull, 1996, 44 (4): 793-799.

[2] 李晓陆，王永梅，孟继本，等. 固态有机反应新进展 [J]. 有机化学，1998，18: 20-28.

[3] Singh N B, Singh R J, Singh N P. Organic solid state reactivity [J]. Tetrahedron, 1994, 50 (22): 6441-6493.

[4] 土兰明. 固态有机合成反应 [J]. 化学通报，1992，6: 14-18.

[5] Toda F. Organic Solid state Reactions [M]. Springer, 2005.

[6] 李敬慈，李晓陆，王春，等. 芳香醛与硫代巴比妥酸固相缩合反应的研究 [J]. 有机化学，2002，22 (11): 905-908.

[7] 孟继本，王永梅. 有机化学新领域——固态光化学的研究 [J]. 高等学校化学学报，1994，15 (9): 1340-1345.

[8] 孟继本，王文广，杜大明，等. 含氮杂环化合物的固相光化学 [J]. 化学学报，1993，53: 595-602.

[9] 孟继本，付德超，王永梅. 微环境影响下的香豆素的固相光化学反应研究 [J]. 中国科学，B辑，1995，25 (52): 460-464.

[10] 李晓陆，杜大明，王永梅，等.含氮杂环化合物固相化学反应研究Ⅰ：3-甲基1-苯基-5-吡唑啉酮与羰基化合物的固相反应 [J].中国科学，B辑，1997，27（2）：104-111.

[11] 李晓陆，王永梅，杜大明，等.含氮杂环化合物固相化学反应研究Ⅱ：吲哚与羰基化合物的固相反应 [J].中国科学，B辑，1997，27（3）：202-207.

[12] 徐如人，庞文琴，霍启升.无机合成与制备化学 [M].北京：高等教育出版社，2001.

[13] 董万堂，歪绍俊.无机固相反应 [M].北京：科学出版社，1985.

[14] Honing J M, Rao C N. Preparation of materials and characterization preparation [M]. Academy press, 1981.

[15] 苏锵.稀土化学 [M].郑州：河南科学技术出版社，1993.

[16] 庄稼，贾殿赠，迟燕华，等.室温固相反应制备纳米 Co_3O_4 粉体 [J].无机材料学报，2001，16（6）：1203-1206.

[17] 李清文，曹雅丽，李娟，等.室温固相反应制备 AgX 纳米粉末 [J].化学物理学报，1999，12（1）：99-102.

[18] 常青，王燕，李小华，等.簇合物 $[WS_4Ag_3(PPh_3)_3\{S_2P(OCH_2Ph)_2\}]$ 的合成、晶体结构及非线性光学性质 [J].无机化学学报，2003，19（6）：574-578.

[19] 王莉，刘浪，贾殿赠，等.金属配合物甘氨酸酮（Ⅱ）纳米棒的室温固相合成 [J].科学通报，2005，50（2）：127-129.

[20] 景苏，忻新泉.低热固相法合成纳米 $(NH_4)_3PMo_{12}O_{40} \cdot 4H_2O$ 及其机理的研究 [J].复旦学报（自然科学版），2003，42（6）：887-890.

[21] 卢华军.新型杀菌剂磷酸铜的固相合成及应用研究 [D].昆明：昆明理工大学，2007.

[22] 杨绮琴，方北龙，童叶翔.应用电化学 [M].广州：中山大学出版社，2001.

[23] 马淳安.有机电化学合成导论 [M].北京：科学出版社，2002.

[24] 蒋永锋，郭兴伍，瞿春泉，等.导电高分子在金属防腐领域的研究进展 [J].功能高分子学报，2002，15（4）：473-479.

[25] 吴辉煌.电化学 [M].北京：化学工业出版社，2004.

[26] 张钟宪.环境与绿色化学 [M].北京：清华大学出版社，2005.

[27] 孙弋.有机硅液相法处理织物及表面性能研究 [D].苏州：苏州大学，2020.

[28] 时育武.超高超低黏度羟乙基纤维素的液相合成 [J].化学工程师，1993（5）：5-7.

[29] 王宝龙，王一凡，黄玉东，等.液相化学法降解不饱和聚酯树脂及其复合材料研究进展 [J].高校化学工程学报，2021，35（2）：199-205.

[30] 张宁，董志鹏，张洁，等.三聚氰酸制备方法综述 [J].河北科技大学学报，2021，42（3）：271-279.

[31] 陆模文，胡文祥.有机磁合成化学研究进展 [J].有机化学，1997，17（4）：289-294.

习　　题

一、名词解释

1. 绿色有机合成

2. 固相化学合成反应

3. 液相合成法

4. 电化学合成

5. 相转移催化

二、填空题

1. 固相化学合成反应按温度高低可以分为（　　）和（　　）。

2. 固相反应要经历（　　）、（　　）、（　　）和（　　）四个阶段。

3. 低热固相化学其独有的规律为（　　）、（　　）、（　　）、（　　）和（　　）。

4. 膜可分为（　　）和（　　），其中（　　）是使用最广泛的膜。

5. 当前生物技术主要包括（　　）、（　　）、（　　）和（　　）。

6. 发酵工程又称（　　），是指在人工控制的条件下，利用微生物的（　　），生产各种有用产品的过程。

7. 有机溶剂的（　　）和（　　）已成为污染的主要源头。

8. 以（　　）为传统的催化剂的工业过程中，存在（　　）、（　　）和（　　）等环境问题。

9. 微波在电磁波谱中介于（　　）和（　　）之间，波长在（　　）cm。

10.膜分离是以（　　　）为分离介质，在外力的推动下对混合物进行（　　）、（　　）和（　　）的过程。

三、选择题

1.高温固相反应反应温度范围通常是在（　　　）以上。
    A. 100℃   B. 200℃   C. 300℃   D. 400℃

2.以下不是低热固相化学其独有的规律的是（　　　）。
    A. 潜伏期   B. 有化学平衡
    C. 拓扑化学控制原理   D. 分步反应和嵌入反应

3.膜分离是利用（　　　）为分离介质。
    A. 极性膜   B. 非极性膜   C. 选择透过性膜   D. 离子膜

4.利用催化作用进行物质转化的技术是（　　　）。
    A. 基因工程   B. 细胞工程   C. 发酵工程   D. 酶工程

5.分子中含有碳-金属键的化合物称为（　　　）。
    A. 金属有机化合物   B. 金属无机化合物
    C. 金属化合物   D. 碳化合物

6.在密闭容器中，利用高锰酸钾盐作为氧化剂，微波加热5min可以将甲苯氧化为苯甲酸，转化率为（　　　）。
    A. 20%   B. 30%   C. 40%   D. 50%

7.六大酶中水解酶类的溶菌酶主要来源于（　　　）。
    A. 霉菌   B. 胰腺   C. 蛋清   D. 木瓜

8.六大酶中裂合酶类的花色素酶主要来源于（　　　）。
    A. 霉菌   B. 胰腺   C. 蛋清   D. 木瓜

9.克制酶与底物只能作用一次的缺点的方法是（　　　）。
    A. 固定化技术   B. 相催化技术   C. 高温   D. 生物催化技术

10.由于微波对物质的加热作用是（　　　），升温速度十分迅速，在密闭体系进行反应往往发生爆裂现象。
    A. 能量加热   B. 内加热   C. 外加热   D. 循环加热

四、简答题

1.高温固相反应合成中有哪几个问题？
2.常用固体催化剂种类有哪些？
3.工业应用的膜分离技术有哪些？
4.常用的相转移催化剂有哪几类？
5.超声波在化学工程中的应用有哪些？

五、论述题

1.试述电化学合成的优缺点。
2.试述绿色化学时代的到来对我们的影响。
3.试述有机电合成的使用范围。

4 绿色原料

化学工业的最大魅力在于化学合成，正是通过这些化学合成，人类创造出许多自然界未曾有过的物质，并赋予这些物质以丰富、多样的功能，为人类的生活、生存、发展服务，使世界变得更加绚丽多姿。但在化学合成中，所使用原材料的选择是至关重要的，它决定应采用何种反应类型、应选择什么加工工艺等诸多其他的因素。一旦选定了初始原料，许多后续方案便可确定，成为这个初始决定的必然结果。初始原料的选择也决定了其在运输、储存和使用过程中可能对人类健康和环境造成的危害。因此，原料的选择是十分重要的，要考虑各方面的影响，如要考虑合成过程的效率，对人类健康和环境的影响等。寻找替代且环境友好的原料是绿色化学的研究内容之一。

原料在化学品的合成中非常重要，其可以成为影响一个化学品的制造、加工与使用的最大因素之一。如果一个化学品的原料对环境有负面的影响，则该化学品也很可能对环境具有净的负面影响。正是由于这个原因，当对一个化学品或过程进行绿色化学评定时，原料的评价是基本的内容之一。原料对一个化学品整体性能的影响程度取决于许多因素，如化学品制造过程的复杂性、制造步骤的多少等。如果化学品的制备是一步的催化变换，则原料的环境性能对产品是很重要的。相反，如果最终产物需要经过很多步合成及复杂的加工与净化过程完成，则原料的重要性在一定程度上被减弱。但无论在何种情况下，对原料的评价均是绿色化学评价一个产品或过程的第一步。

原料的绿色化学评价一般从以下几个方面进行。

（1）原料的起源

原料评价的第一个内容是原料的起源，即原料是开采的、炼制的还是合成的。这里要评价的一个问题是，原料的起源会带来什么后果。如果一个化学品来源于一个没用的副产品，而这种副产品正好需要进行处理，那么这个化学品作为原料来使用，可能具有很好的环境方面的优点。相反，如果一个化学品来源于某一消耗有限自然资源的过程，或来源于一个可导致不可消除的环境破坏的过程，则该化学品作为原料的使用可能导致严重的负面环境影响。正是由于这个原因，人们必须首先考虑原料起源问题。

（2）原料的可更新性

绿色化学评价的另一问题是原料是可更新的，还是耗竭的。当然，只要给定足够的时间，所有的物质均是可更新的。但进行绿色化学评价时，这个时间概念一般指相对人类生命可以接受的时间尺度。因此，通常将石油及其他基于化石燃料的原料看成枯竭资源，而将基于生物质和农作物残渣的原料看成是可更新的资源。有时某一原料根据其起源不同，可认为是可更新资源，也可认为是不可更新资源。在使用 CO_2 作碳资源材料时，当认为 CO_2 来自化石燃料燃烧时，则其是耗竭资源。在许多情况下，这种争论是没有定论的。在进行原料分析时，其可获得性是很重要的。一个日益枯竭的原料不仅具有环境方面的问题，还有经济上的弊端。因为一个枯竭的资源将不可避免地引起制造费用与购买价格的升高，因此，如果其他因素均一样，一个可持续获得的原料优于一个日益枯竭的原料。

（3）原料的危害性

绿色化学评价中，每一步的一个中心问题都是要考虑对人类健康与环境的内在危害性。因此，必须对原料进行评价以确定其是否具有长期毒性、致癌性、生态毒性等。为了制造一个化学品，其原料本身必须不断地被制造，因而产量通常是很大的。若原料对人类健康与环境有很大的危害性，则其影响将存在于化学品的整个生命周期中。

（4）原料选择的下游影响

一个化学品制造中原料的选择所决定的影响并不只限于原料本身的直接影响。如果所选择的原料要求使用一个毒性很大的试剂来完成合成路径中的下一步化学转换，则这种原料的选择间接地引起了对环境更大的负面影响。有时一个环境无害的、可更新的原料，由于它的使用所要求的下游物质，也可能对人类健康与环境造成危害。因此，在进行绿色化学评价时，不仅要评价所涉及物质的本身，还应考虑其使用可能导致的影响与间接后果。

通过对原料的绿色化学评价，在选择原料时应尽量使用对人体和环境无害的材料，避免使用枯竭或稀有的材料，尽量采用可回收再生的原材料，采用易于提取、可循环利用的原材料，使用环境可降解的原材料。通常反应初始原料的选择决定了反应类型或合成路线的许多特征。一旦原料决定下来，其他的选择就相应改变。原料的选择很重要，不仅合成路线的效率受其影响，而且反应过程对环境、人类健康的作用也受原料选择的影响。原料的选择决定了生产者在制造化学品的操作中面临的危害、原料提供者生产时的危害以及运输的风险，所以原料的选择是绿色化学的决定性部分。

4.1 二氧化碳

地球上有极为丰富的 CO_2 资源。目前每年排入大气的 CO_2 约为 290 亿吨，有一半存留于大气中。大气层中 CO_2 含量逐年上升，温室效应越来越严重；燃烧时产生 CO_2 的化石燃料日渐枯竭。在这种形势下，开发 CO_2 的循环利用技术以及 CO_2 这种价廉无毒的资源作为合成原料的研究就很有意义。CO_2 应用于绿色化学合成，充分利用了碳资源，保护了环境，从而实现可持续发展战略。

（1）以 CO_2 为原料合成甲醇

CO_2 催化加氢可生成甲醇：

$$CO_2 + 3H_2 \longrightarrow CH_3OH + H_2O$$

这是一个放热反应，随着温度升高、产率下降，需要在低温下就能促进加氢反应的催化剂，可以选用的催化剂有过渡金属、贵金属等。同时还有生成 CO 和 CH_4 的副反应，所以还要考虑生成甲醇的选择性。

（2）以 CO_2 为原料合成甲酸及其衍生物

在超临界 CO_2 中进行均相加氢反应可以生成甲酸：

$$CO_2 + H_2 \longrightarrow HCOOH$$

催化剂为 $Ru(PMe_3)_4H_2$ 或 $Ru(PMe_3)_4Cl_2$ 等钌膦配合物。如果在反应中加入醇或伯（仲）胺，还可以生成甲酸酯或甲酰胺：

$$CO_2 + H_2 + ROH \longrightarrow HCOOR$$
$$CO_2 + H_2 + RNH_2 \longrightarrow HCONHR$$

CO_2 与环氧乙烷及其衍生物作用可生成碳酸乙二醇酯及其衍生物，其中的一种应用是生产碳酸二乙酯。CO_2 还逐渐被开发成为一种高分子合成的单体，在适当条件下将其固定在高分子上，得到各种缩聚或加聚产物。

4.2　碳酸二甲酯

碳酸二甲酯（Dimethyl Carbonate，DMC）是近年来受到国内外广泛关注的一种用途广泛的基本有机合成原料，被认为是有机合成的"新基块"。由于其分子中含有甲氧基、羰基和羰甲基，具有很好的反应活性。1992 年它在欧洲通过非毒性化学品注册登记，被称为绿色化学品。碳酸二甲酯有望在诸多领域全面替代光气、硫酸二甲酯（DMS）、氯代甲烷及氯甲酸甲酯等剧毒或致癌物，进行羰基化、甲基化、甲酯化及酯交换等反应，生成多种重要化工产品。随着化工生产向无毒化精细化发展，为碳酸二甲酯及衍生物开发了许多新用途，并形成一碳化学的重要分支。预计不久，将形成一个以碳酸二甲酯为核心包含其众多衍生物的新型化学群体。

4.2.1　碳酸二甲酯的性质

碳酸二甲酯是一种常温下无色、无毒、略带香味、透明的可燃液体。其分子式 $C_3H_6O_3$，结构式是为 $CH_3OCOOCH_3$，分子量为 90.08，相对密度为 1.073，闪点为 21.7℃（开口杯）和 16.7℃（闭口杯），黏度为 $0.664cP(1cP＝1×10^{-3}Pa\cdot s)(20℃)$，常压沸点为 90.2℃。碳酸二甲酯微溶于水，但能与水形成共沸物，可与醇、醚、酮等几乎所有的有机溶剂混溶；对金属无腐蚀性，可用铁桶盛装贮存；微毒（$LD_{50}＝12900mg/kg$，而甲醇的 $LD_{50}＝3000mg/kg$）。由于碳酸二甲酯的化学性质非常活泼，可与醇、酚、胺、肼、酯等发生化学反应，故可衍生出一系列重要化工产品；其化学反应的副产物主要为甲醇和二氧化碳，与光气、DMS 等的反应副产物盐酸、硫酸盐或氯化物相比，碳酸二甲酯的副产物危害相对较小。

碳酸二甲酯属于无毒或微毒化工产品。以碳酸二甲酯为原料，还可以开发、制备多种高附加值的精细专用化学品，在医药、农药、合成材料、燃料、润滑油添加剂、食品增香剂、电子化学品等领域广泛应用。另外，其非反应性用途如溶剂、溶媒和汽油添加剂等也正在或即将实用化。碳酸二甲酯的发展将对煤化工、甲醇化工、一碳化工起到巨大的推动作用。

4.2.2　碳酸二甲酯的合成法

碳酸二甲酯合成法可分为三种，即光气法、甲醇氧化羰基化法、酯交换法，后两种方法将成为未来碳酸二甲酯的主要生产方法。

4.2.2.1　光气法

（1）光气甲醇法

1918 年，Hood Murdock 成功地用光气与甲醇制得碳酸二甲酯，这是最早的碳酸二甲酯的合成方法，反应分两步进行，氯甲酸甲酯为中间产物，反应如下：

$$COCl_2＋CH_3OH \longrightarrow ClCOOCH_3＋HCl$$
$$ClCOOCH_3＋CH_3OH \longrightarrow (CH_3O)_2CO＋HCl$$

此法使用剧毒原料光气，工艺复杂、生产周期长，消耗大量氢氧化钠，且产生无用的氯化钠及腐蚀严重的氯化氢气体，污染环境、腐蚀设备和管道，产品含氯量高，属于淘汰型工艺。一般只有生产光气的企业就近生产碳酸二甲酯采用该工艺，且须采取周密安全的措施。

（2）光气醇钠法

该方法使用光气和甲醇钠直接反应合成碳酸二甲酯，是光气甲醇法的改进。反应式如下：

$$COCl_2 + 2CH_3ONa \longrightarrow (CH_3O)_2CO + 2NaCl$$

此法虽然避免了产生既具有腐蚀性又不易回收的 HCl，但仍以剧毒的光气为原料，不宜推广应用。

4.2.2.2 甲醇氧化羰基化法

该法以 CH_3OH、CO 和 O_2 为原料，原料价廉易得，投资少，成本低且理论上甲醇全部可转化为碳酸二甲酯，无其他有机物生成，受到工业界极大重视，被认为是碳酸二甲酯最有前途的生产方法，也是各个国家重点研究、开发的技术路线。

（1）ENI 液相氧化羰基化法

该法是意大利的 Ugo Romano 等人于 1979 年研究成功的，由 CO、O_2、甲醇液相氧化羰基化生产碳酸二甲酯。意大利埃尼（Enichem-cynthesis）公司于 1983 年将该技术工业化，装置初始规模为 $0.55 \times 10^4 t/a$，1988 年扩大至 $0.88 \times 10^4 t/a$，1993 年进一步扩大到 $1.2 \times 10^4 t/a$，成为世界上最大的甲醇液相氧化羰基化法生产碳酸二甲酯厂家。日本 Dacail 公司 1988 年在姬路市也投资 25 亿日元采用此技术建成了 $0.6 \times 10^4 t/a$ 的工业化装置。

该法的反应式如下：

$$2CH_3OH + \frac{1}{2}O_2 + 2CuCl \longrightarrow 2Cu(OCH_3)Cl + H_2O$$

$$CO + 2Cu(OCH_3)Cl \longrightarrow (CH_3O)_2CO + 2CuCl$$

该法以氯化亚铜为催化剂，反应在两台串联的带搅拌装置的反应器中分两步进行。甲醇既为反应物又为溶剂。反应温度 120～130℃，压力 2.0～3.0MPa。典型工艺流程包括氧化羰基化工段及碳酸二甲酯分离回收工段。采用氯苯作萃取剂，分离碳酸二甲酯与甲醇的混合物。

ENI 液相法单程收率 32%，选择性按甲醇计近 100%。不足之处一是选择性按 CO 计不稳定（最高时 92.3%，最低时仅 60%），主要原因是带搅拌的釜式反应器造成 CO 对碳酸二甲酯选择性为时间的减函数；二是腐蚀性大，催化剂寿命短。

（2）Dow 气相氧化羰基化法

美国 Dow 化学公司 1986 年开发了甲醇气相氧化羰基化法技术。该技术采用浸渍过氯化甲氧基酮/吡啶络合物的活性炭作催化剂，并加入氯化钾等助催化剂；含甲醇、CO 和 O_2 的气态物流在通过装填该催化剂的固定床反应器时合成碳酸二甲酯。反应温度 100～150℃，压力 2MPa。气相法避免了催化剂对设备的腐蚀且具有催化剂易再生等特点；另外，由于采用固定床反应器，在大型装置上采用该技术有明显优势。

（3）UBE 低压气相法

日本宇部兴产株式会社在开发羰基化合成草酸及草酸二甲酯基础上，通过改进催化剂成功开发此碳酸二甲酯合成技术。反应式如下：

$$2CH_3OH + \frac{1}{2}O_2 + 2NO \longrightarrow 2CH_3ONO + H_2O$$

$$CO + CH_3ONO \longrightarrow (CH_3O)_2CO + NO$$

该法以钯为催化剂，以亚硝酸甲酯为反应中间体，反应分两步进行。反应温度 110～130℃，压力 0.2～0.5MPa。工艺流程分为合成、分离精制、亚硝酸甲酯制备等工序。采用该公司自己研究开发的一种分离体系，产品纯度可达 99% 以上。选择性按 CO 计为 96%，另有 3% 为草酸二甲酯，其余为甲酸甲酯。

该工艺具有如下优点：

① 与液相法比，采用固定床反应器，不需要分离生成物和催化剂的装置，设备投资降低；

② 使用亚硝酸甲酯合成碳酸二甲酯，反应在无水条件下进行，催化剂寿命增加；

③ 合成所需加入的氧气在亚硝酸甲酯再生器中反应，碳酸二甲酯合成器中不加入氧，所以二氧化碳等副产物少，另外非氧气气氛使得爆炸危险性较小，该工艺的缺点是生成亚硝酸甲酯的反应是快速强放热反应，反应物的三个组分易发生爆炸，且引入有毒的 NO。但总体来说，该技术有望成为合成碳酸二甲酯的主要生产工业。

4.2.2.3　酯交换法

（1）硫酸二甲酯（DMS）与碳酸钠酯交换法

该法采用 DMS 与碳酸钠反应，置换生成硫酸钠和碳酸二甲酯。反应式如下：

$$(CH_3)_2SO_4 + Na_2CO_3 \longrightarrow (CH_3O)_2CO + Na_2SO_4$$

由于原料 DMS 有剧毒，产品收率低，该法并无工业化意义。

（2）碳酸丙烯酯与甲醇酯交换法

Texaco 公司成功开发出由环氧乙烷、CO_2 和甲醇联产碳酸二甲酯和乙二醇的新工艺。反应分两步进行：CO_2 与环氧乙烷反应生成碳酸乙烯酯，然后碳酸乙烯酯与甲醇经过酯基转移生成碳酸二甲酯和乙二醇。酯交换催化剂是 Ⅳ 族均相催化剂负载在含叔胺及季铵官能团的树脂上的硅酸盐等。该工艺可避免环氧乙烷水解生成乙二醇，可实现甲醇高选择性地联产碳酸二甲酯和乙二醇。该法经济性对原料环氧乙烷、环氧丙烷和副产品乙二醇、丙二醇的价格比较敏感。另外，还可以利用环氧丙烷与 CO_2 和甲醇联产碳酸二甲酯和丙二醇。

酯交换技术进一步开发的关键问题在于：① 一般认为酯交换为可逆反应，转化率较低，因此提高转化率非常关键；② 分离精制塔的结构和萃取剂的筛选，对提高产品纯度非常重要。

4.2.3　碳酸二甲酯的应用

4.2.3.1　碳酸二甲酯在替代光气等传统领域中的应用

在传统化学产品生产中，采用光气作原料已有较长的历史，由它们可生产多种有机化工产品，而且用量相当大。1995 年全球消耗光气量达 $340 \times 10^4 t$，中国消耗光气估计为 $4 \times 10^4 t$ 以上。

（1）光气的性质和应用

光气，又称碳酰氯，是一种重要的有机中间体，分子式为 $COCl_2$。光气为剧毒气体，在空气中最高允许含量为 $0.1 \times 10^{-6} g/dm^3$，吸入微量也能使人、畜、禽致死，肺部吸入光气后，当浓度不大时，刺激细胞壁，引起咳嗽、咽喉发炎、黏膜充血、呕吐等；重症时，引起肺部淤血和肺水肿；在极严重时，血管膨胀，心脏功能发生故障，导致急性窒息性死亡。光气被称为"在陆地上的溺死"，在第一次世界大战期间，光气曾被用作化学武器。

光气主要用于生产聚酰胺的基本原料异氰酸酯［包括甲苯二异氰酸酯（TDI）、二苯基甲烷二异氰酸酯（MDI）及其"聚合"物多亚甲基多苯基多异氰酸酯（PMPPI）］和聚碳酸酯。1995 年的统计资料表明，全世界生产的光气 82.6% 用于生产异酸酯（其中 40% 用于 TDI，42.6% 用于 MDI 和 PMPPI），约有 10.9% 用于工程塑料聚碳酸酯的生产。

光气用于生产矿物浮选剂、染料医药和农药等，1995 年约有 6.5% 的光气用来生产脂肪族异氰酸酯、氯代甲酸酯、酰基氯等其他中间体，例如氯甲酸甲酯（ClCOOCH$_3$）、氯甲酸乙酯（$ClCOOC_2H_5$）、氯甲酸苄酯（$ClCOOCH_2Ph$）、碳酸二甲酯（$CH_3OCOOCH_3$）、碳酸二乙酯（$C_2H_5OCOOC_2H_5$）、碳酸二苯酯（$PhCOOPh$）、碳酸二丙烯酯（$CH_2{=}CHCH_2OCOOCH_2CH{=}CH_2$）。

光气还可以用于稀有金属铂、铀、银的回收处理，用于氯化铝、氯化铍及三氯化硼的制造。

（2）碳酸二甲酯替代光气合成异氰酸酯

异氰酸酯是聚氨酯（Polyurethane，PU）的原料。聚氨酯作为新型合成材料，自1937年由 Bayer 开发出来以后成为世界六大具有发展前途的合成材料之一。工业用途最大的异氰酸酯为 TDI 和 MDI。

① 碳酸二甲酯代替光气合成 TDI　目前世界各国工业生产 TDI 主要是采用光气法，但该法生产工艺过程较复杂、能耗高、有毒气（光气）泄露的危险，副产物氯化氢腐蚀设备且污染环境，设备投资及生产成本高，而且产品中残余原料难以除去，影响产品的应用。因此，开发合成 TDI 的绿色化工过程具有重要意义。

采用碳酸二甲酯代替光气合成 TDI 工艺路线的反应原理为：第一步是甲苯二胺与碳酸二甲酯在催化剂作用下反应合成甲苯二氨基甲酸甲酯（TDC），第二步为 TDC 分解得到 TDI。该反应可在温和反应条件下进行，且为液相反应（无气相反应物），是目前非光气法合成 TDI 研究中的热点。该路线的关键是开发高效催化剂促进甲苯二氨基甲酸甲酯合成反应。若将副产物甲醇氧化羰基化又可生成碳酸二甲酯。因此将两个工艺过程结合，可望成为零排放的绿色化学过程。

② 碳酸二甲酯替代光气合成得到 MDI　以绿色原料——碳酸二甲酯（DMC）代替光气催化合成二苯基甲烷二异氰酸酯（MDI）的工艺路线分为三步：第一步，苯胺与碳酸二甲酯反应合成苯氨基甲酸甲酯（MPC）；第二步，苯氨基甲酸甲酯与甲醛缩合反应生成二苯甲烷二氨基甲酸甲酯（MDC）；第三步，二苯甲烷二氨基甲酸甲酯分解得到 MDI。

（3）碳酸二甲酯替代光气合成聚碳酸酯

聚碳酸酯（简称 PC）是一种热塑性树脂，具有良好的透明性、抗冲击性、延展性、耐热性和耐寒性等特点，是六大通用工程塑料中唯一具有良好透明性的产品，广泛用于电子、建筑、交通及光学等工业领域。它在工程塑料中的用量仅次于聚酰胺而位居第二。

目前，工业化的 PC 生产方法基本上是双酚 A 和光气为原料。由于此种方法属于环境不友好反应，并且产品中含有游离的卤素，不能在光磁盘等光电子材料上应用。因此，人们在不断开发新的合成方法，其中由碳酸二甲酯代替光气的新合成路线，由于不用光气，生产清洁卫生，且质量更高，特别适合用于安全化工材料和光电子材料等领域。

碳酸二甲酯替代光气合成聚碳酸酯的工艺是分两步进行的，第一步为苯酚与碳酸二甲酯反应合成碳酸二苯酯（DPC），然后碳酸二苯酯再与双酚 A 反应得到 PC。这一生产过程中产生的甲醇可回收利用，制造碳酸二甲酯；产生的苯酚也循环利用，因此可构成原料的封闭循环，没有废物排放到环境。

4.2.3.2　碳酸二甲酯在甲基化反应中的应用

碳酸二甲酯可以代替硫酸二甲酯或卤化物作为环境友好的甲基化试剂。在有机合成反应中，烷基化是一类很重要的反应。通常采用甲基氯或硫酸二甲酯作为甲基化试剂，这些甲基化试剂对环境而言，存在如下问题：一是甲基氯和硫酸二甲酯是剧毒和强腐蚀性化学物质；二是反应需要大量的碱液，同时也生成大量的化学计量氯化物；三是反应在液相中进行，需要进行繁杂的分离工作。

4.3　碳酸二乙酯

碳酸二乙酯（Diethyl Carbonate，DEC）是一绿色化学品，在常温下是无色、透明、有微弱气味的液体。它的分子为 $C_5H_{10}O_3$，结构简式为 $(C_2H_5O)_2C=O$，熔点 −43℃，沸点 126℃，相对密度 0.975（20℃），闪点 25℃，自燃点 445℃。DEC 在环境中可以被缓慢水解成二氧化碳和乙醇。碳酸二乙酯具有酯的通性，分子中含有—C＝O、—C_2H_5、—$OCOC_2H_5$ 等基团，能与含活泼氢基团的化合物如醇、酚、胺、酯等进行羰基化、乙基化、乙氧羰基化等反应。在一定条件下，亲核试剂 Y^- 可以进攻 DEC 分子中活泼位的烷基碳原子和羰基碳原子，通过两种不同的途径得到不同的产物。

碳酸二乙酯是一种优良的溶剂和纺织品助剂，在工业领域中有着广泛的应用。可用作硝化纤维素、纤维素醚、合成树脂和天然树脂的溶剂。在纺织印染方面，碳酸二乙酯可使染色分布均匀，提高日晒褪色性能；在树脂溶剂方面是聚酰胺、聚丙烯腈、双酚树脂等的良好溶剂，在合成纤维工业中可改善织物的手感，改进抗皱性能；在油漆工业上用作脱漆溶剂；在塑料加工中作为增塑剂的溶剂或直接作增塑剂使用；在锂电池工业上用作电解质溶剂等。

碳酸二乙酯的含氧值为 40.6%，远高于甲基叔丁基醚（MTBE）的含氧值（18.2%），可以作为汽油和柴油机燃料的含氧添加剂，提高汽油的燃烧性能，减少污染物的排放，而且 DEC 的油/水分配系数及抗挥发性均优于碳酸二甲酯和乙醇。因此，DEC 作为新一代的汽油添加剂有广阔的应用前景。

4.4　生物质资源

生物质资源最主要的有两类：淀粉和纤维素。目前，将淀粉降解成葡萄糖，再以葡萄糖为原料，用细菌发酵和（或）酶进行催化，生产出我们所需的化学物质的方法，已经有一定的基础。如用玉米生产燃料酒精就是一例。纤维素是生物圈中最丰富的有机物，因此探索如何用它们来生产便宜的化学原料，是将来用生物质代替煤和石油的关键之一。与淀粉一样，纤维素也可以用来生产葡萄糖，但是更困难。目前以生物质资源生产的化学品数量还不足化学品年生产量的 2%，应大力开发生物质资源的利用技术。下面以几个取得进展的典型实例为例，介绍生物质资源的利用。

4.4.1　微生物发酵法生产 1,3-丙二醇

1,3-丙二醇（1,3-Propanediol，PDO）是一种重要的化工原料，一般应用于聚酯和其他有机化合物的合成中，也可作为有机溶剂用于耐高压润滑剂、燃料、油墨、防冻剂等行业。PDO 的迅速发展主要是因为它是合成聚对苯二甲酸丙二醇酯（PTT）的重要单体、而 PTT 是 20 世纪 50 年代聚对苯二甲酸乙二醇酯（PET）、70 年代聚对苯二甲酸丁二醇酯（PBT）之后研发出的一种极有发展前途的新型聚酯高分子材料，1998 年被美国评为六大石化新产品之一。与 PET、PBT 相比，PTT 具有高弹性、良好的连续印染特性、抗紫外线、抗内应力、低吸水性、低静电以及良好的生物降解性、可循环利用等多种优异特性，因此在地毯产业、服装材料、工程热塑料等众多领域应用前景十分广阔。PTT 纤维生产的关键在于单体原料 PDO 的来源，其成本直接影响了 PTT 的工业化生产和应用规模。

化学合成法设备投资大、工艺要求严格、操作条件苛刻、副产物多、产品提取难度大、"三废"处理成本高。此外，化学合成法的最初原料是不可再生的石油，使得PDO的成本随石油资源的减少、油价上升而上升。

微生物发酵法生产PDO以可再生资源——淀粉（糖）为原料，具有操作简便、反应条件相对温和、副产物少、污染少且容易处理等优点，引起了国内外相关企业和研究单位的高度重视。近年来对生物法生产PDO进行广泛深入的研究，研究工作集中在菌种代谢机理、关键酶、动力学特性、基因工程构建等方面，目标是将发酵法生产PDO这一先进工艺工业化。美国DuPont公司因在微生物发酵法生产PDO的出色工作，获得了2003年美国总统绿色化学挑战奖。

4.4.1.1 菌种及PDO生成机理

经自然分离获得的菌种只能以甘油为底物发酵生产PDO。在厌氧条件下，除基因工程菌外只有几种兼性厌氧肠细杆菌，如克雷伯肺炎杆菌（*Klebsiella pneumoniae*）、弗氏柠檬酸菌（*Citrobacter freundii*）、絮凝肠细杆菌（*Enterobacter agglomeran*）以及完全厌氧菌丁酸梭菌（*Clostridium butyricum*）等可将甘油转化为PDO。

由于*Klebsiella pneumoniae*生产PDO的能力、产率较高，国内外对其代谢机理、代谢过程所涉及的酶以及代谢影响等进行了广泛深入的研究。甘油转化成PDO的代谢途径为：在厌氧条件下，甘油扩散到细胞后，一部分被甘油脱水酶催化成3-羟基丙醛和水，接着3-羟基丙醛在PDO氧化还原酶的作用下被还原为终产物PDO；另一部分甘油在脱氢酶的作用下转变为二羟基丙酮，然后经磷酸化脱氢，再进入丙酮酸代谢，生成副产物。PDO的形成主要为了平衡微生物代谢的氧化还原状态，消耗氧化支路产生的还原当量（NADH）。甘油代谢过程涉及的各种酶中，甘油脱水酶是限速酶，决定了甘油脱氢酶的消耗速率，主要是因为其产物3-羟基丙醛的积累会对细胞造成毒害；甘油脱氢酶在有氧时不具有活性；PDO氧化还原酶在有氧时失活，并可被二价阳离子螯合物抑制，其生理意义在于将氧化途径产生的NADH氧化为NAD^+，用以平衡体内电子代谢；二羟基丙酮激酶的作用是使二羟基丙酮磷酸化，进入丙酮酸代谢，为细胞生长提供能量。

4.4.1.2 发酵工艺

PDO发酵需要在厌氧条件下进行。对于上述菌种的发酵过程，PDO的生长模型基本相同。从文献报道来看，发酵液中PDO最终浓度介于55～73g/L。研究表明，底物甘油对PDO发酵有抑制作用，因此为了提高最终产物浓度，降低产品提取成本，选择流加发酵较为合适。Saint-Amans等人采用检测CO_2的量来进行连续流加，以确保底物不过量，产物浓度可达到65g/L，产率为1.21g/(L·h)，转化率为0.56mol/mol。Reimann等人根据碱与底物消耗的关系，通过检测发酵液pH值的变化来进行连续流加，产物浓度达到70g/L，生产强度为1.8～2.4g/(L·h)。

采用连续发酵可得到较高的生产效率。Menzel等人采用*Klebsiella pneumoniae*在稀释为$0.1h^{-1}$的条件下进行连续发酵，PDO生产效率可达3.3～4.8g/(L·h)，发酵液最终PDO浓度为48g/L，转化率为0.63mol/mol。后面两项指标与分批发酵结果相当。

另外，为了缩短菌体生长时间、提高细胞重复使用率以获得高生产能力，Pfugacher等人对细胞固定化发酵、Reimann对细胞循环连续发酵进行了研究。生产能力都可达到批式发酵生产强度的3～4倍，但是PDO浓度相对较低，只有19～26.5g/L。所以，如何提高产物浓度是细胞循环连续发酵工艺研究所需要考虑的重点。

4.4.1.3 产品提取

由于发酵液中 PDO 浓度很低，采用传统的浓缩、精馏方法提取产物，能耗很高，而 PDO 亲水性很强，一般的液-液萃取也很难将其从水相中分离。

此外，采用渗透汽化等膜分离技术对去除菌体后的发酵液进行选择性透过 PDO，也是当今的研究热点。

4.4.1.4 选用廉价碳源作底物的研究

目前，从自然界分离获得的菌种只能以甘油为碳源，虽然甘油在西欧市场过剩，但是甘油的价格还是高于糖，因此选用更廉价的碳源，比如葡萄糖为底物直接发酵生产 PDO 成为当前该领域的另一个研究热点。直接利用糖生产 PDO 以降低微生物发酵的成本主要有 3 种策略。

① 以葡萄糖为辅助底物，利用 PDO 产生菌进行发酵　H. Biebl 对 *C. butyricum* 和 *C. freundii* 的双底物发酵进行了研究，结果表明，葡萄糖优先被菌体消耗，在产生大量生物体的同时为 PDO 的生产提供能量（ATP），最终甘油的转换率可达到 0.9mol/mol。但由于高浓度葡萄糖对菌体生长有抑制作用，所以只能在较低浓度下流加葡萄糖，这在一定程度上限制了终产物浓度的提高。

② 采用混合菌两步法发酵　即由甘油生产菌将葡萄糖转化为甘油，再由 PDO 生产菌将甘油转化为 PDO，实现葡萄糖到甘油的直接转化。Hagnie 等人采用 *S. cerevisiae* 和 *C. freundii* 或 *K. pneumoniae* 进行了混合菌发酵研究，PDO 的浓度仅为 4.78g/L。主要是因为两种菌种的培养条件存在差异，给优化控制带来一定的困难，因此相关研究仍需要进一步深入进行。

③ 基因工程菌的构建　这也是最有发展前景的一种方法。目标就是将生成甘油的基因和生成 PDO 的基因重组克隆到一个宿主细胞中，实现将葡萄糖一步生成 PDO，主要有 3 种手段：a. 将可把甘油转化为 PDO 的基因 dhaB 和 dhaT 克隆到甘油生产菌中；b. 将可把糖转化为甘油的基因 GPP1/2 克隆到 PDO 生产菌中；c. 将 dhaB、dhaT、GPP1/2 克隆到其他以其他葡萄糖为底物的微生物细胞中进行表达，比如大肠杆菌。

4.4.1.5 前景展望

随着石油等非再生资源日益减少、世界人口和环境压力的增加，应用现代生物化工技术改造和替代传统石油化工工艺的趋势越来越引起人们的重视。发酵法生产 PDO 正好顺应了这一潮流，而且起步在化工合成工艺规模商业化投产之前，发展前景和机遇十分有利。但是，若要提高微生物发酵工艺相对于化学合成工艺的竞争力，必须应用分子生物学和代谢工程等现代生物技术，并采用淀粉葡萄糖或更廉价的碳源作为代谢底物，这势必成为今后的研究重点。

4.4.2 从可再生资源制备表面活性剂

目前，全球表面活性剂市场主要为石油基产品，如烷基苯磺酸盐（LAS）、烷基酚醚、合成脂肪酸及其衍生物等。这些产品在工业化国家中占表面活性剂用量的 70%～75%，造成这一现象的主要原因是由石油加工产品得到的表面活性剂比其他途径制得的表面活性剂便宜。

从产品的生物降解性和环境相容性来看，部分石油基表面活性剂的生物降解性差，如支链烷基苯磺酸盐、壬基酚聚氧乙烯醚等，长期使用会对环境造成危害，在发达国家已经禁止使用。相对于石油基表面活性剂而言，由可再生资源，如油脂和淀粉等制备的表面活性剂不仅生物降解性好，而且对人体的毒性和刺激性等安全性明显优于石油基产品。

因此，无论是从资源的易得性，还是从对环境、人体的安全性、相容性及可持续性发展方面考虑，研究和开发以天然可再生资源制备表面活性剂是十分必要的。

4.4.2.1 以油脂基化学品为疏水基的表面活性剂新品种

(1) α-磺基脂肪酸甲酯（MES）

MES 是利用天然油脂的加工产物——脂肪酸甲酯为原料，经磺化、中和制成。MES 具有良好的环境相容性、生物降解性，以及耐硬水、去污力好、刺激性低、配伍性好等一系列优良性能。由于 MES 的抗硬水性能优于 LAS，使其成为无磷洗衣粉的理想表面活性剂原料。

(2) 脂肪酸甲酯乙氧基化物（FMEE）

FMEE 是一种新型非离子表面活性剂，它是在碱土金属等复合催化剂存在下，由脂肪酸甲酯与环氧乙烷（EO）直接反应制成的。与常用的脂肪醇乙氧基化物（AEO）相比，FMEE 比 AEO 成本低、更易生物降解、泡沫低、易漂洗，其他性能与 AEO 相当，是配制衣用洗涤剂、餐具洗涤剂、清洗剂等的安全、高效优质原料。

(3) 酯基季铵盐

虽然双十八烷基二甲基氯化铵（DCDMAC）是最优秀的织物柔软剂，但它的生物降解性不好，已在欧洲停止生产和使用。取而代之的是易生物降解的、由脂肪酸和三乙醇胺反应得到的酯基季铵盐。酯基季铵盐的柔软性比 DCDMAC 稍差，但酯基季铵盐的水溶性、再润湿性、成本等都优于 DCDMAC。

(4) N-十二酰基乙二胺三乙酸钠（LED3A）

LED3A 是国外研究开发成功的功能性表面活性剂之一，它不仅具有螯合性能，而且具有良好的去污等表面活性。一般是由乙二胺先合成乙二胺三乙酸盐（ED3A），再在 ED3A 上引入脂肪酰基，最后中和为不同的盐，如钠盐、铵盐等。

LED3A 易于生物降解，对水生物几乎无毒性，对人体皮肤无刺激性。LED3A 钠盐具有优良的去污力，发泡力强且泡沫稳定，能与多价金属离子形成络合物，抗硬水能力强，是无磷洗涤剂的首选原料，被广泛应用于家庭洗涤剂、工业清洗剂和工业助剂。

4.4.2.2 以碳水化合物为亲水基的新型表面活性剂品种

利用可再生资源——淀粉水解物葡萄糖研究开发新型表面活性剂成为 20 世纪 90 年代以来的热点之一。因为葡萄糖或蔗糖衍生物的多元醇表面活性剂完全不同于脂肪醇聚氧乙烯醚，它对人体无刺激，易生物降解、对环境物无危害。正是由于这些特点，糖基表面活性剂在洗涤剂和化妆品中的生产和应用在近年大幅增加。

(1) 烷基多苷（APG）

APG 是由淀粉水解物——葡萄糖的半缩醛羟基与天然油脂水解物——脂肪酸羟基在酸等催化作用下脱去一分子水得到的产物。APG 是一种性能优良的非离子表面活性剂新品种，能显著降低表面张力，且泡沫丰富细腻，稳定性、去污能力和配伍性能优良。此外还具有无毒、对皮肤无刺激、生物降解迅速且彻底等安全方面的优点。

(2) N-甲基葡萄糖酰胺（AGA）

AGA 是以葡萄糖为原料，先与甲胺进行胺化反应，再与脂肪酸甲酯进行酰胺化反应而制得的。AGA 有许多优异特性：对人体温和、无毒、易生物降解、无公害，去污力、发泡力及抗硬水性均佳。AGA 在美国主要作用衣用洗涤剂以替代 LAS 和 AEO，日本以用于厨房洗涤剂为主。常用的 AGA 是以月桂酸甲酯为原料制得的产品。

(3) 利用纤维素原料生产单细胞蛋白

纤维素质原料是自然界中存在量最大的一类可再生资源，由于这类资源含木质纤维素高，含蛋白质质量少，一般动物不易消化吸收，长期以来大都被烧掉或还田。为了充分、合理、有效地利用纤维质资源，使其转化为营养价值较高的饲料，许多国家都致力于研究其加工处理的方法，其中利用该类资源生产单细胞蛋白已成为开辟蛋白质最有发展前景的途径。

利用秸秆等纤维质原料生产单细胞蛋白工艺共分四部分：原料预处理、菌种逐级扩大培养、双菌株混合发酵及产品后处理。

① 原料预处理　纤维质原料粉碎后，经高压蒸汽爆破处理，配以辅料，水润湿、拌匀后，蒸汽灭菌。

② 菌种逐级扩大培养　纤维素分解菌和单细胞蛋白生产菌，分别按各自培养条件进行茄子瓶（三角瓶）种曲、饭盒种曲、曲盘种曲逐级扩大培养。

③ 双菌株混合发酵　将培养好的纤维素分解菌和单细胞蛋白生产菌先后接种在已灭菌并降温至 35℃ 左右的物料上，进行双菌株固态通风发酵，以获得含有较高活性的纤维素酶、淀粉酶、蛋白酶以及高蛋白质含量的发酵产物。

④ 产品后处理　发酵产物经低温干燥、粉碎、配料混合即得单细胞蛋白产品。

高酶活单细胞蛋白是用生物技术生产的具有较高酶活性、高蛋白质含量和多种生物活性物质的新型饲料添加剂，具有提高畜禽体重明显、节省饲料消耗、减少动物疾病等功效。

4.4.3　壳素/壳聚糖的开发与综合利用

自然界的有机物，数量最大的是纤维素，其次是蛋白质，排在第三位的是甲壳素，估计每年生物合成甲壳素 100×10^8 t。纤维素来自植物，甲壳素主要来自动物，纤维素和甲壳素都是天然多糖。人们利用纤维素已有数千年的历史，而对甲壳素的利用和研究还是近百年的事情，真正引起人们的重视是从 20 世纪 70 年代开始的，现在已是热门的研究领域之一。

甲壳素是一种天然高分子化合物，属于碳水化合物中的多糖，其学名是 β-(1→4)-2-乙酰氨基-2-脱氧-D-葡萄糖，是由 N-乙酰氨基葡萄糖以 β-1,4-糖苷键缩合而成的。

甲壳素结构式中糖基上的 N-乙酰基大部分被去掉的话，就是甲壳素最为重要的衍生物——壳聚糖。

甲壳素广泛存在于甲壳纲动物虾、蟹的甲壳，昆虫的甲壳，真菌（酵母、霉菌）的细胞壁中。在虾、蟹壳中含甲壳素 20%～30%，高的达 58%～85%；在蝗、蝶、蚊、蝇、蚕等的蛹壳中含甲壳素 20%～60%。

4.4.3.1　甲壳素/壳聚糖的性质

甲壳素是一种无色、无毒、无味、耐晒、耐热、耐腐蚀、不怕虫蛀的结晶或无定形物。不溶于水、有机溶剂、稀酸和稀碱，可溶于浓硫酸、浓盐酸、85%磷酸，同时发生降解，分子量由 $(100～200) \times 10^4$ 明显降至 $(30～70) \times 10^4$。在 pH 为 3 时，壳聚糖的氨基可完全质子化。甲壳素可溶于一些特殊溶剂中，如二甲基乙酰胺-氯化锂、N-甲基吡咯烷酮-氯化锂等混合溶剂。

甲壳素、壳聚糖的化学结构与纤维素极其相似。纤维素是葡萄糖以 β-1,4-糖苷键结合形成的多糖。当纤维素葡萄糖环 2 位置的羟基被乙酰氨基取代是甲壳素，被氨基取代是壳聚糖。

甲壳素中的乙酰氨基通常不易完全脱除，工业壳聚糖分子链通常含 15%～20% 的乙酰氨基。

甲壳素分子排列在高度结晶微纤维的晶格中，这种微纤维位于无定形多糖或蛋白质机体中。甲壳素按晶体结构分为 α 型、β 型和 γ 型三种，其中 α 型最为稳定，并在自然界中广泛存在。

甲壳素分子量为 1×10^5 ～ 3×10^5，脱乙酰度 80%～90%，是甲壳素最重要的衍生物，外观为白色或灰白色，微具金属光泽，溶于 1% 乙酸溶液后形成透明黏稠的壳聚糖胶体溶液，是最重要的性质之一。

甲壳素含有多种官能基团，极具反应活性，可进行交联、接枝、磺化、酰化、羧甲基化、烷基化、硝化、卤化、氧化、还原、络合等多种反应，生成不同的衍生物，其性质不同，用途也不同。

壳聚糖分子内含游离的氨基和羟基，反应活性比甲壳素还强，用途更为广泛。壳聚糖的吸湿性高于甲壳素，仅次于甘油，优于山梨醇和聚乙二醇。

壳聚糖可通过螯合、离子交换作用吸附许多重金属离子、蛋白质、氨基酸、染料，对一些阴离子和农药也有吸附力。

壳聚糖的主链可发生水解反应，β-1,4-糖苷键断裂，生成氨基葡萄糖。利用这一特性可制备一些难于直接制备的葡萄糖胺衍生物。

壳聚糖发生酰化反应可生成如丁酰化甲壳素、二丁酰甲壳素、对甲苯磺酰甲壳素等，这些衍生物可溶于多种溶剂。壳聚糖在甲醇稀释的乙酸水溶液中室温时能和酸酐发生 N-酰化反应。壳聚糖与醛作用生成亚胺基团在室温水介质中氢化还原，可实现 N-烷基化。壳聚糖在室温的 NaOH 溶液中与伯胺直接烷基化生成季铵盐。用 NaOH 处理壳聚糖在有机溶剂中的悬浮液可进行羧甲基化。壳聚糖可进行羟乙基化、氧化、氰乙基化、酯化等反应，在 γ 射线或催化剂作用下，能与丙烯酸类乙烯基单体交联或接枝共聚等。

4.4.3.2 甲壳素/壳聚糖的制备

(1) 主要原料

甲壳类动物如虾和蟹的甲壳是甲壳素的最重要资源。虾壳中壳聚糖含量为 20%，龙虾壳中含量为 25%，蟹壳中含量为 17%～18%；其余为 35%～50% 的碳酸钙，30%～40% 的蛋白质。

在我国，随着淡水及海水虾、蟹养殖产量的增加，每年都有大量的虾、蟹壳产生。其中，仅对虾加工的副产品——虾头壳，就有 1 万多吨，仅一部分用于饲料添加剂等低值产品，极少部分用于提取甲壳素，绝大部分被当作垃圾废弃，既污染环境又造成资源浪费。将这些资源回收利用，可变废为宝，获得可观的经济效益。

(2) 生产工艺

甲壳素的生产包括物理法和化学法两种。

物理法工艺：甲壳→干燥→粉碎→筛选→气流分级→不溶性甲壳素。此工艺较难控制，尚处于实验室开发阶段。

化学法分为两种：

① 甲壳→脱钙→脱蛋白质→脱色→甲壳素→脱乙酰基→壳聚糖；

② 甲壳→脱蛋白质→脱钙→脱色→甲壳素→脱乙酰基→壳聚糖。

通常采用第一种方法，工艺过程为：先将虾、蟹壳水洗、干燥，用 6% 稀盐酸在室温浸泡数小时，用稀酸脱除碳酸钙，使碳酸钙变成氯化钙随溶液排出，再经水洗、干燥、粉碎，用 10% 氢氧化钠溶液浸泡，于 100℃ 煮沸分解蛋白质，经多次处理后得到粗甲壳素，再用 1% 高锰酸钾溶液浸泡脱色，水洗，于 60～70℃ 用草酸处理 30～40min，得白色甲壳素产品，将此甲壳素浸于 40%～50% 的浓碱溶液中，于 120℃ 反应 40min 可得壳聚糖，将脱乙酰基的甲壳素加入稀盐酸溶解，向溶液中加入过量的丙酮，析出壳聚糖的乙酸盐，过滤，水洗至中性，在 70℃ 干燥得洁白或半透明状壳聚糖，脱乙酰基率＞90%，收率＞83%。

4.4.3.3 甲壳素/壳聚糖的应用

（1）纺织染整行业

① 纤维　将精制（含量99.999%）的甲壳素制成透明溶液，经湿式纺丝制成黏胶纤维，可制成具有离子交换性能的织物、壳聚糖纤维。由于有氨基，染色性能好，对蛋白质的吸附能力强，可加工成无纺布后用于织物。在尼龙和聚氨酯织物表面和衣料上涂覆壳聚糖后吸湿性优良，适于制作运动服、防尘服及卫生操作服。

壳聚糖的纤维性能优于甲壳素纤维，润湿时抗张强度更好。使用乙醇-NaOH、$CaSO_4$-NH_4OH 等溶剂纺丝制成的高纯度纤维，与生物体的相容性好，而且无毒，用作可吸收的手术缝合线容易被人体自行吸收，不易过敏，还可减少出血、促进伤口愈合、打结不滑，并且能止血、镇痛、促进组织生长及抑制某些癌细胞生长，手术后也不需拆线。

② 纺织整理剂　在纺织工业中，壳聚糖用作上浆料，适用于棉、人造纤维、毛、合成纤维等。腈纶、氯纶、涤纶等合成纤维及羊毛、丝纤织物较难染色，可用壳聚糖和铬（Ⅲ）-对氨基苯甲酸络合物混合水溶液处理干燥，由于静电及共价键的作用，使织物表面形成一层牢固的薄膜，对染料具有强的亲和力，可使染料牢固地吸附在织物表面。

壳聚糖具有正电荷，易与玻璃丝黏合，适用于玻璃布的上浆和染色。将壳聚糖溶液涂在玻璃纤维或织物上，干燥后形成一层牢固的涂膜，形成许多固定染料的吸附中心，使玻璃纤维或织物易于染色。棉、毛织物经壳聚糖稀乙酸溶液处理后均可改善其洗涤性、减少皱缩率、增强可染性，对于合成纤维，还可增强抗静电性。由于壳聚糖分子中的氨基能与酸性染料中带正电荷的色基形成不溶性的沉淀，故可提高染料的附着力。

壳聚糖稀醋酸溶液用作印花糊的增稠剂和固色剂，不仅可以增加织物和花布的耐光、耐洗、耐磨牢度，还会使织物滑爽、光洁和硬挺，花色经久不褪。

织物经壳聚糖处理后用活性染料、酸性染料、直接染料等负电荷染料纤维和蛋白质纤维具有增深效果，能减少或克服染色过程中纤维上的负电荷对染料色素阴离子的库仑斥力，从而提高染料上染速率。

壳聚糖极易溶解，处理织物时加量极少，浸轧液可反复使用，工艺简单易行，只需轧-烘即可，是处理织物一种很有前途的好方法。用乙酸配制壳聚糖的转型固化剂，制成织物整理剂，既可以保留甲壳素天然高聚物的优点，又能保证整理剂和整理工艺无毒无污染的性质。

（2）可降解塑料

用壳聚糖掺和纤维素和其他组分，用亲水性溶剂溶解后，在平板上流延、干燥制成半透明片材，其强度与普通工程塑料相当，在浸润状态下仍具有足够的强度，可用于农膜、地膜和包装薄膜。用后埋在土中35d后完全分解成二氧化碳和水，并重新进入生物循环系统。通过调整组分比率还可改变分解速度，是一种具开发前景的生物降解塑料。

（3）分离膜

膜分离为21世纪的新技术。从虾壳中提取甲壳素制成的中空线形隔膜，被誉为新型膜材料。这种高性能分离膜用于分离乙醇和水，比常用的蒸馏法等后处理工艺简便，可一步完成，能耗节约1/3～1/2。壳聚糖中空线形分离膜在25～75℃能发挥极高的工作效率，在55℃其分离效率较蒸馏法高17倍，还可用于乙醇工艺的再生处理。

将溶解在稀酸中的壳聚糖在碱溶液中挤出成型，制成的中空纤维膜具有良好的机械强度，可用于人工肾的渗析膜，壳聚糖的酸溶液以流延、干燥、碱处理制成反渗析膜也可用于制造人工肾。将壳聚糖膜在混合溶剂中浸渍，通过调整分离膜的强度及透过性，还可用于超滤膜。

（4）生物医学

用甲壳素、壳聚糖短纤维制成 0.11mm 厚的无纺布可作为人造皮肤使用，无毒副作用，与人体亲和力好，对渗出液吸收性好，柔软度适宜，与创伤面密着性好，具有镇痛效果，再生的表面光滑，创伤愈合后不用剥离。在伤口处喷上甲壳素溶液，也能很快形成人造皮肤，可被生物降解，在 7～10d 内被人体吸收。国内已将壳聚糖无纺布、壳聚糖流延膜、壳聚糖涂层纱布用于临床，特别是用壳聚糖溶液制成的无纺布，透气透水性极佳，用于大面积烧伤治疗取得了理想效果，用于人造皮肤，无刺激和无过敏性反应，较常规疗法速度快得多。由此说明，甲壳素、壳聚糖在医学领域中具有发展潜力。

甲壳素、壳聚糖具有强化免疫力、抗老化、预防疾病、恢复健康、调节生物体活动的多种功能。它的惊人作用可用作治疗脑神经系统、肝脏、糖尿病及并发症、动脉硬化、各种皮肤病、心脏病、癌症等。作为生物保健品对人体有诸多有益疗效，可使高龄化社会充满年轻的朝气，被欧美各国誉为除蛋白质、脂肪、糖类、纤维素和矿物质之外的"第六生命要素"，在医药和生物保健品领域很有发展潜力。

（5）其他应用

甲壳素、壳聚糖具有乳化稳定性、保温作用、毛发保护和抗静电作用，可用作日用化妆品中的发型固定剂、毛发保护剂、柔软剂、增稠剂和乳化稳定剂。

在造纸业，甲壳素、壳聚糖可用于开发复合施胶剂、纸张增强剂、抗溶剂、纸张表面改性剂等。

将甲壳素、壳聚糖用于水处理剂，可处理印染废水，既可捕集铜、铬等重金属，又可凝集废水中的染料。此外，甲壳素、壳聚糖可用作水果保鲜剂、酶固定剂、医用微型胶囊、牙科材料、隐形眼镜、饲料添加剂及色谱分离中的填充剂等。

甲壳素/壳聚糖作为一种性能优良的高分子材料，其多功能性、生物相容性、生物降解性是其他合成功能高分子无法比拟的。甲壳素高分子链的两个羟基和壳聚糖高分子中的两个羟基和氨基，能发生多种化学反应，生成极有开发价值的新功能材料，广泛用于高附加值新产品开发。甲壳素/壳聚糖及衍生物作为绿色材料，其开发潜力和应用前景是相当大的。

参 考 文 献

[1] 张钟宪.环境与绿色化学 [M].北京：清华大学出版社，2005.

[2] 沈玉龙，魏利滨，曹文华，等.绿色化学 [M].北京：中国环境科学出版社，2004.

[3] 曹原峰，王寅生.碳酸二甲酯合成技术进展 [J].化工科技市场，2002，25（9）：22-24.

[4] 陈鄂湘.碳酸二甲酯与乙醇酯交换合成碳酸二乙酯的催化剂研究 [D].武汉：华中科技大学，2007.

[5] 祁生鲁.现代精细化工高新技术与产品合成工艺 [M].上海：科学技术文献出版社，1997.

[6] 赵红英，程可可，向波涛，等.微生物发酵法生产 1,3-丙二醇 [J].精细与专用化学品，2002，10（13）：21-23.

[7] 王军.从天然可再生资源制备表面活性剂的研究进展 [J].精细与专用化学品，2002（15）：3-5.

[8] 石春荣，王在奎，葛瑞先.再生能源开发前景的思考 [J].能源研究与利用，1999（4）：33-35.

[9] 王成华，于云桥，肖朝峰，等.利用纤维素原料生产高酶活单细胞蛋白 [J].化工微生物，2001，31（1）：30-33.

[10] 蒋挺大.甲壳素 [M].北京：化学工业出版社，2003.

习 题

一、名词解释

　　1.光气　　　　2.聚碳酸酯

　　3.PDO　　　　4.甲壳素　　　　5.壳聚糖

二、填空题

1. 生物质资源最主要的有（　　　）和（　　　）两类。

2. 甘油代谢过程涉及的各种酶中，甘油脱水酶是（　　　）。

3. 纤维素来自（　　　），甲壳素主要来自（　　　），纤维素和甲壳素都是（　　　）。

4. 甲壳类动物如（　　　）和（　　　）的甲壳是甲壳素的重要资源。

5. 碳酸二甲酯是一种常温下（　　　）、（　　　）和（　　　）的可燃液体。

6. 碳酸二甲酯合成方法分为（　　　）、（　　　）和（　　　）。

7. 甘油脱氢酶在（　　　）时不具有活性。

8. 自然界中存在量最大的一类可再生资源原料是（　　　）。

9. 具有正电荷，易与玻璃丝结合，适用于玻璃布的上浆和染色的是（　　　）。

10. 甲壳素/壳聚糖作为一种性能优良的高分子材料，其（　　　）、（　　　）和（　　　）是其他合成功能高分子无法比拟的。

三、选择题

1. 微生物发酵法生产 PDO 以可再生资源（　　　）为原料。
   A. 天然气　　　　　B. 蛋白质　　　　　C. 水　　　　　D. 淀粉

2. PDO 发酵需要在（　　　）条件下进行。
   A. 有水　　　　　B. 无水　　　　　C. 有氧　　　　　D. 厌氧

3. 自然界的有机物，数量第三的是（　　　）。
   A. 蛋白质　　　　　B. 纤维素　　　　　C. 甲壳素　　　　　D. 脂质

4. 用（　　　）处理壳聚糖在有机溶剂中的悬浮液可进行羧甲基化。
   A. $NaNO_3$　　　　　B. Na_2CO_3　　　　　C. $NaHCO_3$　　　　　D. $NaOH$

5. 在 pH 为（　　　）时，壳聚糖的氨基可完全质子化。
   A. 3　　　　　B. 4　　　　　C. 5　　　　　D. 6

6. 碳酸二甲酯替代光气合成得到（　　　）。
   A. MDC　　　　　B. MDI　　　　　C. MPC　　　　　D. DMC

7. 碳酸二甲酯的合成方法中，（　　　）不作为未来碳酸二甲酯的合成方法。
   A. 光气法　　　　　B. 甲醇氧化羰基化法　　　　　C. 酯交换法　　　　　D. 合成法

8. 六大通用工程塑料中唯一具有良好透明性的产品是（　　　）。
   A. 聚酰胺　　　　　B. 聚碳酸酯　　　　　C. 聚甲醛　　　　　D. 聚苯醚

9. 可用作硝化纤维素、纤维素醚、合成树脂和天然树脂的溶剂是（　　　）。
   A. 碳酸二乙醚　　　　　B. 醋酸二甲酯　　　　　C. 碳酸甲酯　　　　　D. 碳酸二乙酯

10. 经自然分离获得的菌种只能以（　　　）为底物发酵生产 PDO。
   A. 葡萄糖　　　　　B. 甘油　　　　　C. 霉菌　　　　　D. 细菌

四、简答题

1. 为什么 PDO 发酵需要在厌氧条件下进行？

2. 糖基表面活性剂的特点有哪些？

3. 利用秸秆等纤维质原料生产单细胞蛋白工艺有哪些部分？

4. 生成甲壳素的化学法工艺有哪些？

5. 甲壳素和壳聚糖的区别有哪些？

五、论述题

1. 试述发酵法生产 PDO 的发展前景。

2. 试述甲壳素/壳聚糖的应用。

3. 试述直接利用糖生产 PDO 以降低微生物发酵成本的策略。

5 绿色溶剂

绝大多数的有机反应都要以有机溶剂作介质，因为它对有机化合物有很好的溶解性，能使各反应物分子间有充分均等的接触机会，有利于化学反应的运行。然而这些有机溶剂往往又是有毒、易燃、易挥发的，在使用过程中不但会引起水源污染，而且在反应的后处理中难以分离，难以回收，又因为溶剂的用量常常是成倍或几倍于反应物的量，因而选用少毒、无毒的溶剂，少用或不用溶剂是实现化学反应绿色化的一个至关重要的问题。所以人们用超临界流体、离子液体、水等绿色溶剂代替有机溶剂来充当化学反应的介质。

5.1 水

水是自然界中最丰富的溶剂，它无毒、无污染、价廉，水相中的有机反应操作简便、安全，没有有机溶剂的易燃易爆等问题。水分子具有一定的空间结构，分子间依赖强的具有方向性的氢键，构成具有一定空间结构的网络。除了具有强大的氢键网络结构外，水还具有高的介电常数（$\varepsilon=78$）和高的内聚能密度（c.e.d. $=550$），与有机溶剂相比，水为反应介质的有机反应主要表现出如下一些特性。

（1）疏水效应

可解离的极性化合物能溶于水中，这类化合物为亲水性化合物。与亲水化合物相反，烃类及其他的非极性化合物在水中的溶解度很小，当这类有机分子与水相混合时，在水分子的排斥作用下，非极性化合物的分子聚集起来，以减少与水分子的接触面，这种现象就叫作疏水效应。这种疏水效应可提高反应速率和选择性，由于有机化合物的非极性部位因疏水作用而聚集在一起，在溶剂的内部形成空穴，同时由于水具有高的内聚能和氢键作用，其表面张力很大，这样水就对空穴内部的反应底物产生压力，可以承受高压的异构体的过渡态就成为优势构象。因此，介质水能起到类似高压的作用而对底物的反应速率和选择性产生影响。在生物体内，疏水效应起着非常关键的作用，它决定着蛋白质、核酸折叠及生物膜自组装的方式。

（2）螯合作用

螯合作用是控制水介质中立体选择性的重要因素，螯合作用是指反应底物与 Lewis 酸催化剂的金属离子形成双齿或多齿配位的行为。通过螯合作用，反应物可以形成稳定的五元或六元环过渡态，从而加快反应速率，提高了产物的选择性。Paquette 和他的合作者研究了在有机介质、水介质及水与有机介质混合溶剂中镁、铈盐催化的 α 位和 β 位取代的醛、酮的烯丙基化反应。许多反应可在水中成功进行，如烯丙基化反应醛醇缩合、Michael 加成、Mannich 反应、铟介入的烯丙基化作用等。水中一些 Knoevenagel 反应不用催化剂就可反应，Burgess 等人曾发现在水介质中用硫酸锰和碳酸钠作催化剂，H_2O_2 作氧化剂可以进行烯烃环氧化反应制备环氧化合物。

（3）氢键

以水为介质的反应，有些反应底物及中间过渡态能与水形成氢键，从而活化某些键或对反应的区域选择性起控制作用。尽管水作为反应介质有如此多的优点，但纯水作为反应介质因存在下列缺陷而受到限制：①许多试剂在水中分解，因此过去的有机反应一般避免用水作反应介质；②大多数有机化合物在水中的溶解性差，因此水不能成为有效的介质。

针对上述存在的问题，化学家围绕着以水为介质的绿色化学研究，主要做了以下几方面工作。

① 寻找在水中稳定的试剂、催化剂。在这方面，近年来水中稳定路易斯酸（三氟甲基磺酸稀土盐）催化剂的广泛应用就是一个示例。

② 将传统的有机相中的反应转入水相，或在有机相的基础上添加水，发挥水的作用；或以水为溶剂添加少量与水互溶的极性溶剂，如乙醇、DMSO、DMF、THF 和 1,4-二氧六环等，以达到增溶的效果。

③ 在水相反应中加入乳化剂（或表面活性剂），一方面可以起到增溶作用；另一方面形成胶束或微乳，发挥它的疏水效应。此外，胶束中的疏水作用对一些水敏感的试剂可以起保护作用，这也是当前绿色化学中的一个研究热点。

5.2　超临界流体

超临界流体是指处于超临界温度及超临界压力下的流体，是一种介于气态与液态之间的流体状态。其密度接近于液体（比气体约大 3 个数量级），而黏度接近于气态（扩散系数比液体大 100 倍左右）。这一流体具有可变性，其性质随着温度、压强的变化而变化。

由于超临界流体的性质，它在萃取、色谱分离、重结晶以及有机反应等方面表现出特有的优越性，从而在化学化工中获得实际应用。其中小分子如 CO_2 在压力超过 1.38MPa，温度为 31℃ 就可达到临界点，超临界 CO_2 流体以其适中的临界压力和温度、来源广泛、价廉无毒等诸多优点而得到广泛应用。它不仅被应用于有机合成，在分析化学等方面也得到应用。但是超临界流体的应用对设备要求较高，需要用密闭并且能承受一定高压的仪表和设备，不能在原有的设备基础上进行，无论是实验还是工业应用，生产过程投资较大。

5.2.1　超临界水

当水处于其临界点（374℃，22.1MPa）以上的高温高压状态时被称为超临界水（Supercritical Water，SCW）。在超临界条件下，水的性质与常温、常压下水的性质相比发生了很大变化。

（1）超临界水中的氢键

水的一些宏观性质与水的微观结构有密切联系，它的许多独特性质是由水分子之间的氢键的键合性质来决定的。因此，要研究超临界水，首先要对处于超临界状态下的水中的氢键进行研究。

但是由于缺乏对超临界水的结构和特性的了解，长期以来，对超临界区的氢键认识不足。研究表明，氢键在临界区有着特殊的性质。Kalinichev 等通过对水结构的大量计算机模拟得到了水的结构随温度、压力和密度的变化而有规律变化的信息，温度的升高能快速地降低氢键的总数，并破坏了水在室温下存在的氧四方有序结构；在室温下，压力的影响只是稍微增加了氢键的数量，同时稍微降低了氢键的线性度。Ikushima 提出当温度达到临界温度时，水中的氢键相比亚临界区有一个显著的降低。G. E. Walrafen 等提出当温度上升到临界温度时，饱和水蒸气中的氢键的增加值等于液相中氢键的减少值，此时，液相中的氢键约占总量的 17%。

Gorbuty 等则利用 IR 光谱研究了高温水中氢键的存在和温度的关系，并得出如下的氢键度（X）和温度（T）的关系式：

$$X=(-8.68\times10^{-4})T+0.851$$

该式描述了在 280~2800K 的温度范围内和 0.7~1.9g/cm³ 密度范围内 X 的行为。X 表征了氢键对温度的依赖性，在 298~773K 的范围内，X 与温度大致呈线性关系。在 298K 时，水的 X 值约为 0.55，意味着液体水中的氢键约为冰的一半，而在 673K 时，X 约为 0.3，甚至到 773K，X 值也大于 0.2。这表明在较高的温度下，氢键在水中仍可以存在。

（2）密度

液态的水是不可压缩流体，其密度基本不随压力的变化而变化，而随温度的升高而稍有降低，如 0℃ 下水的密度约为 1000kg/m³，而 100℃（0.101MPa）和 200℃（1.55MPa）下水的密度分别为 958.4kg/m³ 和 863.0kg/m³。然而，在临界点附近，水的密度随温度变化非常敏感，如在 350℃（16.54MPa）和临界点时，水的密度分别为 574.4kg/m³ 和 322.6kg/m³。超临界水的密度不仅随温度的变化而变化，也随压力的变化而变。其他性质（如黏度、介电常数、离子积等）均随密度增加而增加，扩散系数随密度增加而减少。

（3）介电常数

介电常数的变化引起超临界水溶解能力的变化。在标准状态（25℃，0.101MPa）下，由于氢键的作用，水的介电常数较高，为 78.5。水的介电常数随密度、温度而变化。密度增加，介电常数增大；温度增加，介电常数减小。例如，在 400℃、41.5MPa 时，超临界水的介电常数为 10.5，而在 600℃、24.6MPa 时则为 1.2。超临界水的介电常数值类似于常温常压下极性有机物的介电常数值。因为水的介电常数在高温下很低，水很难屏蔽掉离子间的静电势能，因此溶解的离子以离子对的形式出现，在这种条件下，水表现得更像一种非极性溶剂。

（4）溶解度

尽管介电常数不是影响有机物溶解行为的唯一因素，但有机物、气体在水中的溶解度随水的介电常数减小而增大。例如苯在 25℃ 的水中是微溶的（0.07%，质量分数），而在 260~270℃ 时，苯几乎可完全溶解于水。在 375℃ 以上，超临界水可与气体（如氮气、氧气或空气）及有机物以任意比例互溶；与有机物的高溶解度相比，无机盐在超临界水中的溶解度非常低，其溶解度随水的介电常数减小而减小，当温度 >475℃ 时，无机物在超临界水中的溶解度急剧下降，呈盐类析出或以浓缩盐水的形式存在。如 NaCl 在 300℃ 水中的溶解度为 37%（质量分数），而在 550℃ 和 25MPa 的水中的溶解度为 120mg/L；$CaCl_2$ 在亚临界水中的溶解度为 70%（质量分数），而在 550℃ 和 25MPa 时降为 5mg/L。

（5）离子积

标准状态下，水的离子积是 10^{-14}。密度和温度对其均有影响，但以密度的影响为主。密度越高，水的离子积越大。在临界点附近，由于温度的升高，水的密度迅速下降，导致离子积减少。比如在 450℃ 和 25MPa 时，密度约为 0.1g/cm³，此时离子积为 $10^{-21.6}$，远小于标准状态下的值。而在远离临界点时，温度对密度的影响较小，温度升高，离子积增大，在 1000℃ 和密度为 1g/cm³ 的条件下，离子积增加到 10^{-6}。Arthur C. Mitchell 等指出，在 1000℃ 和密度为 2g/cm³ 时，水将是高度导电的电解质。

（6）黏度

液体中的分子总是通过不断地碰撞而发生能量的传递，主要包括：①分子自由平动过程中发生碰撞所引起的动量传递；②单个分子与周围分子间发生频繁碰撞所导致的动量传递。黏度反映了这两种碰撞过程发生动量传递的综合效应。正是这两种效应的相对大小不同，导致了在不同区域内水黏度的大小、变化趋势不同。常温、常压液态水的黏度约为水蒸气黏度的 100 倍，如 25℃下水和水蒸气（0.101MPa）的黏度分别为 0.89cP❶ 和 0.096cP，而超临界水（450℃、27MPa）的黏度约为 0.0298cP，这使超临界水成为高流动性物质。

（7）扩散系数

高温、高压下水的扩散系数往往很难用试验方法测定。在实践中，可根据 Stockes 方程计算，在较高水密度的情况下（＞0.9g/cm^3），水的扩散系数与水黏度存在反比关系，所以，可根据水的黏度对水的扩散系数进行估算。此外，高温、高压水的扩散系数还与水密度有关，随水密度的增大而减少。

总之，超临界水的特性可概括为：具有特殊的溶解度、易改变的密度、较低的黏度、较低的表面张力和较高的扩散系数。

5.2.2　超临界二氧化碳

CO_2 无毒、不燃、性质稳定，来源丰富，价格低廉，是理想的溶剂。但是气体 CO_2 对有机物溶解能力很差，若控制温度为 31℃、压力为 1.38MPa 时，它处于超临界状态，此时的 CO_2 流体介于气态和液态之间，密度和液体相当，黏度和气体相当，扩散系数介于二者之间。这种特殊的状态使其具有优异的溶解性能和传热效率。超临界 CO_2 可以溶解碳原子数在 20 以内的脂肪烃、卤代烃、醇、醛、酮、酯等，若再加入适当的表面活性剂又可以溶解重油、油脂、聚合物、蛋白质等，所以用超临界 CO_2 作为溶剂将有广泛的应用。

（1）超临界 CO_2 在有机物萃取中的应用

萃取作为重要的分离手段，在合成过程中经常采用，传统的萃取剂多是挥发性有机溶剂。近年来超临界 CO_2 萃取技术在食品、香料、药物等行业已陆续开发应用，详见表 5-1。

表 5-1　超临界 CO_2 萃取应用

原料	萃取物	原料	萃取物
咖啡豆	咖啡因	茉莉花	精油
烟草	尼古丁	玫瑰花	精油
茶	茶碱	杏仁	精油
啤酒花	蛇麻酮	黑胡椒	精油、胡椒碱
蛋黄	胆固醇	柑橘皮	精油
油料	食用油		

从表中可见，此方法目前多用于天然物的萃取。其优点是不会破坏天然物中的不稳定组分，从而保留其天然的独特性，如食品的风味、香料的香味等。

（2）超临界 CO_2 用作有机合成溶剂

超临界 CO_2 用作有机合成的优点：一是选择性好，其溶解能力可以通过压强变化来调节控制；二是有良好的惰性，不被氧化，可用于氧化反应。此外 CO_2 的超临界状态较易达到，设备投资不是很高。

---

❶　$1cP = 1 \times 10^{-3} Pa \cdot s$。

5.3 室温离子液体

离子液体是指在室温或接近室温呈液态的离子型化合物，又称室温离子液体、室温熔融盐、有机离子液体等。20 世纪 40 年代，Tesas 的 Frank Hurley 和 Tom Wier 在寻找一种温和条件电解 Al_2O_3 时把 N-烷基吡啶加入 $AlCl_3$ 中，加热试管后奇怪的现象发生了，两固体的混合物自发地形成了清澈透明的液体。这就是我们今天所说的离子液体的原形。在这样一个偶然的机会下发现的离子液体不仅给化学研究提供了一个全新的领域，而且有望给面临污染、安全等问题的现代化工业带来突破性进展。20 世纪 90 年代中期以来，伴随着绿色化学概念的提出，离子液体的研究在全世界范围掀起了热潮。本节主要介绍离子液体的结构、性质，以及研究者们对离子液体在电化学、有机合成及物质分离等领域中的应用。

常见的阳离子有季铵盐、咪唑盐和吡咯盐等离子，阴离子有四氟硼酸根离子、六氟磷酸根离子等。它的熔点通常低于 $100 \sim 150℃$，主要原因是：结构的不对称性使离子难以规则紧密地堆积，难以形成晶体或固体。与传统的溶剂相比，离子液体具有以下 3 个显著的特性：①在室温下，离子液体蒸气压几乎为零，并且不燃烧、不爆炸、毒性低，溶解性能强，可以较好地溶解多数有机物、无机物和金属配合物；②离子液体具有良好的导电性和较宽的电化学稳定电位窗；③离子液体具有可调节的酸碱性，作为反应介质使用极为方便。

离子液体作反应系统的溶剂有如下一些好处：首先为化学反应提供了不同于传统分子溶剂的环境，可能改变反应机理使催化剂活性、稳定性更好，反应转化率、选择性更高；离子液体种类多，选择余地大；将催化剂溶于离子液体中，与离子液体一起循环利用，催化剂兼有均相催化效率高、多相催化易分离的优点；产物的分离可用倾析、萃取、蒸馏等方法，因为离子液体无蒸气压，液态温度范围宽，使分离易于进行。离子液体作溶剂时化学反应可以是单相的，选用亲水的离子液体则可与有机相形成二相系，选用憎水的离子液体则可与水形成二相系。故离子液体被认为是一类很好的溶剂并已在工业生产中得到应用。例如，在传统的有机溶剂中，烯烃与芳烃的烷基化反应是不能进行的，而在离子液体中，在 $Sc(OTf)_3$ 的催化下，反应在室温下就可顺利进行，产率高达 96%，催化剂还能重复使用。已报道可在离子液体中进行的有机反应有：Friedel-Crafts 反应、烯烃的氢化反应、氢甲酰化反应、氧化还原反应、偶联反应、酶促反应等。

5.4 聚乙二醇水溶液

聚乙二醇 [Poly(ethylene glycol)，PEG] 是一种用途极为广泛的聚醚高分子化合物，其分子量分布从 200 到几万不等。在室温下，分子量小于 600 的 PEG 是一种具有吸湿性、黏稠的无色液体；而分子量大于 800 的 PEG 是蜡状的白色固体。一般情况下聚乙二醇使用 PEG 加一个后缀数字来表示这一多聚物的平均分子量。低分子量的 PEG 可以与水以任意比混合，而高分子量的固体 PEG 在水中也有很大的溶解度，如 PEG-2000 在 20℃下在水中的溶解度可以达到水重量的 60%。同可挥发性有机溶剂不同，即使是低分子量的 PEG 也是非挥发性的；低分子量的 PEG 蒸气密度比空气的密度要大，而且 PEG 更为优秀的是可燃性低，这些正是工业上可挥发性溶剂的理想替代品标准中的一部分。

PEGs 是亲水性聚合物，它可溶于水和甲苯、二氯甲烷、乙醇、丙酮等溶剂中，但是不溶于正己烷、环己烷等非极性脂肪烃类，而且在乙醚中溶解度也很小。非极性的正己烷，弱极性的 2-辛酮，中等极性的正庚醇在 70%PEG-300 水溶液中的溶解度分别为：0.01mol/L、0.1mol/L 和 0.8mol/L。2,3-二甲基-1,3-己二烯在 PEG-300 和 90%PEG-300 水溶液中的溶解度分别为 1.7mol/L 和 0.5mol/L，对正溴丁烷而言在这两者中的溶解度分别是 4.5mol/L 和 1.2mol/L。一些 PEG 水溶液中完成的 Diels-Alder 和 S_N1 反应就应用了 PEG 这一可以增加水中有机物溶解度的性能。

PEG-400 对盐类化合物的高溶解度，如醋酸钾、碘化钾、硝酸钾、重铬酸钾在 PEG-400 中的溶解度分别为 1.8mol/L、2.1mol/L、1.1mol/L、0.25mol/L 和 0.16mol/L。这就解释了使用 PEG 作溶剂完成一些均相氧化和取代反应产率高的原因了。上述这些盐类的溶解度基本同在二甲基亚砜（DMSO）中溶解度相当。由于低分子量的 PEG 对无机盐和有机化合物的良好溶解性，因而也被建议应用于有机反应以替代传统的可挥发性有机溶剂。

低分子量的液态聚乙二醇（PEG）作为一种新型的绿色有机反应溶剂正受到人们的极大关注。PEG 具有好的热稳定性，不挥发、不易燃、无毒、可生物降解、廉价易得，以及易于回收和循环使用。此外，PEG 可以溶解众多的有机化合物和有机金属配合物。因此，PEG 作为有机溶剂的替代品和均相催化剂的载体已经成功应用到许多有机反应中，它们包括还原反应、氧化反应、不对称双羟基化反应、Heck 反应、Suzuki 交叉偶联反应、Michael 加成反应、不对称羟醛缩合反应、Baylis-Hillman 反应、脂肪酶催化的反应和聚合反应等。

5.5　氟溶剂

氟溶剂（Fluorous Solvent）是一种新兴的绿色溶剂，常见的有全氟烷烃，如全氟己烷、全氟环己烷、全氟甲基环己烷、全氟甲苯和全氟庚烷等；全氟二烷基醚，如全氟（2-丁基四氢呋喃）等；全氟三烷基胺，如全氟三乙基胺等。氟溶剂具有以下优点：①毒性低、不破坏臭氧层、温室效应非常低；②反应活性低、化学稳定性好，通常反应条件下是惰性的；③在室温下，高氟代碳链化合物与大多数的有机溶剂如丙酮、四氢呋喃、甲苯、乙醇等的混溶性都很低，通过两相分离，易于将有机物从氟溶剂中分离出来，并且氟溶剂易于回收和重复使用；④气溶性好，有利于气体参与的反应；⑤含氟物质对氟溶剂具有高亲和力，使得含氟物质（如催化剂）易于分离和循环使用。因此含氟溶剂被认为在绿色溶剂中占有重要地位。

羧酸和醇的酯化反应是化工生产中最重要的反应之一，这是由于酯类化合物广泛应用于溶剂、增塑剂、树脂、涂料、香精香料、化妆品、医药、表面活性剂等有机合成工业。由于酯化反应是一个可逆的平衡反应，在合成过程中常因反应条件控制不当而使反应收率较低。

氟两相体系（Fluorous Biphase System，FBS）是一种非水液-液两相反应体系，其特点是在较高的温度下，氟两相体系中氟溶剂能与有机溶剂很好地互溶成单一相，为有机化学反应提供了良好的均相条件。反应结束后，一旦降低温度，氟两相体系又恢复成氟溶剂相和有机溶剂相，分离十分方便。Xiang 等在全氟己烷和含氟催化剂作用下，研究了酸和醇进行的酯化反应，酯化产物产率均在 99.9% 以上，且氟相可回收利用 10 次。易文斌等研究了在全氟己烷、全氟甲苯、全氟甲基环己烷、全氟辛烷、1-溴代全氟辛烷和全氟萘烷等氟溶剂和含氟催化剂作用下进行的酯化反应，含有催化剂的氟相可循环使用。

5.6 生物质基溶剂

随着对溶剂可持续性和环境兼容性的重视，生物质基溶剂因其来源于可再生生物质，且具有低毒、可生物降解等优点被认为是传统有机溶剂的新一代替代品。

过去的数十年间，第二代绿色溶剂——生物质基溶剂得以发展，并引起学界和工业界的关注。生物质主要是指利用大气、水、土地等通过植物光合作用而产生的各种有机体，及一切有生命、可以生长的有机物质。由于生物质消耗过程中产生的二氧化碳可以在生长过程中通过光合作用固定，因此被认为是碳中性的资源。同时，相对于太阳能、风能、水能等可再生资源，生物质资源是唯一可以转化为常规的固态、液态和气态燃料以及其他化学品的碳源，因此生物质资源在替代化石能源的过程中具有独特优势。如今，生物质能发展迅速，成为仅次于石油、煤、天然气三大传统化石能源的第四大能源。随着生物质利用研究的兴起，生物炼制行业快速发展。生物炼制是将生物质转化为大宗液体燃料或者某些高附加值化学品，这些化学品可用作平台分子进一步被转化为聚合物或药物分子。生物炼制的部分液体产物逐渐被证明可用作反应介质，即生物质基溶剂。因此，生物质基溶剂具有碳足迹轻、原料可再生的优点。生物质基溶剂还具有生物兼容性好、可回收、安全无毒等优点，这些优势都促进了生物质基溶剂在催化和有机反应中的应用。

目前已报道的可用作反应介质的生物质基溶剂种类较多，但从其来源可大致分为以下几种：①源于生物柴油，如脂肪酸甲酯、丙三醇；②源于碳水化合物，如碳水化合物水溶液、碳水化合物形成的低共熔物和碳水化合物的活化转化产物（γ-戊内酯、2-甲基四氢呋喃、乳酸乙酯）；③源于木质素，如烷基酚类化合物。

（1）源于生物柴油的生物质基溶剂

丙三醇是制皂和生物柴油的主要副产物，每生产100t生物柴油将近产生1t丙三醇。丙三醇具有优秀溶剂的潜力，这主要是由于其如下的物化性质决定的：①远优于水的溶解性能；②沸点可达290℃，这允许其为溶剂实现高温反应，还可采取蒸馏方法回收低沸点产物；③不与非极性溶剂互溶，即反应结束后可直接液-液萃取回收产物；④内部具有三维的氢键作用，且可溶解无机盐类催化剂，组成催化剂/丙三醇体系，从而便于实现均相催化剂的多次回收再利用；⑤介电常数高（44.38，25℃），适用于微波条件下反应。另外，丙三醇还具有无毒、可生物降解、不可燃和蒸气压低等性质，更加利于其作为反应介质使用。

（2）源于碳水化合物的生物质基溶剂

乳酸乙酯即乳酸乙基酯，其系统命名为2-羟基丙酸乙酯。由于其具有一个手性中心，因此乳酸乙酯有两种光学构型：R-构型和S-构型。工业乳酸乙酯可由乳酸、乙醇的可逆酯化反应生产，因而工业乳酸乙酯为外消旋体。随着生物炼制的发展，乳酸和乙醇可经糖类或其他生物质发酵制备。因此，乳酸也被认为是生物质基化学品。同时，乳酸乙酯具有价格低廉、无毒、可生物降解、水溶性好、与大部分有机溶剂混溶、沸点适中等特性，具有作为反应介质的潜力。

（3）源于木质素的生物质基溶剂

木质素是木质纤维素的重要组成部分之一，是一种广泛存在于植物体中的无定形高聚物。木质素的组成与其来源有关，虽然其具体结构未知，但研究者广泛认为木质素主要由对香豆醇、松柏醇和芥子醇三种单体聚合而成。木质素结构中富含酚类化合物，且为世界上储量第二丰富的有机聚合物，因此，其有效利用有重要意义。基于木质素结构单元的烷基酚类化合物具有较强的憎水性，因此可替代一些非极性的有机溶剂与水溶液形成双相体系。

5.7　低共熔溶剂

低共熔溶剂（DES）是一定摩尔比的氢键受体（HBA）和氢键供体（HBD）通过氢键缔合组成的混合物，通过电荷离域作用降低熔点，其熔点比原材料低得多。2003 年，Abbott 等首次以氯化胆碱：尿素（摩尔比）为 1：2 合成低共熔溶剂，揭开了低共熔溶剂研究的新篇章。到目前为止，已报道的低共熔溶剂根据阴离子和阳离子的类型，可分为四种：

① 季铵盐与金属盐，$Y = MCl_n$，$M = Zn$、Sn、Fe、Al、Ga。

② 季铵盐与含水金属盐，$Y = MCl_n \cdot m H_2 O$，$M = Cr$、Co、Cu、Ni、Fe。

③ 季铵盐与氢键供体，$Y = RZ$，$Z = -CONH_2$、$-COOH$、$-OH$。

④ 金属氯化物（如 $ZnCl_2$）与不同的 HBD（酰胺、醇或羧酸）。

大多数研究倾向于第三种类型的低共熔溶剂混合物。表 5-2 展示了近年来被广泛研究的氢键受体、供体组成。

表 5-2　近年来被广泛研究的氢键受体和供体

氢键受体	氢键供体
氯化胆碱 四丁基溴化铵 四丁基溴化磷 三甲胺盐酸盐	尿素 硫脲 乙二醇 丙三醇 乙二酸 丙二酸 乙酰胺 柠檬酸

由于低共熔溶剂的可设计性，通过改变受体、供体类型，以不同的比例结合，可以在一定范围内改变低共熔溶剂的理化性质。

（1）熔点

当 HBA 和 HBD 混合时，组成的液相混合物熔点低于其各组分。例如，氯化胆碱和甘油混合物的熔点为 -40℃，而氯化胆碱、甘油的熔点分别为 302℃、17.8℃。DES 的熔点一般低于 150℃，在许多领域可作为廉价和安全的溶剂使用。这与阴阳离子之间的相互作用有关，相互作用越强，混合物熔点越低。大量的研究表明，组分的种类、有机盐的阴离子类型以及原料摩尔比是影响低共熔溶剂熔点降低的重要因素。例如，Abbott 等的研究发现，与尿素结合时，胆碱盐 DES 的熔点按 $F^- > NO_3^- > Cl^- > BF_4^-$ 的顺序降低，以相同原材料不同比例合成的低共熔溶剂，混合物的熔点也有所改变，表明低共熔溶剂的熔点与氢键强度相关。

（2）密度、黏度

密度和黏度是溶剂重要的物理性质，两者性质均由原材料之间的氢键以及范德华力决定，一般来说，DES 的密度是通过比重计来测量，大多数 DES 密度比水高，常温下，普遍在 1.2 g/cm³ 左右。而 DES 在室温下的黏度较大，这可能归因于大多数 DES 的离子体积大、空穴体积小，以及静电或范德华相互作用等其他力的作用。一般来说，DES 的黏度主要受组分的化学性质（铵盐和 HBD 的类型、有机盐与 HBD 的摩尔比）、温度和含水量的影响。因此开发低黏度 DES 是非常必要的。

（3）离子电导率

溶剂的电导率对其在电化学中的应用很重要，主要表现在金属及其合金的电沉积等领域。由于 DES 的黏度较高，大部分 DES 的离子电导率较低（室温下低于 2mS/cm），Ab-bott 课题组在 DES 的各项性质研究中做出了重要贡献，并首次研究了氯化胆碱-尿素的电导率。在后续研究中发现随着温度的升高，DES 的黏度降低，DES 的电导率普遍显著增加。

（4）溶解性

溶解性是溶剂的另一个重要参数，相对于传统有机溶剂，低共熔溶剂能有效溶解金属氧化物、CO_2 等气体以及难溶有机物等物质。通过不同组分在 DES 中的溶解性不同实现物质的分离或提取，不同种类的 DES 对同一物质的溶解性不一定相同。并且随着温度升高，金属氧化物在 DES 中溶解度增加，气体溶解度降低。

参 考 文 献

[1] Breslow R. Hydrophobic effects on simple organic reactions in water [J]. Acc Chem Res，1991，24 (6)：159-164.

[2] Leitue W. Supercritical carbon dioxide as a green reaction medium for catalysis [J]. Acc Chem Res, 2002, 35 (9)：746-756.

[3] Kalinichev A G，Henzinger K. Molecular dynamics of supercritical water：a computer simulation of vibration spectra with the flex ible BJH potential [J]. Geochimica et Comsmochimica Acta，1995，59：641-650.

[4] Ikushima Y，Hatakeda K. Complete decomposition of toxic organic compounds such as PCBs and dioxins by supercirit-cal water oxidation [J]. J Chem Phys, 1998, 108：5855.

[5] Walrafen G E，Chu Y C. Raman spectra from water vapor to the supercritical fluid [J]. J Phys Chem B，1999，103：1332-1338.

[6] Gorbaty Y E，Kalinichev A G. Hydrogen bonding in supercritical water：experimental result [J]. Journal of Physical Chemistry，1995，99：5336-5340.

[7] Shaw R W，Brill T B P，Clifford A A，et al. Supercritical water-a medium for chemistry [J]. C&EN，1991，23 (12)：26-38.

[8] Ulmer G C，Bames H L. Hydrothemal experimental techniques [M]. New York：John Wiley& Sons，1987.

[9] 王建军. 绿色化学法合成几类有机碳氮（氧）化合物 [D]. 西安：陕西师范大学，2008.

[10] 闫文锦. 以绿色溶剂聚乙二醇（PEG）为还原剂和稳定模板合成的金属纳米材料及其催化的有机反应研究 [D]. 兰州：兰州大学，2007.

[11] 张钟宪. 环境与绿色化学 [M]. 北京：清华大学出版社，2005.

[12] 邰玲，弓巧娟，黄健，等. 绿色化学的应用研究 [J]. 运城学院学报，2011，29 (2)：40-43.

[13] 朱建萍，史鸿鑫，项菊萍，等. 在氟溶剂中的绿色酯化反应 [J]. 化学学报，2006，64 (18)：1921-1924.

[14] 杨杰. 生物质基绿色溶剂在催化和有机反应中的应用研究 [D]. 武汉：华中科技大学，2015.

[15] 刘成，张连红. 低共熔溶剂及其应用的研究进展 [J]. 现代化工，2022，42 (4)：43-47.

习 题

一、名词解释

1. 疏水效应

2. 螯合作用

3. 超临界流体

4. 离子液体

5. PEGs

二、填空题

1. 自然界中最丰富的溶剂是（　　）。

2.当水处于其（　　　）以上的（　　　）状态时被称为超临界水。

3.标准状态下，水的密度增加，介电常数（　　　）；温度增加，介电常数（　　　）。

4.无机物在超临界水中的溶解度随水的介电常数减小而（　　　）。

5.标准状态下，密度越高，水的离子积越（　　　）。

6.常见的阳离子有（　　　）、（　　　）和（　　　）等离子，阴离子有（　　　）和（　　　）等。

7.由于超临界流体的性质，它在（　　　）、（　　　）、（　　　）以及（　　　）等方面表现出特有的优越性，从而在化学化工中获得实际应用。

8.超临界水的特性可概括为：具有（　　　）、（　　　）、（　　　）、（　　　）和（　　　）。

9.萃取作为重要的分离手段，在合成过程中经常采用，传统的萃取剂多是（　　　）。

10.PEG 可以溶解众多的（　　　）和（　　　），作为有机溶剂的替代品和均相催化剂的载体已经成功地应用到许多有机反应中。

三、选择题

1.以水为介质的反应，有些反应底物及中间过渡态能与水形成（　　　）。
　　A.氢键　　　　　　　B.离子键　　　　　　C.共价键　　　　　　D.化合键

2.有机物、气体在水中的溶解度随水的（　　　）减小而增大。
　　A.密度　　　　　　　B.体积　　　　　　　C.质量　　　　　　　D.介电常数

3.一般情况下，聚乙二醇使用（　　　）加一个后缀数字来表示这一多聚物的平均分子量。
　　A. PEG　　　　　　　B.PDO　　　　　　　C.POG　　　　　　　D.PDG

4.反应物通过（　　　）可以形成稳定的五元或六元环过渡态，从而加快反应速率，提高产物选择性。
　　A.疏水效应　　　　　B.螯合作用　　　　　C.氢键　　　　　　　D.加乳化剂

5.在较高水密度情况下，水的扩散系数与（　　　）存在反比关系。
　　A.介电常数　　　　　B.温度　　　　　　　C.黏度　　　　　　　D.离子积

6.超临界（　　　）流体介于流体和气体状态之间使其具有优异的溶解性能和传热效率。
　　A. NO_2　　　　　　　B.CO_2　　　　　　　C. SO_2　　　　　　D.C_2H_4

7.下列不属于超临界 CO_2 用作有机合成优点的是（　　　）。
　　A. 选择性好　　　　　B. 有良好的惰性　　　C. 设备投资不是很高　　D. 气体

8.在（　　　）中，在 $Sc(OTf)_3$ 的催化下，烯烃与芳烃的烷基化反应室温下就可顺利进行。
　　A.水　　　　　　　　B.离子液体　　　　　C.强酸　　　　　　　D.强碱

9.可在离子液体中进行的有机反应中没有（　　　）。
　　A. Friedel-Crafts 反应　　　　　　　　　B.烯烃的氢化反应
　　C.水解反应　　　　　　　　　　　　　　D.氧化还原反应

10.分子量小于（　　　）的 PEG 是一种具有吸湿性和黏稠的无色液体
　　A. 600　　　　　　　B.500　　　　　　　C.700　　　　　　　D.800

四、简答题

1.与有机溶剂相比，水为反应介质的有机反应主要表现出哪些特性？

2.为什么 PEG 可以作为有机溶剂替代品？

3.在超临界条件下，水的性质与常温常压下的水的性质相比发生了哪些变化？

4.黏度反映了哪两种碰撞过程发生的综合效应？

5.离子液体的显著特点有哪些？

五、论述题

1.试述离子液体作反应系统的溶剂的好处。

2.试述超临界 CO_2 作为溶剂的应用范围及优点。

3.试述纯水作为反应介质受到的限制及其解决办法。

6 绿色催化剂

20 世纪 90 年代初才产生和发展起来的绿色化学，它涉及化学的有机合成、催化、生物化学、分析化学等学科，是当今国际化学科学研究的前沿，其核心内涵是将现有化学和化工生产的技术路线从"先污染、后治理"改变为"从源头上根除污染"。

在化学品的生产过程中，要避免或减少那些对环境有害的原料、催化剂、溶剂和试剂的使用，同时不产生有毒有害的副产物；要最大限度地合理利用资源，最低限度地产生环境污染和最大限度地维护生态平衡。因此对化学反应的要求是：①采用无毒、无害的原料；②在无毒无害及温和的条件下进行；③反应应具有高的选择性；④产品应是环境友好的。将满足以上条件的这类反应称为绿色化学反应，其使用的催化剂也就称之为绿色催化剂。

自从 1836 年瑞典化学家 Berzelius 提出催化作用这一概念后，催化剂及其在化学反应中的作用的理论一直在发展中。催化剂不仅能加快热力学上可能进行的反应的速率，同时催化剂还能有选择性地加快多种热力学上可能进行的反应中的某一种反应，选择性地生成某一特定目标产物，即催化剂可控制反应产物的化学物种。催化剂在绿色化学中具有重要地位，大量催化剂的开发和应用，使化学工业得到了快速发展。据统计，约有 85% 的化学品是通过催化工艺生产的，过去在研制催化剂时只考虑其催化活性、寿命、成本及制造工艺，极少顾及环境因素。近年来以清洁生产为目的的绿色催化工艺及催化剂的开发，已成为研究的热点。老工艺的改造需要催化剂，新的反应原料、新的反应过程需要新催化剂，高效无害催化剂的设计和使用就成为绿色化学研究的重要内容之一。

6.1 固体酸碱催化剂

催化剂又叫触媒。根据国际纯粹与应用化学联合会（IUPAC）于 1981 年提出的定义，催化剂是一种物质，它能够改变反应的速率而不改变该反应的标准 Gibbs 自由能变化。这种作用称为催化作用。涉及催化剂的反应为催化反应。因物质的酸、碱性质而发生催化作用的为酸碱催化剂，它能够通过使反应物转变为离子型活化的过渡状态而发生催化作用，因此物质的酸碱性对催化性能影响很大。

根据 Arrhenius 电离理论，酸、碱是一种电解质，它们在水溶液中会解离，能解离出氢离子的物质是酸；能解离出氢氧根离子的物质是碱。但这种电离理论很难说明下面的问题，如：①在没有水存在时，也能发生酸碱反应；②将氯化铵溶于液氨中，溶液即具有酸的特性，如能与金属发生反应产生氢气，能使指示剂变色；③碳酸钠在水溶液中并不电离出氢氧根离子，但它却是一种碱。为了解决这些难题，丹麦 J. N. Brönsted 和英国 T. M. Lowry 于 1923 年提出酸碱质子理论。他们提出的酸碱定义是："凡是能够释放出质子（H^+）的物质，无论它是分子、原子或离子，都是酸；凡是能够接受质子的物质，无论它是分子、原子或离子，都是碱。"当然，酸碱质子理论也有解释不了的问题，如 $AlCl_3$、BCl_3、$SnCl_4$ 都可以与碱发生反应，用酸碱质子理论却无法解释它们是酸。1923 年美国 G. N. Lewis 指出："碱是具有孤对电子的物质，这对电子可以用来使别的原子形成稳定的电子层结构。酸则是能接受电子对的物质，它利用碱所具有的孤对电子使其本身的原子达到稳定的电子层结构。"即：凡能提供电子对的物质叫碱，能从碱接受电子对的物质叫酸。这一理论很好地解释了一些不能释放出质子的物质也是酸，一些没有接受质子的物质也是碱。

　　酸碱催化剂种类繁多，可按酸碱的性质分两大类，一类为质子酸碱（亦称 Brönsted 酸碱，简称 B 酸、B 碱）催化剂，能放出质子者为酸催化剂，接受质子者为碱催化剂；另一类为 Lewis 酸碱（简称 L 酸、L 碱）催化剂，其中能接受电子对者为酸催化剂，能给予电子对者为碱催化剂。由 B 酸和 L 酸结合成的催化剂，具有很高的酸强度，称超强酸催化剂。借助酸催化与碱催化的协同作用而发挥催化功能的称酸-碱双功能催化剂。酸碱催化剂用于淀粉水解、烯烃水合、醇类酯化、烃类裂解、异构化、歧化、烷基化、聚合反应等。

　　按照物质的物理状态可以分为液体酸碱催化剂和固体酸碱催化剂。例如：常用的液体酸催化剂有 H_2SO_4、H_3PO_4、HCl 水溶液、醋酸等；液体碱催化剂有 NaOH 水溶液、KOH 水溶液；固体酸催化剂有天然黏土物质、天然沸石、金属氧化物及硫化物、氧化物混合物、金属盐等；固体碱催化剂有碱金属及碱土金属分散于氧化硅、氧化铝上，金属氧化物，金属盐等。

6.1.1　固体酸

6.1.1.1　定义与分类

　　一般而言，固体酸可理解为凡能使碱性指示剂改变颜色的固体，或是凡能化学吸附碱性物质的固体。按照 Brönsted 和 Lewis 的定义，则固体酸是具有给出质子或接受电子对能力的固体。固体酸的分类如表 6-1 所示。

表 6-1　固体酸分类

序号	分类	举例
1	天然黏土矿物	高岭土、膨润土、山软木土、蒙脱土、漂白土、沸石及黏土
2	负载型	[H_2SO_4,H_3PO_4,$CH_2(COOH)_2$]负载在氧化硅、石英砂、氧化铝或硅藻土上
3	阳离子交换树脂	
4	活性炭	焦炭经 573K 热处理
5	金属氧化物和硫化物	ZnO、CdO、Al_2O_3、CeO_2、ThO、TiO_2、ZrO_2、SnO_2、PbO、As_2O_3、Bi_2O_3、Sb_2O_3、V_2O_5、Cr_2O_3、MoO_3、WO_3、CdS、ZnS
6	金属盐	$MgSO_4$、$CdSO_4$、$SrSO_4$、$BaSO_4$、$CuSO_4$、$ZnSO_4$、$CaSO_4$、$Al_2(SO_4)_3$、$FeSO_4$、$Fe_2(SO_4)_3$、$CoSO_4$、$NiSO_4$、$Cr_2(SO_4)_3$、$KHSO_4$、K_2SO_4、$(NH_4)_2SO_4$、$Zn(NO_3)_2$、$Ce(NO_3)_2$、$Bi(NO_3)_3$、$Fe(NO_3)_3$、$CaCO_3$、BPO、$AlPO_4$、$CrPO_4$、$FePO_4$、$Cu_3(PO_4)_2$、$Zn_3(PO_4)_2$、$Mg_3(PO_4)_2$、$Ti_3(PO_4)_3$、$Zr_3(PO_4)_4$、$Ni_3(PO_4)_2$、AgCl、$CuCl_2$、$CaCl_2$、$AlCl_3$、$TiCl_3$、$SnCl_2$、CaF_2、BaF_2、$AgClO_4$、$Mg(ClO_4)_2$
7	复合氧化物	SiO_2-(Al_2O_3、TiO_2、SnO_2、ZrO_2、BeO、MgO、CaO、SrO、ZnO、Y_2O_3、La_2O_3、MoO_3、WO_3、V_2O_5、ThO_2) Al_2O_3-(MgO、ZnO、CdO、B_2O_3、ThO_2、TiO_2、ZrO_2、V_2O_5、MoO_3、WO_3、Cr_2O_3、Mn_2O_3、Fe_2O_3、Co_3O_4、NiO) TiO_2-(CuO、MgO、ZnO、CdO、ZnO_2、SnO_2、Bi_2O_3、SbO_5、V_2O_5、MoO_3、WO_3、Mn_2O_3、Fe_2O_3、Co_3O_4、NiO）、ZrO_2-CdO、ZnO-MgO、ZnO-Fe_2O_3、MoO_3-CoO-Al_2O_3、MoO_3-NiO-Al_2O_3、TiO_2-SiO_2-MgO、MoO_3-Al_2O_3-MgO，杂多酸

序号	分类	举 例
8	超强酸	$SbF_5/(SiO_2\text{-}Al_2O_3$、$SiO_2\text{-}ZrO_2$、$TiO_2\text{-}ZrO_2)$；$SbF_5/(Al_2O_3\text{-}B_2O_3$、$SiO_2$、$SiO_2\text{-}WO$、$HF\text{-}Al_2O_3)$；$SbF_5$、$TaF_3/(Al_2O_3$、$MoO_3$、$ThO_2$、$Cr_2O_3$、$Al_2O_3\text{-}WB)$；$SbF_5$、$BF_3/($石墨、$Pt\text{-}$石墨$)$；$BF_3$、$AlCl_3$、$AlBr_3/($离子交换树脂、硫酸盐、氯化物$)$；$SbF_3\text{-}HF$，$SbF_3\text{-}FSO_3H/$金属$(Pt、Al)$、合金$(Pt\text{-}Au$、$Ni\text{-}Mo$、$Al\text{-}Mg)$、聚乙烯，$SbF_3$，$AlF_3$，多孔性物质$(SiO_2$、$Al_2O_3$、高岭土、活性炭、石墨$)$ $SbF_3\text{-}CF_3COOH/(F\text{-}Al_2O_3$、$AlPO_4$、活性炭$)$，$Nafion($全氟化树脂聚合物磺酸$)$；$TiO_2\text{-}SO_4^{2-}$、$ZrO_2\text{-}SO_4^{2-}$、$Fe_2O_3\text{-}SO_4^{2-}$；$HZSM\text{-}5$沸石分子筛

在表 6-1 中，第一类固体酸已有悠久的历史，它们包括天然存在的黏土类矿物，其主要组分为氧化硅和氧化铝，各种类型的合成沸石，如 X、Y、A、ZSM-5、ZSM-11 型沸石分子筛都具有其典型的催化活性和选择性。虽然沸石是最近才开始研究的，但是第一类固体酸中的某些矿物早在 20 世纪以前就已作过研究，特别是在 1920 年以后，针对它们的催化活性又作了许多研究。第二类为由液体酸负载在相应载体上构成。第三类为阳离子交换树脂。第四类为热处理后的焦炭。第五类为金属氧化物和硫化物。第六类为各种金属盐。第七类为复合氧化物。第八类为固体超强酸，此类酸还处于开发之中。

6.1.1.2 酸性测定

固体酸的酸性一般包括酸中心的类型、酸强度和酸量三个性质。

（1）酸中心的类型

严格地讲，固体酸分为两种类型，一种是 Brönsted 酸（简称 B 酸或质子酸），另一种是 Lewis 酸（简称 L 酸）。

固体超强酸：固体酸的强度若超过 100% 硫酸的强度，则称为超强酸。因为 100% 硫酸的酸强度用哈密特（Hammett）酸强度函数表示时为 $H_0 = -11.9$，故固体超强酸酸强度 $H_0 < -11.9$。

（2）酸强度

固体酸强度是指固体表面的酸性中心使吸附的中性碱转变成为它的共轭酸的能力。如果这一反应是通过质子从固体表面转移到被吸附物，则可用 Hammett 酸度函数 H_0 来表示：

$$H_0 = pK_a + \lg \frac{[B]}{[BH^+]}$$

式中，$[B]$ 和 $[BH^+]$ 分别为中性碱及其共轭酸的浓度。

如果反应是通过电子对从被吸附物转移到固体表面，则可表示为：

$$H_0 = pK_a + \lg \frac{[B]}{[AB]}$$

式中，$[AB]$ 是与电子对受体 A 反应的碱的浓度。

（3）酸量

固体催化剂表面上的酸量，通常以单位质量固体酸中心的数目或单位表面积上酸中心的物质的量（mmol）来表示。酸量可通过测定与固体酸起反应的碱量来获得。酸量有时也称为"酸度"。另外，固体表面酸中心往往是不均匀的，有强有弱，为全面描述其酸性，需测定酸量对酸强度的分布。

（4）常用的酸性测定方法

常用的固体表面酸性的测定方法如表 6-2 所示。由于固体表面酸中心的结构比较复杂，可能同时存在 B 酸和 L 酸中心，而每种酸中心的强度并不单一。理想的酸性测定方法要求能区别 B 酸和 L 酸，对每种酸型酸强度的标度物理意义准确，能分别定量地测定它们的酸量和酸强度分布。表 6-2 中的单一方法都具有某方面的优势，但都存在缺陷，不可能对固体酸的酸性进行全面的完全定量表征。因此，在实际测定过程，往往需要多种方法结合。

表 6-2　常用的固体表面酸性测定方法

方　　　法	表　征　内　容
吸附指示剂正丁胺滴定法	酸量，酸强度
吸附微量热法	酸量，酸强度
热分析（TG、DTA、DSC）方法	酸量，酸强度
程序升温热脱附	酸量，酸强度
羟基区红外光谱	各类表面羟基、酸性羟基
探针分子红外光谱	B 酸，L 酸，沸石骨架上、骨架外 L 酸
^{1}H MASNMR	B 酸量、B 酸强度
^{27}Al ASNMR	区分沸石的四面体铝、八面体铝（L 酸）

6.1.1.3　固体酸的催化作用

固体酸催化反应有如下特点：

① 酸位的性质与催化作用的关系　不同反应类型，要求酸催化剂的酸位性质和强度不同。大多数的酸催化反应是在 B 酸位上进行，单独的 L 酸位不显活性，存在协同效应。

② 酸强度与催化活性和选择性有关　例如表 6-3 所示一些二元氧化物的最大酸强度及其适用的催化反应。

表 6-3　二元氧化物的最大酸强度、酸类型和催化反应示例

二元氧化物	最大酸强度	酸类型	催化反应示例
SiO_2-Al_2O_3	$H_0 \leqslant -8.2$	B 型	丙烯聚合，邻二甲苯异构化
		L 型	异丁烷裂解
SiO_2-TiO_2	$H_0 \leqslant -8.2$	B 型	1-丁烯异构化
SiO_2-MoO_3（10%）	$H_0 \leqslant -3.0$	B 型	三聚甲醛解聚，顺-2-丁烯异构化
SiO_2-ZnO（70%）	$H_0 \leqslant -3.0$	L 型	丁烯异构化
SiO_2-ZrO_2	$H_0 = -8.2$	B 型	三聚甲醛解聚
WO_3-ZrO_2	$H_0 = -14.5$	B 型	正丁烷骨架异构化
Al_2O_3-Cr_2O_3（17.5%）	$H_0 \leqslant -5.2$	L 型	加氢异构化

③ 酸量（酸浓度）与催化活性的关系　催化活性与酸量之间存在线性或非线性关系。不同催化剂，不同酸量，其催化活性不同（见图 6-1）；相同催化剂，不同酸量对反应结果的影响不同（见图 6-2）。

从 20 世纪 40 年代以来的半个多世纪里，人们从未间断过为开发新的包括超强酸在内的固体酸的努力。目前已有一大批固体酸被用于酸催化反应，具体见表 6-4。

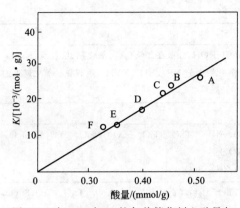

图 6-1　在 $H_0 \leqslant -3$ 的各种催化剂上酸量与

三聚甲醛解聚的一级速率常数的线性关系

A—SiO$_2$-MoO$_3$；B—Al$_2$O$_3$-MoO$_3$；C—SiO$_2$-WO$_3$；

D—Al$_2$O$_3$-WO$_3$；E—SiO$_2$-V$_2$O$_5$；F—Al$_2$O$_3$-V$_2$O$_5$

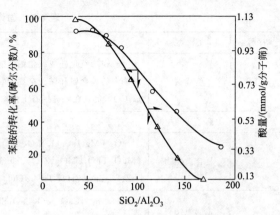

图 6-2　不同 SiO$_2$/Al$_2$O$_3$ 比的 ZSM-5

催化剂的酸量对苯胺转化率的影响

表 6-4　用于酸催化反应的固体酸

酸类型	举　例
无机固体酸类	简单氧化物：Al$_2$O$_3$，SiO$_2$，Nb$_2$O$_3$，B$_2$O$_3$ 复合氧化物：Al$_2$O$_3$/SiO$_2$，B$_2$O$_3$/Al$_2$O$_3$，ZrO$_2$/SiO$_2$ 沸石分子筛：Mordenite(MOR)　　4.4＜Si/Al＜39.5 　　　　　　β-Zeolite(Beta)　　6.3＜Si/Al＜31.5 　　　　　　Mazzite(Maz)　　　　2.5＜Si/Al＜5 　　　　　　Offetite(OFF)　　　　3.4＜Si/Al＜26 　　　　　　ZSM-5　　　　　　13.2＜Si/Al＜44 非沸石分子筛：AlPOs，SAPOs 层柱状化合物：黏土，水滑石，蒙脱土等 金属磷酸盐：AlPO$_4$，BPO$_4$，LiPO$_4$，FePO$_4$，LaPO$_4$ 等 金属硫酸盐：FeSO$_4$，Al$_2$(SO$_4$)$_3$，CuSO$_4$，Cr$_2$(SO$_4$)$_3$ 等 超强酸：SO$_4^{2-}$/ZrO$_2$，WO$_3$/ZrO$_2$，MoO$_3$/ZrO$_2$，B$_2$O$_3$/ZrO$_2$ 固载催化剂：HF/Al$_2$O$_3$，H$_3$PO$_4$/硅藻土等 杂多酸：H$_3$PW$_{12}$O$_{40}$，H$_3$SiW$_{12}$O$_{40}$，H$_3$PMo$_{12}$O$_{40}$ 等
有机固体酸 （离子交换树脂）	Amberlyst-15，36(Rohm 和 Hass) Amberlyst-200H，IR-120(Rohm 和 Hass) Nafion-211，NR-50(DuPont) FSO$_3$H(H_0,20℃)－15.1 CF$_3$SO$_3$H　　　　－14.1 C$_2$F$_5$SO$_3$H　　　　－14.0 C$_5$H$_{11}$SO$_3$H　　　　－13.2 C$_8$H$_{17}$SO$_3$H　　　　－12.3

6.1.2　固体碱

6.1.2.1　定义和分类

　　一般而言，固体碱可理解为凡能使酸性指示剂改变颜色的固体，或是凡能化学吸附酸性物质的固体。按照 Brönsted 和 Lewis 的定义，则固体碱是具有接受质子或给出电子对能力的固体。固体碱的分类如表 6-5 所示。

表 6-5　固体碱分类

序号	类　型	实　例
1	负载碱	负载在二氧化硅或氧化铝上的 NaOH、KOH，分散在二氧化硅、氧化铝、活性炭、K_2CO_3 或油中的碱金属和碱土金属，负载在氧化铝上的 NR_3、NH_3、KNH_2，负载在二氧化硅上的 Li_2CO_3，负载在硬硅钙石上的叔丁氧基钾
2	阴离子交换树脂	
3	复合氧化物	SiO_2-(MgO、CaO、SrO、BaO、ZnO、Al_2O_3、ThO_2、TiO_2、ZrO_2、MoO_3、WO_3），Al_2O_3-(MgO、ThO_2、TiO_2、ZrO_2、MoO_3、WO_3）ZrO_2-ZnO、ZrO_2-TiO_2、TiO_2-MgO、ZrO_2-SnO_2
4	金属氧化物	BeO，MgO，CaO，SrO，BaO，SiO_2，ZnO，Al_2O_3，Y_2O_3，La_2O_3，CeO_2，ThO_2，ZrO，SnO_2，Na_2O，K_2O
5	金属盐	Na_2CO_3，K_2CO_3，$KHCO_3$，$(NH_4)_2CO_3$，$CaCO_3$，$SrCO_3$，$BaCO_3$，$KNaCO_3$，$Na_2WO_4 \cdot 2H_2O$，KCN
6	活性炭	1173K 下焙烧，或用 N_2O、NH_3 或 $ZnCl_2$-NH_4Cl-CO_2 活化的炭
7	交换沸石	经碱金属或碱土金属交换的各种沸石

固体碱的分类中，应该特别提到第四类的金属氧化物，对这些金属氧化物的碱性和催化作用最近做过研究。氧化铝、氧化锌和氧化硅具有酸碱双重性的这一事实，对于酸-碱双功能催化作用是特别重要的。

6.1.2.2　碱性的测定

（1）碱中心的类型

严格地讲，固体碱分为两种类型，一种是 Brönsted 碱（简称 B 碱或质子碱），另一种是 Lewis 碱（简称 L 碱）。

Brönsted 碱：能够接受质子的物质称为 Brönsted 碱。

Lewis 碱：能够给出电子对的物质称为 Lewis 碱。

固体超强碱：固体的碱强度函数 H_-（参见碱强度）大于 +26 时就叫固体超强碱。

（2）碱强度

固体碱表面的碱强度可定义为固体表面的碱性中心使其吸附的中性酸转变成它的共轭碱的能力，即固体表面向所吸附的酸给出电子对的能力。

当某酸性指示剂与固体碱反应时，

$$BH + \bar{B} \rightleftharpoons B^- + \bar{B}H^+$$

B 的哈密特（Hammett）碱强度 H_- 可由下式给出：

$$H_- = pK_{BH} + \lg \frac{[B^-]}{[BH]} = pK_a + \lg \frac{[B^-]}{[BH]}$$

式中，[BH] 为指示剂酸形式的浓度；[B^-] 为其碱形式的浓度。

（3）碱量

一种固体表面上碱（碱中心）的"量"通常是按这个固体的每单位质量或每单位表面积上碱中心的数目（物质的量，mmol）来表示的。碱量有时也叫"碱度"。

（4）常用的碱性测定方法

常用的固体表面碱性的测定方法如表 6-6 所示。

表 6-6　常用的固体表面碱性测定方法

方　　　法	表 征 内 容
吸附指示剂苯甲酸滴定法	碱量，碱强度
气体酸吸附法	碱量，碱强度

用固态催化剂时，流体反应物与固体催化剂各自成相，生产工艺简单。多数固体酸碱催化剂为催化剂工业的产品，最广泛使用的是固体酸催化剂，因此对固体酸催化剂的研究也较多。相对而言，固体碱催化剂研究和应用得都较少。下面介绍两种常用的典型固体酸催化剂。

6.1.3　典型固体酸催化剂

6.1.3.1　分子筛催化剂

分子筛，亦称沸石分子筛，是一种结晶型硅铝酸盐，晶体内的阳离子和水分子在骨架中有很大的移动自由度，可进行阳离子交换和可逆脱水。沸石分子筛具有均匀的孔结构，其最小孔道直径为 0.3～1.0nm。孔道的大小主要取决于沸石分子筛的类型。沸石分子筛对许多酸催化反应具有高活性和异常的选择性。

（1）分子筛的结构

沸石分子筛是由 SiO_2 或 AlO_4 四面体连接成的三维骨架所构成。Al 或 Si 原子位于每一个四面体的中心，相邻的四面体通过顶角氧原子相连，这样得到的骨架包含了孔、通道、空笼或互通空洞。

沸石分子筛可用下列通式表示：

$$M_{x/n}[(AlO_4)_x(SiO_2)_y] \cdot zH_2O$$

式中，M 是金属离子；n 是 M 的价数；x/n 是金属离子 M 的个数；x 是 AlO_4 的物质的量；y 是 SiO_2 的物质的量；z 是水合数。方括号中的为晶胞单元。化合价为 n 的金属离子的存在是为了保持体系的电中性，因为在晶格中每个 AlO_4 四面体带有一个负电荷。

各种分子筛的区别，首先是化学组成的不同，如经验式中的 M 可为 Na、K、Li、Mg等金属离子，也可以是有机胺或复合离子。化学组成的一个重要区别是硅铝摩尔比的不同。例如，分子筛 A、分子筛 X、分子筛 Y 和丝光沸石的硅铝比分别为 1.5～2.0、2.1～3.0、3.1～6.0 和 9.0～11。当式中的 x 数值不同时，分子筛的抗酸性、热稳定性以及催化活性等都不相同，一般 x 的数值越大，耐酸性和热稳定性越高。

各种分子筛最根本的区别是晶体结构的不同，因而不同的分子筛具有不同的性质。

（2）几种典型沸石分子筛的结构

经常用作吸附剂和催化剂的沸石分子筛的骨架如图 6-3～图 6-6 所示。直线代表氧桥，Si 或 Al 原子位于其交点。

A 型沸石分子筛（如图 6-3 所示）的空间群为 P_m3_m，晶胞常数 $a_0 = 12.29Å$[❶]，它的结构可看成由三种不同的成分组成：分子筛骨架、平衡骨架电荷的阳离子以及吸附分子。A型沸石分子筛的骨架结构与 NaCl 的晶体结构相似。在 NaCl 晶体中，钠离子和氯离子位于立方体的八个顶角上，若用 β 笼代替所有的钠离子和氯离子，并且相邻两个 β 笼间通过四元

---

❶　$1Å = 1 \times 10^{-10}m$。

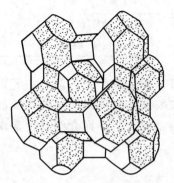

图 6-3　A 型沸石分子筛的结构

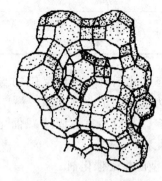

图 6-4　X（或 Y）型沸石分子筛的结构

环用氧桥相互连接，这样便形成 A 型沸石分子筛的骨架结构。在 A 型沸石分子筛中，大空穴通过直径为 0.5nm 的八元环孔口相连。

　　X 型和 Y 型沸石分子筛（如图 6-4 所示）在拓扑结构上与八面沸石矿有关，因而常称为八面沸石型分子筛。若用 β 笼代替金刚石晶体中所有的碳原子，并且 β 笼和 β 笼之间通过六元环用氧桥相互连接（β 笼含有 8 个六元环，这里只用 4 个，一个隔一个地连接），这样便构成 X 型和 Y 型沸石分子筛的骨架，这两种类型的沸石分子筛在化学上的差别在于 Si/Al 比的不同。X 型和 Y 型沸石分子筛的硅铝比分别为 1.0～1.5 和 1.5～3.0。在八面沸石中，直径为 1.3nm 的大空穴（超笼）通过孔径为 1.0nm 的孔彼此相连。

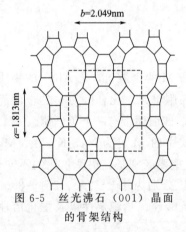

图 6-5　丝光沸石（001）晶面
的骨架结构

　　丝光沸石（如图 6-5 所示）属于单斜晶系，空间群为 C_mC_m 或 C_mC_2。Na 型晶胞的大小为 $a = 18.13$Å，$b = 20.49$Å，$c = 7.52$Å，晶胞组成为 $Na_8Al_8Si_{40}O_{96} \cdot 24H_2O$。与 A 型沸石分子筛、X 型沸石分子筛和 Y 型沸石分子筛不同，丝光沸石不仅含有四元环、六元环和八元环，而且含有大量的五元环，每两个五元环通过共用两个四面体成对地相互并联，这种丝光沸石的孔结构体系是由彼此互相交叉平行于正交晶系结构 C 轴的椭圆形孔道构成。其孔道开口（0.6～0.7nm）由十二元环组成。

　　ZSM-5 沸石分子筛（如图 6-6 所示）具有独特的孔结构。它由两组相互交叉的孔道体系构成。一组为直线形孔道，另一组为正弦形孔道，后者与前者相垂直，两组孔道均具有十元环的椭圆形孔口（孔径约为 0.5Å）。

　　β 沸石分子筛存在两种骨架排列，三种合适晶系，即三斜、单斜和四方晶系。a、b 方向为直孔道，开口尺寸为 6.6Å×8.1Å，非线性方向为 5.6Å×6.5Å，三个方向孔道交叉且为 12 元环，故是一种三维孔道沸石，其结构复杂。

　　表 6-7 列出了不同类型沸石分子筛的晶胞参数及孔口直径等数据。

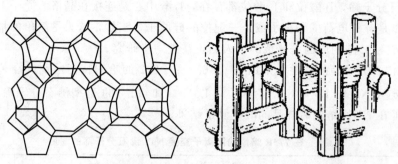

(a) ZSM-5 沸石分子筛(010)晶面的结构　　　　(b) ZSM-5 沸石分子筛的孔道体系

图 6-6　ZSM-5 沸石分子筛的结构

表 6-7　一些沸石分子筛的结构参数

分子筛	晶系	晶胞参数/Å	Si/Al 比	孔径/Å	约束指数
A 型沸石分子筛	立方	$a=24.64$	约 1	4.2	
Y 型沸石分子筛	立方	$a=24.70$	1.5～2.5	7.4	0.4
丝光沸石	正交	$a=18.13, b=20.49, c=7.52$	4.5～5.5	6.6	0.4
ZSM-5 沸石分子筛	正交	$a=20.10, b=19.90, c=13.40$	13～500	5.1～5.8	8.3
β 沸石分子筛	单斜	$a=17.63, b=17.64, c=14.42$	15～38	6.6～8.8	0.6
	四方	$a=b=12.47, c=26.33$			

（3）沸石分子筛的酸性

沸石分子筛酸性的研究始于铵离子交换 Y 型沸石分子筛（NH_4Y）。在 600～650K 和 770～820K 下加热 NH_4Y 可分别放出氨气和水汽，这种转化过程可表示成如图 6-7 所示。这种转化过程的化学计量关系已由氨和水的生成量证实。

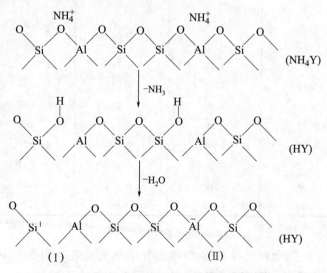

图 6-7　NH_4Y 型沸石分子筛焙烧转化过程

吸附在 Brönsted 酸中心和 Lewis 酸中心的吡啶分别在 1540cm^{-1} 和 1420cm^{-1} 产生特征红外谱带。一般情况下，焙烧温度升高，B 酸量下降，L 酸量升高。

对于沸石分子筛，B 酸位和 L 酸位都存在，B 酸中心是连接在晶格氧原子上的质子，而 L 酸中心可以是补偿电荷的阳离子或是三配位的硅原子。当然，这只是简单的情况，分子筛表面产生 B 酸和 L 酸的原因是复杂的，人们正在进一步研究。

① Y 型沸石分子筛的酸性　采用 $H_0 = 6.8 \sim -8.2$ 的哈密特指示剂，在苯溶液中用胺滴定法可测定含 Na^+、K^+、Ca^{2+}、Sr^{2+}、La^{3+}、和 Gd^{3+} 的 Y 型沸石分子筛的表面酸度。表 6-8 给出了在 773K 焙烧后样品的酸度测量结果。

表 6-8　在 773K 焙烧的阳离子交换 NaY 沸石分子筛的酸度

Y 分子筛[①]	丁胺滴定度/(mmol/g)				总酸度 $+6.8 \sim -5.6$
	H_0 范围				
	$+6.8 \sim +4.0$	$+4.0 \sim +1.5$	$+1.5 \sim -5.6$	< -5.6	
Na	0.35	0.12	—	—	0.47
K(13)	0.40	0.05	—	—	0.45
K(78.6)	0.31	0.01	—	—	0.32
K(100)	0.03	—	—	—	0.03
Sr(21.1)	0.36	0.11	0.01	—	0.48
Sr(50.9)	0.43	0.14	0.06	—	0.63
Sr(56.2)	0.42	0.18	0.12	0.05	0.77
Sr(70.1)	0.63	0.20	0.24	0.08	1.15
Sr(86.2)	0.60	0.22	0.20	0.38	1.40
Ca(19.5)	0.35	0.11	0.01	0.01	0.48
Ca(52.2)	0.38	0.19	0.08	0.05	0.60
Ca(64.8)	0.50	0.18	0.22	0.13	1.03
Ca(70.1)	0.48	0.21	0.27	0.21	1.17
Ca(86.2)	0.45	0.30	0.35	0.48	1.58
La(17.9)	0.30	0.20	0.17	0.03	0.70
La(31.7)	0.27	0.17	0.23	0.05	0.72
La(54.5)	0.49	0.23	0.28	0.10	1.10
La(68.7)	0.43	0.10	0.36	0.34	1.23
La(76.9)	0.32	0.09	0.41	0.75	1.57
Gd(23.1)	0.37	0.06	0.13	0.09	0.65
Gd(42.3)	0.50	0.13	0.17	0.20	1.00
Gd(57.2)	0.41	0.21	0.27	0.41	1.30
Gd(61.5)	0.38	0.15	0.37	0.48	1.39
Gd(75.0)	0.45	0.22	0.43	0.80	1.90

① 括号内的数值为离子交换百分数。

从表中可以看出，完全钾交换的 Y 型沸石分子筛无酸性。用 Sr^{2+} 或 Ca^{2+} 交换 Na^+，在低交换度时酸度无变化，提高离子交换度，酸度比 NaY 大大增加。

② 金属硅酸盐沸石的酸性　合成含有各种元素如 B、P、Ge 等的沸石分子筛的研究很早就有人尝试。自从 ZSM-5（硅铝酸盐分子筛）和纯硅分子筛发现以来，人们对合成具有 ZSM-5 结构的金属硅酸盐分子筛进行了许多尝试。用其他元素对铝进行同晶取代可大大调

变分子筛的酸性质。用于取代的元素包括 Be、B、Ti、Cr、Fe、Zn、Ga、Ge 和 V。通常用这些元素的盐类作为合成金属硅酸盐分子筛的原料使它们进到分子筛之中。研究表明用 ZSM-5 与 BCl_3 反应也可直接将 B 引入分子筛。下面用 [M]-ZSM-5 表示含金属 M 的具有 ZSM-5 结构的金属硅酸盐分子筛。全硅分子筛-Ⅱ（它的骨架拓扑结构与 ZSM-11 相同）在水溶液中和 $NaGaO_2$ 反应可转化生成镓硅分子筛。

一般情况下金属硅分子筛的酸强度按下列顺序递减：

$$[Al]\text{-}ZSM\text{-}5 > [Ga]\text{-}ZSM\text{-}5 > [Fe]\text{-}ZSM\text{-}5 > [B]\text{-}ZSM\text{-}5$$

（4）沸石分子筛的催化反应

① 沸石分子筛上的择形反应 由于沸石分子筛具有小而均一的孔道，大多数活性中心都位于这些孔道内部。因此，催化反应的选择性常常取决于参加反应的分子与孔口的相对大小。分子筛的择形催化作用是 1960 年由 Weisz 和 Frilette 首先报道的。在石油和化学工业中，择形催化已在催化裂化和加氢裂解以及芳烃的烷基化方面，得到了广泛的应用。

表 6-9 比较了 CaX 和 CaA 对正丁醇和异丁醇的脱水活性。在 CaX 上，这两种醇在 503~533K 的温度范围内均能迅速发生脱水反应，且异丁醇表现出更高的转化率，这与两种醇都是伯醇、其反应行为应相似这一事实一致。CaX 和 CaA 对可自由出入其晶体孔道的正丁醇的催化活性仅有微小的差别。然而，异丁醇却不能进入 CaA 晶体的孔道内部，所以异丁醇在 CaA 上几乎不发生反应，除非大幅度地提高反应温度。因为催化活性是由反应物的大小决定的，这种形状选择性称为反应物选择性。

表 6-9 伯丁醇在 CaA 和 CaX 上的脱水反应

温度/K	脱水选择性(质量分数)/%			
	CaX		CaA	
	正丁醇	异丁醇	正丁醇	异丁醇
493	—	22	10	<2
503	9	46	18	<2
513	22	63	28	<2
533	64	85	60	<2
563	—	—	—	5

表 6-10 给出了 CaA 上己烷裂化产物中异丁烷/正丁烷和异戊烷/正戊烷的比值。为了便于比较，表中还给出了硅酸铝和 CaX 上己烷裂化反应的结果。在 CaA 催化剂上，几乎不生成异构烷烃产物，而在硅酸铝和 CaX 催化剂上，异构烷烃却是主要产物。这种"产物选择性"是由异构烷烃裂化产物在生成后不能通过 CaA 孔道扩散出来所导致的。

表 6-10 正己烷裂解产物中异构烷烃/正构烷烃的比值

异构烷烃/正构烷烃	5A	$SiO_2\text{-}Al_2O_3$	10X
$iso\text{-}C_4/n\text{-}C_4$	<0.05	1.4	0.7
$iso\text{-}C_5/n\text{-}C_5$	<0.05	10.0	1.0

择形反应在化学工业中得到了广泛的应用。以含 Ni 沸石分子筛为催化剂的选择重整过程，就是将重整汽油馏分中的正构烷烃加氢裂化为丙烷的过程。由于其中低辛烷值组分的优

先选择转化，液态产物的辛烷值得到了增加。在 MTG（甲醇制汽油）过程中，甲醇在 ZSM-5 沸石分子筛上可有效地转化成沸点在汽油组分范围内的各种烃类。甲醇在 ZSM-5 上反应产生含 6～10 个碳原子的烃类产物，只有少量或微量的 C_{10}^+ 芳烃生成。

② 沸石分子筛代替 $AlCl_3$ 催化剂合成乙苯和异丙苯 乙苯和异丙苯都是极为重要的基本有机化工材料，目前世界乙苯和异丙苯需求量分别达到 $1700 \times 10^4\,t/a$ 和 $1000 \times 10^4\,t/a$，并且还在以 3％～5％ 的速度增长。

乙苯和异丙苯的生产过程相似，都是在酸性催化剂的作用下由苯分别与乙烯和丙烯反应而制得。

传统的乙苯和异丙苯的生产均采用 $AlCl_3$ 作为催化剂。如图 6-8（a）所示为生产异丙苯的工艺流程示意图（乙苯生产过程与之相似），过程较为复杂，包括反应系统、催化剂分离系统、产物水洗系统、中和系统和蒸馏系统。由于催化剂 $AlCl_3$ 本身具有较大的腐蚀性，而且还加入腐蚀性严重的盐酸作助催化剂和利用大量的氢氧化钠中和废酸，因而生产过程产生大量的废水、废酸、废渣、废气，环境污染十分严重。

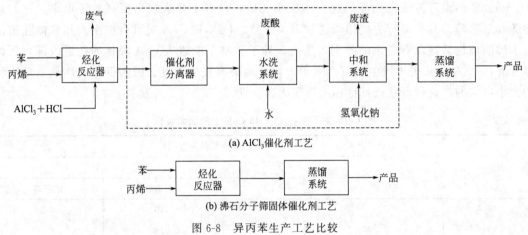

(a) $AlCl_3$ 催化剂工艺

(b) 沸石分子筛固体催化剂工艺

图 6-8　异丙苯生产工艺比较

乙苯和异丙苯作为重要的基础有机化工原料，其生产过程中的问题自然引起研究者们的高度重视。包括 UOP 公司、Mobil 公司、Dow 化学公司和 Enichem 公司等在内的世界著名石油化工公司投入巨资进行固体酸苯烷基化催化剂的研究开发，并于 20 世纪 90 年代相继成功开发出以各种沸石分子筛为催化剂的乙苯和异丙苯合成新工艺，如图 6-8（b）所示。与 $AlCl_3$ 工艺比较，新工艺过程大大简化。沸石分子筛为固体酸催化剂，固定在反应器中，不存在与产物分离问题，因而 $AlCl_3$ 催化剂工艺中庞大的催化剂分离、水洗和中和部分在新工艺中可以全部省去。高活性和高选择性沸石分子筛催化剂加上过程的简化，使得新工艺投资大大降低而过程效率大大提高。新工艺产品收率和纯度均大于 99.5％，基本接近原子经济反应。沸石分子筛催化剂无毒无腐蚀性且可以完全再生，整个过程彻底避免了盐酸和氢氧化钠等腐蚀性物质的使用，基本消除了"三废"的排放。沸石分子筛催化剂用于合成乙苯、异丙苯的成功，是目前固体酸代替液体酸取得显著经济效益和环境效益最为成功的实例之一。

沸石分子筛催化剂合成乙苯、异丙苯技术在国内也取得了成功。表 6-11 为中国石油化工集团公司燕山石油化工公司采用新型沸石分子筛催化剂改造 $AlCl_3$ 法异丙苯装置前后"三废"排放对比。从表中可知，采用沸石分子筛固体催化剂后，彻底消灭了废酸的产生和废液的排放，废气和废渣也很少。废渣主要是废催化剂，由于无毒无腐蚀性，很容易处理。

表 6-11 沸石分子筛改造 $AlCl_3$ 装置"三废"排放对比

比较项目	改造前的 $AlCl_3$ 工艺	改造后的沸石分子筛工艺
异丙苯产量/(10^4 t/a)	6.7	8.5
污水量/(t/h)	9.6	0
稀盐酸/(kg/h)	90	0
废气/(kg/h)	211	4
废渣/(kg/h)	126[中和 $Al(OH)_3$ 滤饼]	4.6(废催化剂)

目前，国内除少量厂家仍采用 $AlCl_3$ 法生产乙苯和异丙苯外，其他均已采用沸石分子筛催化剂工艺。乙苯、异丙苯的生产过程基本上实现了清洁化。

6.1.3.2 杂多酸催化剂

杂多阴离子是由两种以上不同含氧阴离子缩合而成的聚合态阴离子（如 $PW_{12}O_{40}^{3-}$）。由同种含氧阴离子形成的聚合态阴离子称为等多聚阴离子。杂多酸化合物是指杂多酸（游离酸形式）及其盐类。

$$WO^{2-}+HPO_4^{2-}+H^+\longrightarrow PW_{12}O_{40}^{3-}+H_2O$$

已知多种聚阴离子结构，例如图 6-9(a) 所示就是所谓 Keggin 结构的聚阴离子。具有 Keggin 结构的杂多酸化合物热稳定性较高，并且相当容易制得。杂多酸酸根 $PMo_{12}O_{40}^{3-}$ 是杂多阴离子的一种，杂原子 P 和多原子 Mo 的比例是 1:12，故称为十二钼磷酸阴离子。这种多阴离子结构，首先由 Keggin 所阐明，故以 Keggin 的名字命名。

自 Keggin 首先确定了缩合比为 1:12 的杂多酸阴离子结构后，在大量发现的杂多酸结构中，Keggin 结构是最有代表性的杂多酸阴离子结构，它由 12 个 MO_6（M＝Mo、W）八面体围绕一个 PO_4 四面体构成。此外，还有一些其他阴离子结构，它们的主要差别在于中央离子的配位数和作为配位体的八面体单元（MO_6）的聚集态不同，从而形成非 Keggin 型及假 Keggin 型等结构。

杂多酸化合物可用多种方法制备。根据杂多酸化合物的结构和组成不同，其固体样品可用沉淀、重结晶，或沉淀、干燥方法制备。在制备过程中，必须小心防止聚阴离子的水解和沉淀时金属离子与聚阴离子比例的不均匀性。在制备含有多种配位原子的聚阴离子时更须加倍小心地进行制备和表征。

杂多酸化合物作为固体酸催化剂的主要优点如下：可通过改变组成元素以调控其酸性及氧化还原性；从分子水平上看，杂多阴离子可能是复合氧化物催化剂的簇合物模型；一些杂多酸化合物表现出准液相行为，从而具有独特的催化性能。

（1）杂多酸催化剂的物性

① 初级结构和次级结构　杂多酸化合物在固态时由杂多阴离子、阳离子（质子、金属离子或辅离子）以及结晶水或其他分子组成。聚阴离子以及其他的三维排列称为次级结构，而杂多阴离子中的排列则称为初级结构。弄清楚初级结构和次级结构对于理解固体杂多酸化合物是很重要的。

如图 6-9(a) 所示为以 Keggin 结构为初级结构的 $PW_{12}O_{40}^{3-}$。中心原子或杂原子可以是 P、As、Si、Ge、B 等，处在它们周围的原子大多数是 W 或 Mo。这些外围原子称为多原子或配位原子，少数配位原子可以被 V、Co、Mn 等所取代。$H_3PW_{12}O_{40}\cdot 6H_2O=[H_5O_2]_3PW_{12}O_{40}$ 的次级结构如图 6-9(b) 所示，其中聚阴离子通过 $H^+(H_2O)_2$ 桥联。这种次级结构属于最密立方体心堆积（晶格常数 12Å，$Z=2$）。$Cs_3PW_{12}O_{40}$ 的次级结构可认为与 $H_3PW_{12}O_{40} \cdot 6H_2O$ 相同，只是后者中每一个 $H^+[H_2O]_2$ 为 Cs^+ 所取代。但是 $H_3PW_{12}O_{40} \cdot 6H_2O$ 的 Na、Cu 等盐类却具有完全不同的次级结构。

杂多酸化合物的初级结构可用红外（IR）光谱表征，其次级结构可用 X 射线衍射（XRD）谱图表征。从含水量不同的十二钼磷酸（$H_3PMo_{12}O_{40}$）及其盐类的红外光谱和 X 射线衍射谱可得到以下结论，在固态时杂多酸化合物的初级结构相当稳定，而它的次级结构则容易转变。

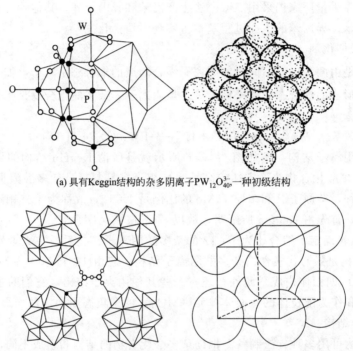

(a) 具有Keggin结构的杂多阴离子$PW_{12}O_{40}^{3-}$，一种初级结构

(b) 次级结构的一个实例，$H_3PW_{12}O_{40} \cdot 6H_2O(=[H_5O_2]_3PW_{12}O_{40})$聚阴离子按$bcc$堆积(初级结构)的方式由右边的图表示。如左图(次级结构)所示的每一个$[H_5O_2]^+$与四个聚阴离子桥接

图 6-9　具有 Keggin 结构的杂多阴离子的一种初级结构和次级结构

② 热稳定性、含水量及比表面积　杂多酸常常含有大量结晶水。这些结晶水中的大部分可在 373K 以下除去。杂多酸在 620～870K 发生分解反应。例如：

$$H_3PMo_{12}O_{40} \longrightarrow \frac{1}{2}P_2O_5 + 12MoO_3 + \frac{3}{2}H_2O$$

$H_3PW_{12}O_{40}$ 的热稳定性和抗还原能力要比 $H_3PMo_{12}O_{40}$ 高得多。

杂多酸的金属盐类按其物理性质可分为两组（A 组和 B 组）。A 组含小离子如 Na^+、Cu^{2+} 等，B 组含大离子如 Cs^+、Ag^+、NH_4^+ 等。A 组盐在某些方面与其相应的酸相似，它们的比表面积通常为 $1～10m^2/g$。B 组盐如 Cs^+ 盐具有很大的比表面积，热稳定性也很高。

③ 准液相性质　由于杂多酸及其 A 组盐类的次级结构具有较大的柔性，极性分子如醇和胺类，容易通过取代其中的水分子或扩大聚阴离子之间的距离而进入其体相中。在某种意义上吸收了大量极性分子的杂多酸类似于一种浓溶液，其状态介于固体和液体之间。因此，

这种状态可称为"准液相"，某些反应主要在这样的体相内进行。"准液相"形成的倾向取决于杂多酸化合物和吸收分子的种类以及反应条件。

（2）杂多酸催化剂的酸性质

① 酸性质　在讨论固体杂多酸化合物的酸性质（酸量、酸强度、酸中心的类型）时，必须分别考虑"体相酸度"和"表相酸度"，因为酸催化作用常发生在固相内部。这些酸性质对平衡阳离子和聚阴离子的组成元素都很敏感。杂多酸是质子酸，它的酸强度和溶液中的酸强度相当。

a. 杂多酸：指示剂颜色的变化表明 PW_{12} 的酸强度强于 $H_0 = -8.2$；但是，杂多酸盐的酸强度分布较宽，而且 $H_0 \leqslant -5.6$ 的酸量随预处理温度而变化；用吡啶的热脱附（TD）结合红外光谱（IR）来测定杂多酸酸度，数据表明，杂多酸是质子酸，而且所有质子均具有酸性。

b. 金属杂多酸盐：下面给出了杂多酸盐产生酸性的五种机制。

第一，酸性杂多酸盐中的质子（也包括中性盐因偏离化学计量而存在的质子）。

第二，制备时发生的部分水解。例如：

$$PW_{12}O_{40}^{3-} + 3H_2O \longrightarrow PW_{11}O_{39}^{7-} + WO_4^{2-} + 6H^+$$

第三，配位水（与金属离子）的酸式解离，如：

$$Ni(H_2O)_m^{2+} \longrightarrow Ni(H_2O)_{m-1}(OH)^+ + H^+$$

第四，金属离子的 Lewis 酸性。

第五，金属离子还原所产生的质子，如：

$$Ag^+ + \frac{1}{2}H_2 \longrightarrow Ag^0 + H^+$$

可见杂多酸盐既有 B 酸中心又有 L 酸中心。

金属杂多酸盐的酸性，受多种因素的影响。其中最有影响的因素是吸收性和均匀性，以及聚阴离子的还原和水解作用。

② 催化作用　杂多酸化合物对在较低温度下的反应，如脱水、酯化、醚化及其有关反应，都具有有效的催化作用。当条件适于准液相或其相似的性状发生时，常可观察到杂多酸化合物更为优越的催化行为。如杂多酸对脱水反应的催化活性要远比通常的固体酸，如沸石分子筛和硅酸铝的要高。杂多酸化合物对烷基化和烷基转移-烷基化反应也具有催化活性，但催化剂失活通常很明显，这可能和杂多酸化合物过高的酸强度有关。含氧碱性物的存在似乎可缓和杂多酸化合物的酸强度。

杂多酸化合物的酸催化典型例子如下：甲醇、乙醇、丙醇和丁醇的脱水反应；甲醇或二甲醚转化制烃类化合物；生成叔丁基醚的醚化反应；乙酸与乙醇或戊醇的酯化反应；甲酸或羧酸的分解反应；苯与乙烯的烷基化反应和丁烯、己烷及邻二甲苯的异构化反应。

a. 体相型和表面型催化作用。固体杂多酸化合物的酸催化作用可分为"体相型反应"和"表面型反应"两类。前一类反应在催化剂体相内进行，而后一类反应仅仅在表面上发生。醇类的脱水反应属于体相型反应，而丁烯的异构化反应则属于表面型反应。因此，催化反应的分类与反应物的吸附性质密切相关。表面型反应的活性对预处理温度更为敏感。

b. 酸性与催化作用的关系。通常杂多酸的催化活性序列是 $PW_{12} > SiW_{12} > PMo_{12} > Si-Mo_{12}$，这几乎与其溶液中的酸强度序列平行。体相型催化反应往往易发生于酸式杂多酸化合物上。当催化反应在催化剂体相，亦即"准液相"中进行时，这种催化剂不仅在表面的而且在体相中的也能参与催化作用，从而使反应速率大大增加；另外，反应物分子或反应中间体在"准液相"呈某种配位状态而得到稳定，从而提高反应速率；最后，由于准液相独特的反应环境，常常使反应具有独特的选择性。

c. 负载型杂多酸化合物的催化作用。杂多酸化合物可分散在载体，如硅胶、硅藻土、离子交换树脂和活性炭上。一些负载型杂多酸列于表 6-12。

表 6-12　负载型杂多酸的催化反应

423K 乙酸乙酯的酯化反应			选择性/%		
杂多酸	载体	乙酸转化率/%	AcOH	Et_2O	烯烃
$H_3PW_{12}O_{40}$	SiO_2	90.1	91	9	0
$H_3SiW_{12}O_{40}$	SiO_2	96.2	88	12	0
$H_3PMo_{12}O_{40}$	SiO_2	55.4	91	9	0
$H_3PW_{12}O_{40}$	炭	48.0	100	0	0
$H_3PW_{12}O_{40}$	Al_2O_3	9.0	89	3	8
$H_3PW_{12}O_{40}$	TiO_2	97.0	74	26	微
SiO_2-Al_2O_3		24.3	99	微	1

负载在二氧化硅上的杂多酸颗粒很小。当负载量不超过 20％时，用 XRD 法无法检测出其微粒。增加表面积对表面型反应的影响远大于对体相型的影响。捕集于活性炭微孔内的杂多酸可作不溶性固体酸。这些杂多酸对气相酯化反应有很好的选择性。带有表面碱性的载体，如氧化铝，会导致聚阴离子分解。因此，在这种情况下，最好使用非水溶剂进行制备，以使最大限度地减少聚阴离子的分解。

（3）杂多酸催化剂在石油化工中的应用

杂多酸具有沸石一样的笼型结构，通过改变杂多酸型催化剂的平衡离子、中心原子及配位原子，可以合成出人们所需要的具有一定酸性或氧化-还原性，并且具有一定热稳定性的优良催化剂。

① 液相酸催化反应

a. 异丁烯水合反应。异丁烯水合反应以前常使用 H_2SO_4 等作为均相反应的催化剂，当采用杂多酸作催化剂时，不仅催化剂活性高，而且不腐蚀设备。所以使用杂多酸作催化剂，有可能改造现有的硫酸催化工艺，从而开发新的固体酸催化体系。采用杂多酸作催化剂进行异丁烯水合的反应机理可表示为：

$$(CH_3)_2C{=\!\!=}CH_2$$

$$\Big\updownarrow H^+$$

$$(CH_3)_2C\text{---}CH_2 \quad\xrightarrow{\text{途径I}}\quad (CH_3)_3C^+$$
$$\overset{|}{H^+} \qquad\qquad\qquad\qquad\qquad\Big\downarrow H_2O$$

$$(CH_3)_3COH + H^+$$

$$\Big\updownarrow HPA^{n-} \qquad\qquad\qquad\qquad\qquad \Big\downarrow H_2O$$

$$\big[(CH_3)_2C\text{---}CH_2\big]\cdot HPA^{n-} \quad\xrightarrow{\text{途径II}}\quad \big[(CH_3)_3C\big]^+\cdot HPA^{n-}$$
$$\overset{|}{H^+}$$

其中，HPA 为杂多酸催化剂。新的配合物是由杂多阴离子与质子化的烯烃相作用后生成的。

b. 链烯烃的酯化反应

$$RCH\!=\!\!CH_2+HOAc \xrightarrow{\text{杂多酸}} \underset{\underset{OAc}{|}}{RCHCH_3}$$

上述反应，在 20~140℃条件下，使用 10^{-4}~10^{-2} mol/L 的 HPA-Mo 和 HPA-W 杂多酸型催化剂，具有很高的反应选择性。

② 多相酸催化反应

a. 醇类脱水反应。对于异丙醇脱水反应，使用混合配位杂多酸 $H_3W_{12-x}Mo_xPO_{40}$ 作催化剂，其催化活性要比用分子筛、H_3PO_4、$\gamma\text{-}Al_2O_3$ 等催化剂都要高。其原因可能是采用杂多酸起着"准液相"反应的作用。

b. 异构化反应。杂多酸型催化剂在丁烯类异构化反应中显示出极高的催化活性。例如用 $H_3PW_{12}O_{40}\cdot29H_2O$ 作催化剂，在 95℃时，当转化率达 40% 左右时，异构体的反/顺比倾向于平衡值。

由于异构化反应不生成水，所以异构化反应能够用来研究含有结晶水的杂多酸其固体酸性对催化作用的影响。如同一催化剂在干燥氮气流中在各种温度下进行处理，100~150℃处理时显示最大活性，在此温度以上或以下活性都明显下降。另外，杂多酸的结晶水数目对异构化反应有一定影响，当结晶水在 6~10 个时，催化活性最好。

③ 多相氧化反应

杂多酸催化剂催化的多相氧化反应的例子列于表 6-13。近年来日本和美国采用杂多酸型催化剂，成功地实现了由异丁醛一步催化制甲基丙烯酸，在常压、280~350℃下异丁醛全部转化，甲基丙烯酸的收率可达 65%~70%。

表 6-13　杂多酸催化的多相氧化反应

反应类型	催化剂	收率/%	反应温度/℃
丁烯——顺酐	$Mo_{12}PBi_{0.36}Mn_{0.52}$	63	400
丁二烯——呋喃	$NH_4PMo_{12}O_{40}$	21	350
异丁烯——甲基丙烯腈	$Mo_{10}PBi_3Fe_6K_{0.06}$	24	420
丁烯醛——呋喃	PMo_{12}	40	327
异丁酸——甲基丙烯酸	$PMo_{10}V_2$	70	310
异丁醛——甲基丙烯酸	$PMo_{10}V_2$	20	310
苯酚——邻苯二酚、对苯二酚	PW_{12}/H_2O_2	82	80
环己酮——环己酮肟	$PW_{12}/H_2O_2+NH_3$	91	0~5

异丁醛氧化脱氢时，当使用 $H_3PMo_{12}O_{40}$ 和 $H_5[PV_2Mo_{10}O_{40}]$ 杂多酸型催化剂时，生成甲基丙烯醛和甲基丙烯酸，选择性达到 70%~80%。

④ 液相氧化反应

杂多酸型催化剂加 Pd^{2+}、Ru^{4+} 或 Ir^{4+} 等体系是比较重要的由杂多酸型催化剂组成的双组分催化体系。这类催化剂用于烯烃及芳烃的液相氧化反应，其中，Pd^{2+} 以 $PdSO_4$、$Pd(OAc)_2$ 及 $PdCl_2$ 形式出现，由于以杂多酸取代 $CuCl_2$，这是一类新的催化体系。它具有 Pd^{2+} 的反应活性增大、副产物卤化物减少且不腐蚀设备等特点。

6.2　固载化均相催化剂

6.2.1　均相催化剂

催化剂和反应物同处于一相，没有相界面存在而进行的反应，称为均相催化反应。能起均相催化作用的催化剂为均相催化剂，均相催化剂包括液体酸、碱催化剂，可溶性过渡金属化合物（盐类和络合物等）。均相催化剂以分子或离子独立起作用，活性中心均一，具有高活性和高选择性。

均相催化剂尽管有这些优点，但要广泛使用时也有不少问题，除了一般碰到的腐蚀性问题之外，主要是均相催化剂难以从液相反应产物中分离出来。特别在以贵金属的络合物作催化剂时，更要注意分离问题，否则既不经济又要污染产品，影响下一步反应。为了使均相催化剂能更广泛地使用，许多学者进行了大量的研究，普遍采用均相催化剂的固载化方法来解决这个问题。

6.2.2　均相催化剂的固载化

均相催化剂的固载化，就是把均相催化剂通过物理或化学方法使其与固体载体相结合形成一种特殊的催化剂。在这种固载催化剂中的活性组分往往与均相催化剂具有同样的性质和结构，因而保存了均相催化剂高活性和高选择性的优点，同时又因结合在固体上，使其具有了多相催化剂的优点：易与产品分离并回收。而且，由于这类催化剂是在分子水平上进行研究和制备的，能够使人们对催化作用机理有更进一步的认识，出现一些性能更优异的催化剂。由于均相催化剂被固定在固体上，其浓度不受溶解度限制，因此可以提高催化剂的浓度，并使用较小的反应容器，可以进一步降低生产费用。

固载化催化剂所采用的载体一般为有机高分子化合物和无机氧化物。无机氧化物，如SiO_2、Al_2O_3、MCM-41、MCM-48 等，其机械强度、热稳定性、化学稳定性等性质都比高分子载体更具有优势。

6.2.3　均相催化剂的固载化方法

（1）离子交换

金属离子可以通过离子交换（Ion Exchange）固载于分子筛和酸性黏土上，如图 6-10 所示。例如钼和钨可交换到类水滑石阴离子黏土上。但主要的缺点是金属配合物容易流失到溶液中。

（2）密封

将金属配合物密封于固体基质中（Encapsulation），这也是均相催化剂固载化的方法之一。例如，瓶中造船方法（Ship-in-a-bottle）（从较小部分原位组装金属配合物），配合物形成后被截留在分子筛笼中，如图 6-11 所示。常用于固载酞菁、联吡啶和 Schiff 碱类配体。但未配合的金属、不含金属的配合物和目标配合物的碎片可能阻塞反应物或产物的扩散通道。

（3）接枝

接枝（Grafted）配合物到固体表面，通过形成共价键实现金属配合物在固体表面的引入，如图 6-12 所示。接枝的方法可以是直接引入金属配合物，例如浸渍，或溶胶-凝胶法。也可以是通过接枝过渡物质（Spacer Ligand）使载体表面功能化后引入金属配合物（Tethered）。

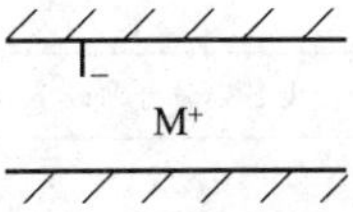

M+

图 6-10 离子交换固载法

M

图 6-11 密封固载法

O
O
M
O
Si
M
过渡物质

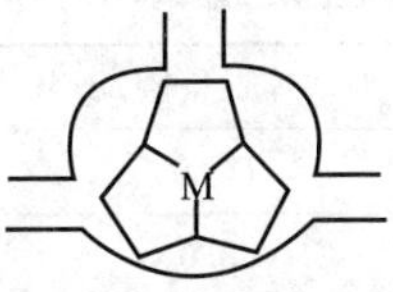

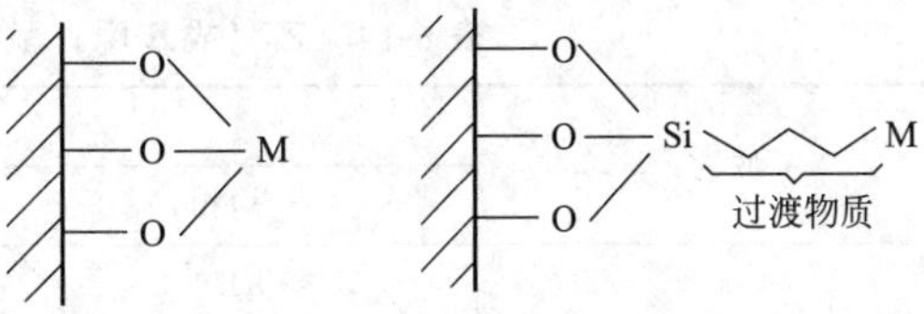

图 6-12 接枝固载法

无机载体表面的活性基团一般为烃基，常采用含有二甲氧基或二乙氧基等活性基团的有机硅化合物作为接枝过渡物质，利用烷氧基与烃基易发生缩合反应而放出醇的性质，实现配合物的引入（如图 6-13 所示）。这种载体表面功能化后接枝金属配合物得到的催化剂具有结构性能稳定的优点，可用于催化 Diels-Alder 双烯合成、碳基化、Friedel-Crafts 反应、Heck 反应、酯化、烯丙基胺化、加氢、氧化和各种缩合反应。

SiO2
OH
OH
OH
OH
+ (C2H5O)3Si(CH2)3NH2
—C2H5OH
SiO2
OH
O
O
O
Si
NH2

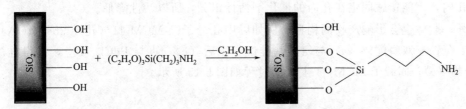

图 6-13 利用有机硅的接枝过程

还有报道以杂多酸例如磷钨酸（PTA）作为接枝过渡物质，将 Rh 均相配合物连接在 Al_2O_3 载体上。

6.2.4 影响固载催化剂活性的因素

一般来说，固载化后的催化剂常与相应的均相催化剂具有相近的活性，相同的反应机理。但也有活性变高和变低的情况。影响固载催化剂活性的因素主要如下。

（1）载体的影响

均相催化剂固载化后，载体的表面积、孔径分布对催化剂的活性有很大影响。

O
N
N
Rh
(COD)
Si
O
O
O
COD：环辛二烯

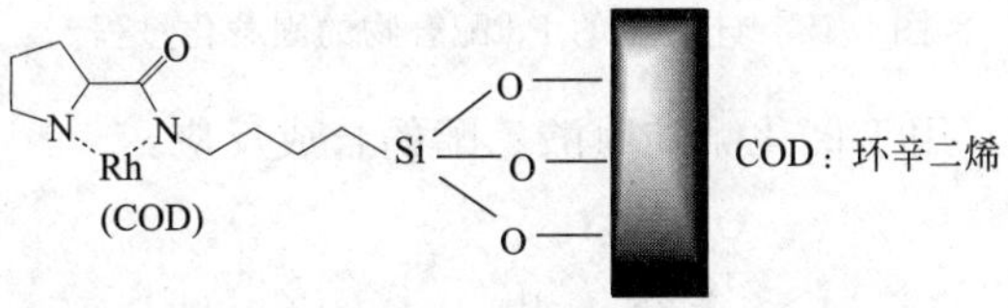

图 6-14 固载化的脯氨酸衍生物的含氮配体催化剂

如图 6-14 所示将天然脯氨酸衍生物的含氮配体固载于硅胶（孔径 63～200μm）和修饰的 USY 分子筛（Ultrastable Y Zeolite，孔径 12～30μm）上，然后再作为 Rh 催化剂的载体，用于乙酰氨基肉桂酸乙酯（a）或苯甲酰氨基肉桂酸乙酯（b）的不对称加氢，反应式如下：

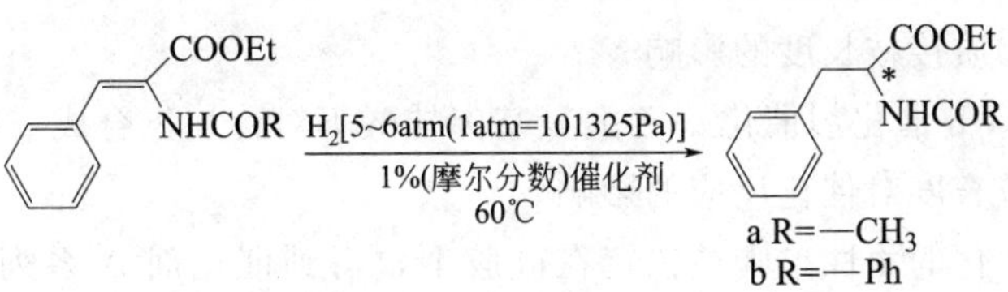

COOEt
NHCOR
H2[5~6atm(1atm=101325Pa)]
1%(摩尔分数)催化剂
60℃
COOEt
*
NHCOR
a R=—CH3
b R=—Ph

反应结果见表 6-14。

表 6-14　乙（或苯甲）酰氨基肉桂酸乙酯的不对称加氢

底物	对映体过量值 ee/%		
	均相	硅胶	USY 分子筛
a	84.1	88.0	97.9
b	90.3	93.5	96.8

从表 6-14 可以看出，USY 分子筛固载的配合物上的对映体选择性要高于硅胶固载或均相催化剂，而且分子筛固载的催化剂多次重复使用后无活性降低或 Rh 组分的流失。这是由载体孔径的几何约束而导致配合物构象柔韧性受限制，从而防止配合物聚集，对催化剂的性能产生正影响。在以孔径较小的 USY 分子筛为载体时，以体积小的 a 为底物时所获得的对映体选择性要高于 b 为底物时。这是因为载体孔径小时，分子比较大的底物不易进入固体催化剂的孔内，不能接触固定在孔内的催化剂活性组分，所以活性降低。

另外，载体也会影响产物的构型。例如以中孔分子筛 MCM-41（孔径 $25\sim100\mathring{A}$）为载体，将二茂铁基双膦配体（a）与氨丙基硅烷作用后（b），再与 $PdCl_2$ 反应，制得硅烷化的 Pd 配合物（c），固载于 MCM-41 上，其过程如图 6-15 所示。

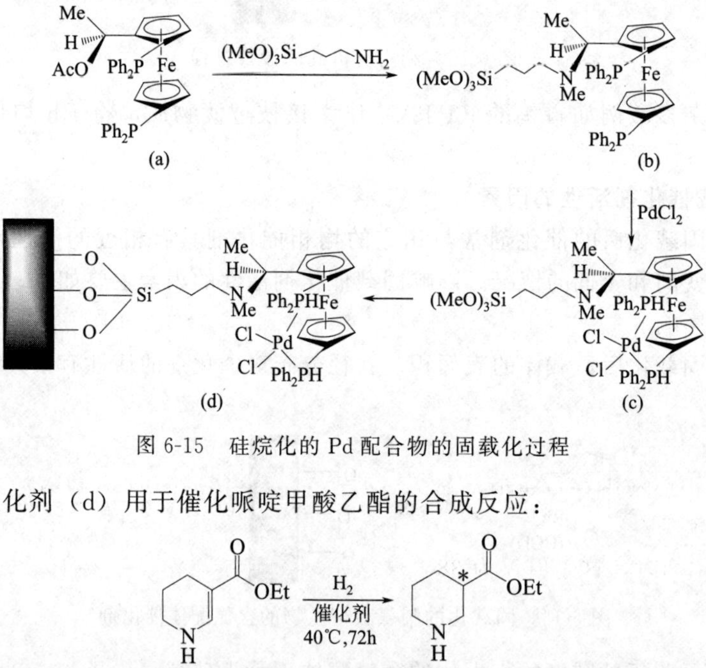

图 6-15　硅烷化的 Pd 配合物的固载化过程

将此固载催化剂（d）用于催化哌啶甲酸乙酯的合成反应：

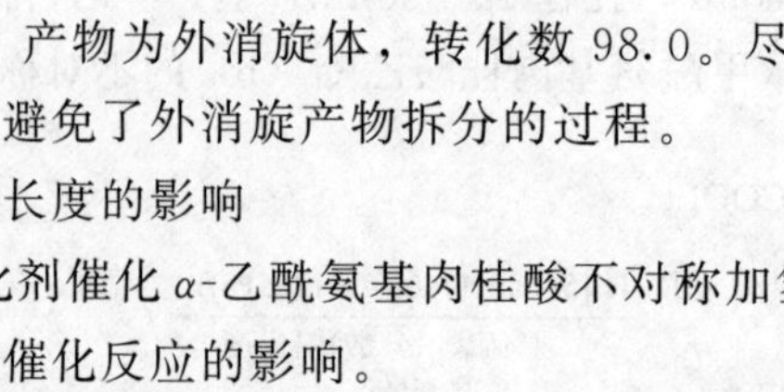

可以得到对映体选择性 $17\%ee$，转化数 291 的反应结果，并且没有催化剂活性组分的流失。而应用均相催化剂（c）时，产物为外消旋体，转化数 98.0。尽管固载催化剂得到的对映体选择性还不是很理想，但其避免了外消旋产物拆分的过程。

（2）接枝过渡物质接枝长度的影响

以 SiO_2 上固载 Rh 催化剂催化 α-乙酰氨基肉桂酸不对称加氢合成（R）-乙酰苯丙氨酸的反应为例来讨论接枝长度对催化反应的影响。

首先，甲硅烷基化的手性单膦被锚定在硅胶上，得到催化剂 A 系列（$n=1\sim3$），然后将得到的膦化的载体与 $[RhCl(C_2H_4)_2]_2$ 反应，这就是固载化的催化剂 B 系列（$n=1\sim3$）（如图 6-16 所示）。

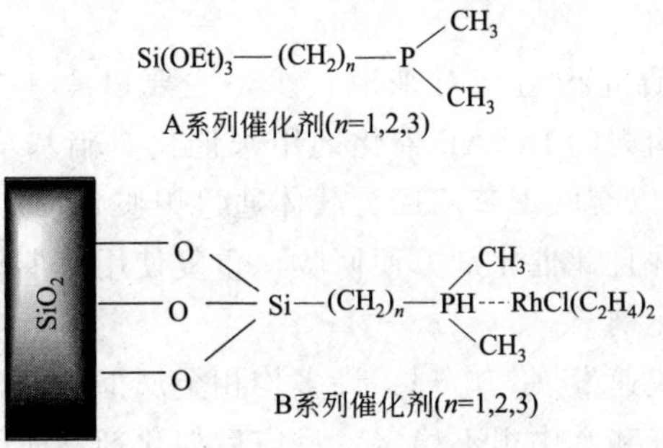

$$Si(OEt)_3-(CH_2)_n-P\begin{matrix}CH_3\\CH_3\end{matrix}$$

A系列催化剂($n=1,2,3$)

B系列催化剂($n=1,2,3$)

图 6-16　不同接枝长度的催化剂

用以上的催化剂分别催化了 α-乙酰氨基肉桂酸的不对称加氢合成反应：

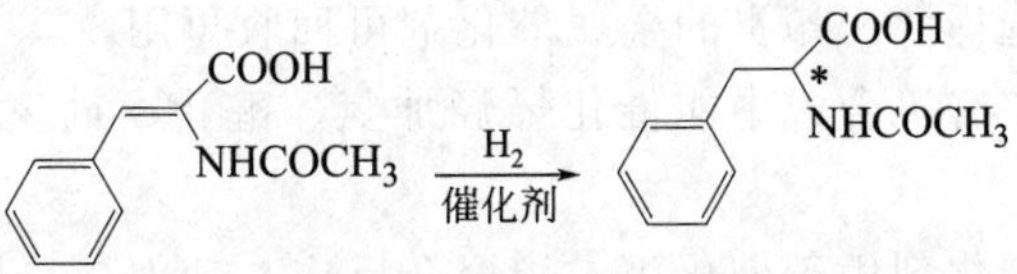

表 6-15 列出了催化剂不同接枝长度对反应结果的影响。

表 6-15　不同接枝长度的催化反应结果

接枝长度（n 值）	A 催化剂		B 催化剂	
	反应时间/h	对映体过量值 ee/%	反应时间/h	对映体过量值 ee/%
1	23	54	14.5	67
2	9.5	80	5	80
3	—	—	3	87

从表 6-15 可以得出：对于 α-乙酰氨基肉桂酸的不对称加氢反应来说，固载的 Rh 配合物（B 系列）所显示的稳定性和产物选择性均优于相应的均相催化剂（A 系列），这是由于活性位分离（Site Isolation）的原因。固载化使活性位彼此分开，防止了相互作用而失活。

另外，接枝长度对催化剂的选择性和催化剂流失都有影响。当接枝长度增加时，对映体选择性增加，ee 值（对映体过量值）从 A（$n=1$）为催化剂时的 67% 增加到 B（$n=5$）的 87%；而催化剂流失减少，催化剂二次重复使用后，对于 A（$n=1$），Rh 的流失量为 90%，B（$n=5$）为催化剂时，这个值仅为 38%。这是因为接枝过渡烷基相对越长，则链越柔韧，Rh 配合物容易在表面形成二齿配位形式。

此外，均相催化剂的固载浓度、金属原子的电子性质、反应介质（或溶剂）等都对催化活性产生影响。

6.2.5　几种常见的固载化均相催化剂

（1）固载化的酸催化剂

固载的酸催化剂被有效地应用于催化缩醛、缩酮、酯化、成醚、傅-克烷基化等反应，比均相的酸催化剂具有更高的稳定性和催化效率，并能重复使用。目前固载化的酸催化剂主要有吡啶盐、聚异丙基丙烯酰胺、二氰基乙烯酮缩醛等。固载的吡啶盐对醚化反应和醛、酮与乙二醇的缩合反应是一种较好的催化剂。聚异丙基丙烯酰胺树脂特有的温敏性，在催化缩醛脱保护时能方便地回收和分离。聚合物固载的二氰基乙烯酮缩醛不但是缩醛脱保护催化剂，而且还是 C—C 键联催化剂。

（2）固载化的碱催化剂

固载化的碱催化剂的研究报道相对来说较少，主要以 4,4-二甲基氨基吡啶（DMAP）为主。例如聚胺类聚合物固载的 DMAP 催化剂用来催化对硝基苯酯水解的反应，其活性比均相的 DMAP 要高。又如以交联聚苯乙烯为载体通过甲胺化反应固载 DMAP，能够有效地催化脂肪酸甲酯化反应，并且此催化剂方便回收，重复使用其催化活性降低较小。

（3）固载化的金属催化剂

由于有机金属化学的快速发展，出现了许多均相金属催化剂，用于烯烃加氢、烯的醛化等催化反应。但它们在空气和水中很不稳定，反应后催化剂不能回收再用，既污染环境、腐蚀设备，又造成许多昂贵的金属催化剂流失。因此人们就把均相金属催化剂键联到有配位基团的载体上制成固载金属催化剂。在催化反应中，其反应条件温和、稳定性高、腐蚀性小、有着很高的催化活性和选择性、昂贵的金属催化剂可回收再用。

固载的金属催化剂在有机合成中能催化烯烃加氢、醛化、硅氢加成、聚合、氧化反应、卤烃的双羰基化反应等。

例如硅胶固载的钴催化剂用于催化丁二烯聚合反应，动力学数据显示聚合速度与催化剂及单体的浓度均呈一阶关系，表明非均相的聚合机理和均相的机理是一样的。固载的钴催化剂的活性远高于相应的未固载的钴均相催化体系，其催化活性大大提高。

又如通过聚-4-硫杂-6-二苯膦己基硅氧烷配体和氯化钯合成的硅胶固载的聚-4-硫杂-6-二苯膦己基硅氧烷钯配合物，这种固载化的钯催化剂对芳基卤化物的 Heck 羰基化反应在常压下都有较高的反应活性，产率可达 89%，并且催化剂具有良好的回收再用性能。

载体还可以同时固载两种金属，或两种及多种催化剂同时固载在同一载体上。例如用溶剂化金属原子浸渍技术制备的高分散树脂固载 Co-Ag 双金属催化剂，这种催化剂在用于二丙酮醇加氢反应和燃料电池电极反应时，具有更高的分散性和金属的还原度，并且随着金属含量的增加催化活性增大。

固载化的均相催化剂大大促进了催化反应技术的发展。但也存在一些普遍性问题，如固载量较低，回收催化剂活性降低等。需要不断改进和创新，开发高固载量、低失活的固载催化剂，促进绿色化学工业的健康发展。

6.3　生物酶催化剂

6.3.1　酶的化学本质

酶是生物体产生的具有特定催化功能的生物分子。根据酶的组成，酶可分成两类：单纯酶和结合酶。单纯酶水解后只获得氨基酸。也就是说单纯酶是由若干种氨基酸按照特定的序列，通过肽键（肽键是一种氨基酸的氨基与另一种氨基酸的羧基缩合失水而形成的键）结合而成的。结合酶是由蛋白质部分（酶蛋白）和非蛋白质部分（辅酶）结合而成的。辅酶可以是有机物（大多是 B 族维生素的衍生物），也可以是金属离子。单独的酶蛋白和辅酶都没有催化功能，只有当它们结合起来之后才具有催化功能。

酶催化剂除具有一般催化剂的共性外，还有如下一些特性。

① 催化效率高　酶催化反应比一般的非催化反应快 $10^8 \sim 10^{20}$ 倍，比一般的催化反应快

$10^7 \sim 10^{13}$ 倍。

② 高专一性　一种酶只对一种物质或一类物质起催化作用，原则上没有副反应。

关于专一性的机制，有不同的学说，但它们的差别只在深层的问题上。一般地说酶分子和底物分子或其一部分，在立体结构上有一定的互补性，它们可以紧密地镶嵌在一起，如果底物分子中某一个链因紧密镶嵌而被削弱，就会导致底物分子发生特定的生化反应，由此可见，酶催化的专一性来自它特定的立体构象。

③ 温和的反应条件　例如反应是在常温、常压下进行，强酸、强碱、有机溶剂、重金属、光辐射等，凡是能够破坏蛋白质的都会使酶失活。

④ 酶的活力可以调节和控制　酶的催化活性与底物（原料、反应物）的立体结构有关，如果底物中有抑制剂就可以降低酶的活性。抑制剂有两类，一类是它的结构与底物相似，因而在一定程度上占据了酶分子结构中的活性中心；另一类是它与酶的非活动中心结合，改变了酶的立体结构，从而降低了酶的活性。

6.3.2　酶的分类

根据酶所进行的催化反应，可以分为氧化还原酶、转移酶、水解酶、裂合酶、异构酶和连接酶六大类。每一大类分为若干个亚类，每一亚类又分若干个酶，每一个酶都有一个由四个数字组成的编号，并在编号前冠以 EC 字样，例如乳酸脱氢酶的分类号为 EC1.1.1.27。EC 为 Enzyme Commission（酶委员会）的缩写，每一个酶的编号前加上 EC，表示是按照酶委员会所指定的方法的编号。

在酶的四个数字编号中，第一个数字表明该酶属于六大类中的哪一类；第二个数字表示该酶属于哪一个亚类；第三个数字表示该酶属于哪一个亚-亚类；第四个数字表示该酶在一定亚-亚类中的位置。一切新发现的酶都能按此系统得到适当的编号。这种国际编号方法比较明确，但在一般使用上并不方便。

① 氧化还原酶（Oxidoreductases）　氧化还原酶对氧化还原反应有催化作用。
典型反应：

$$\text{脱氢} \qquad A \cdot 2H + B \xrightarrow{\text{脱氢酶}} A + B \cdot 2H$$

$$\text{氧化} \qquad A \cdot 2H + O_2 \longrightarrow A + H_2O_2$$

葡萄糖有氧的条件下进行的氧化还原反应：

$$CH_2OH(CHOH)_4CHO + O_2 \xrightarrow{\text{葡萄糖氧化酶}} HOOC(CHOH)_4CHO + H_2O$$
$$\text{葡萄糖} \qquad\qquad\qquad\qquad\qquad \text{葡萄糖酸}$$

② 转移酶（Transferases）　转移酶的功能是转移基团，如转移甲基、甲酰基、糖苷基、氨基等基团。

典型反应：
$$AB + C \xrightleftharpoons{\text{转移酶}} A + BC$$

丙氨酸与谷氨酸之间的氨转移：

$$CH_3CHC{-}OH + HO{-}C(CH_2)_2CHC{-}OH \xrightarrow{\text{谷丙转氨酶}} CH_3C{-}COH + HO{-}C(CH_2)_2CHC{-}OH$$

丙氨酸　　　　　　α-酮戊二酸　　　　　　　　　丙酮酸　　　　　　谷氨酸

③ 水解酶（Hydrolases）　水解酶对底物的水解反应起催化作用，如淀粉水解成糖、蛋白质水解成氨基酸、脂肪水解成脂肪酸等。

典型反应：
$$AB + HOH \underset{水解酶}{\rightleftharpoons} AH + BOH$$

蔗糖水解成葡萄糖和果糖：

$$C_{12}H_{22}O_{11} + H_2O \xrightarrow{蔗糖酶} C_6H_{12}O_6 + C_6H_{12}O_6$$
$$\text{蔗糖} \qquad\qquad\qquad \text{葡萄糖} \qquad \text{果糖}$$

④ 裂合酶（Lyases）　裂合酶能促进使底物移去一个基团而留下一个双键的反应或逆反应，如脱羧酶（其逆反应酶称作羧化酶）、脱氨酶、水化酶等，均属此类。

典型反应：
$$AB \xrightarrow{裂合酶} A + B$$

氨基酸脱去羧酸：

$$
\underset{\substack{|\\ NH_2}}{\overset{\substack{H\\ |}}{R - C - COOH}} \xrightarrow{脱羧酶} \underset{\substack{|\\ NH_2}}{R - CH_2} + CO_2
$$

⑤ 异构酶（Isomerases）　异构酶能促使同分异构物相互转变，例如将甜度为 74%（以蔗糖的甜度为 100%）的 D-葡萄糖转化为 173% 的 D-果糖。

典型反应：
$$A \rightleftharpoons B$$

D-葡萄糖、D-果糖之间的异构：

$$D\text{-葡萄糖} \xrightarrow{异构酶} D\text{-果糖}$$

⑥ 连接酶（Ligases）　连接酶可以促进两种物质分子在 ATP 的参与下合成一种新物质的反应。连接酶也称合成酶。

典型反应：
$$A + B + ATP \rightleftharpoons A\text{-}B + ADP(\text{或 } AMP) + Pi(\text{或 } PPi)$$

丙酮酸和二氧化碳合成草酰乙酸：

$$丙酮酸 + H_2O + CO_2 + ATP \xrightarrow{异构酶} 草酰乙酸 + AMP + Pi$$

6.3.3　酶的命名

① 系统命名法　1961 年国际生化会议酶委员会提出了酶的系统命名法原则。系统名的组成包括：正确的底物名称、类型、反应性质和一个酶字。例如 D-葡萄糖酸-δ-内酯水解酶。若底物为两种，则需列出两个底物的名称，两者之间用冒号（：）分开，例如 L-谷氨酸：α-酮戊二酸转氨酶。氧化还原酶类的命名是在供体、受体后面加"氧化还原酶"一词作词尾。如醇：NAD 氧化还原酶。

② 习惯命名法　习惯命名法是用底物加反应（或逆反应）类型来命名，如乳酸脱氢酶、谷丙转氨酶、葡萄糖异构酶等。对于水解酶可省略水解两字而只标明底物，如蛋白酶、淀粉酶、脂肪酶等。必要时还可以将酶的来源置于底物名称之前如胃蛋白酶、唾液淀粉酶等。

6.3.4　酶的固（态）化

酶是一种水溶性催化剂，如以溶液形态使用，在反应完成、产物被分离出来以后，作为催化剂的酶将随废水一起排放，不仅造成浪费，而且污染环境，如果将酶固（态）化，就可以避免上述不良后果。

酶的固（态）化主要有载体结合、包埋及交联三种方法。其中以载体结合法和包埋法最常用。

① 载体结合法 载体结合就是将酶沉积、附着并结合在某种粒状固体载体上。用载体结合的酶，其活性较稳定，使用寿命也较长，可以连续而较长期地用于固定床或流化床反应器。对于全混流反应器，也可在反应完成后，通过过滤或离心分离将其回收并重复使用。

② 包埋法 包埋法是三种固（态）化方法中应用最广的一种，因为在包埋过程中酶不会受到损伤。包埋法不仅可应用于酶，也可应用于产酶细菌的固（态）化。包埋法把酶或产酶的细菌包裹在有限的空间中。这个空间可以是凝胶，也可以是聚合物构成的半透膜胶囊。酶或细菌不会透过半透膜，而溶于水中的底物（反应物）和产物却可以透过。包埋法更常用于固（态）化产生酶的细菌，因为这一方法可以省掉分离酶的过程，因而可以降低制作成本。因为包埋的酶在细胞内是自然状况，具有较高的活性，而且被包埋的细菌如处于生存状态，仍可发育繁殖。因此包埋法是工业发酵的一个新的发展方向。用于固（态）化的包埋材料通常有海藻酸、聚丙烯酰胺凝胶、琼脂、卡拉胶等。

③ 交联法 交联法是采用双功能或多功能试剂，使酶分子之间或酶分子与载体之间或酶分子与惰性蛋白之间交联聚合成"网状"结构的固定化方法。戊二醛是最常用的双功能试剂。

6.3.5　酶的应用

酶的应用甚广，发展十分迅速。几个酶产量较大的国家年产量都以万吨计。目前应用最多的是蛋白酶，其中用量最大的是作为添加剂用于生产可以有效去除蛋白质污渍的洗涤剂；其次是在皮革工业中用于脱毛、软化；在纺织业中用于生丝的脱胶、软化；在食品工业中用于嫩化肉类、软化肠衣、提高面团延伸性等。近年来蛋白酶在医药方面也有较多的应用，如用于治疗动脉硬化、高血压、血栓性静脉炎、蛇毒伤以及消炎、止血、退肿等。用量次于蛋白酶的是以碳水化合物为底物的水解酶，如糖化酶、淀粉酶、葡萄糖异构酶、纤维素酶等。

（1）乙醇的发酵生产

乙醇是重要的溶剂和化工原料。乙醇的生产有两种路线：一是以碳水化合物为原料，通过发酵生产乙醇，二是以石油产品为原料通过有机合成生产乙醇。当石油产品价廉时，用合成法比较经济，但这种方法生产的乙醇含有甲醇、高级醇和其他杂质，这些杂质对人体有害，不能用于生产饮料、食品、医药、香料以及其他与人体接触的产品。生产食品必须采用发酵法生产的乙醇。另外从资源的角度看，发酵法的主要原料，如糖蜜（生产蔗糖时残留的母液）、淀粉、玉米、薯干、高粱等，都是可再生资源，又不受地域限制，因此有广阔的发展前景。植物纤维素也是糖类，而且资源最为丰富、廉价，应该说是最有发展前途的原料。只是目前可用的纤维素酶还不能快速而深度地降解小树枝、枯枝、杂草、谷壳等含木质素较多的纤维素废物，未能成为技术经济上可行的主要原料，但是随着基因工程的高速发展，解决这一问题不是遥远的梦想。目前用发酵法生产乙醇的原料主要是淀粉和糖蜜。

用淀粉作原料主要经过预处理，使之成为葡萄糖，其生产流程如图 6-17 所示。将原料（玉米、甘薯、高粱等）粉碎后蒸煮，在 120～150℃温度下使淀粉细胞破裂、淀粉游离、溶解而糊化。糊化的淀粉在催化剂的催化作用下成为葡萄糖：

$$(C_6H_{10}O_5)_n + nH_2O \longrightarrow nC_6H_{12}O_6$$

糖化剂有三种，分别为麦芽、酶制剂、曲，我国多使用曲，制曲常用曲霉菌有米曲霉、黑曲霉等。用固体表面培养的曲称作麸曲；用液体深层通风培养的曲称作液体曲。作为糖化剂的曲含有液化型淀粉酶（α-淀粉酶）和糖化剂淀粉酶（糖化酶）。

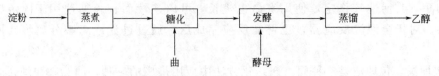

图 6-17　乙醇生产原则流程

α-淀粉酶破坏淀粉分子的网状结构成为糊精，糖化酶使糊精水解成葡萄糖。淀粉经糖化以后，加入酵母使之发酵。其反应历程为：

$$C_6H_{12}O_6 + H_3PO_4 \xrightarrow[\text{ADP} \longrightarrow \text{ATP}]{\text{NAD} \longrightarrow \text{NADH}_2} CH_3COCOOH$$

丙酮酸在丙酮酸脱羧酶的作用下生成乙醛：

$$CH_3COCOOH \xrightarrow{\text{丙酮酸脱羧酶}} CH_3CHO + CO_2$$

乙醛则在乙醇脱氢酶及辅酶的作用下，还原成乙醇：

$$CH_3CHO \xrightarrow[\text{NADH}_2 \longrightarrow \text{NAD}]{\text{乙醇脱氢酶}} CH_3CH_2OH$$

发酵后的固、液混合物称作醪，用过滤法分离出固体后，可通过精馏法获得乙醇。

近年来细菌固（态）化技术在乙醇生产中有所发展。此法先将酵母菌固（态）化，将制好的固（态）化酵母菌小粒用作反应塔的固定床填料。这样，一个反应塔的生产能力相当于几个发酵罐，发酵时间也能从传统的 30h 缩短到 3h 以下，乙醇的生产能力为 $20 \sim 50$kg/$(\text{m}^3 \cdot \text{h})$，比传统的发酵罐的生产能力 $[2\text{kg}/(\text{m}^3 \cdot \text{h})]$ 大很多倍。

（2）氨基酸-味精的发酵生产

氨基酸广泛应用于食品（味精）、饲料添加剂、药物、化妆品和甜味剂（天冬氨酸），除此以外也可作为表面活性剂。过去氨基酸是从蛋白质水解而来。自从 20 世纪 50 年代开始用发酵法生产谷氨酸（味精）以后，绝大多数氨基酸都是用发酵法或酶法生产。

在氨基酸生产中，产量最大的是谷氨酸，其化学名称 α-氨基戊二酸。谷氨酸的结构式为 $HOOCCH(NH_2)CH_2CH_2COOH$。谷氨酸的钠盐就是味精。我国年生产味精超过 15×10^4t，占世界总产量的 50%。

味精的生产过程有四步。

a. 淀粉水解成葡萄糖

$$(C_6H_{10}O_5)_n + nH_2O \longrightarrow nC_6H_{12}O_6$$

b. 糖液发酵生产谷氨酸　葡萄糖经过酵解生成丙酮酸之后，丙酮酸一部分脱羧成乙酰辅酶 A，另一部分则将脱羧过程所产生的 CO_2 予以固定生成草酰乙酸 $HOOCCH_2CO\text{-}COOH$，草酰乙酸与乙酰辅酶 A 在柠檬酸合成酶的催化作用下缩合成柠檬酸 $HOOCCH_2C(OH)(COOH)CH_2COOH$，再在辅酶 NAD、脱羧和氨的作用下生成谷氨酸。

淀粉经糖化以后，加入酵母使之发酵生成丙酮酸：

$$C_6H_{12}O_6 + H_3PO_4 \xrightarrow[\text{ADP} \longrightarrow \text{ATP}]{\text{NAD} \longrightarrow \text{NADH}_2} CH_3COCOOH$$

一部分丙酮酸在丙酮酸脱羧酶的作用下生成乙醛：

$$CH_3COCOOH \xrightarrow{\text{丙酮酸脱羧酶}} CH_3CHO + CO_2$$

另一部分丙酮酸将 CO_2 固定生成草酰乙酸：

$$丙酮酸＋H_2O＋CO_2＋ATP \xrightleftharpoons{异构酶} 草酰乙酸＋AMP＋Pi＋PPi$$

总反应方程式为：

$$C_6H_{12}O_6＋NH_3＋1.5O_2 \longrightarrow C_5H_9O_4N＋CO_2＋3H_2O$$
$$\quad 葡萄糖 \qquad\qquad\qquad 谷氨酸$$

生产谷氨酸的菌种主要是棒杆菌属、短杆菌属、微杆菌属及节杆菌属的细菌。谷氨酸在细胞体内合成，然后通过细胞膜扩散到培养基中积累。

谷氨酸以及其他许多氨基酸的发酵收率受环境条件影响甚大。环境可以改变代谢途径得到不同产物，见表 6-16。

表 6-16 环境因素对谷氨酸发酵产物的影响

环境因素少——多	产物产量
氧	乳酸或琥珀酸——谷氨酸
NH_4^+	α-酮戊二酸——谷氨酸——谷氨酰胺
生物素	谷氨酸——乳酸或琥珀酸
H^+	谷氨酰胺——谷氨酸
磷酸	谷氨酸——缬氨酸

c.谷氨酸的提取　目前应用最多的谷氨酸提取方法是等电点与离子交换相结合的方法。谷氨酸与其他氨基酸都是两性化合物，都有等电点。谷氨酸的等电点为 $pI=3.2$。在等电点时，氨基与羧基附近的正、负静电荷等于零，此时氨基酸在水中的溶解度最小。另外，降低温度也可降低氨基酸的溶解度。为了获得颗粒较大、纯度较高的谷氨酸，必须防止溶液过度的过饱和。具体措施是在缓和搅拌的条件下缓慢地降低 pH 和温度，当 pH 降到 4.2~4.8，温度降低到 24~26℃时，谷氨酸已处于轻度过饱和，手触和目视可发现晶核出现。这时停止加酸和降温并投加纯度高的晶种继续搅拌 2h，让晶核长大成晶体，然后继续缓慢地加酸和降温使晶体长大。当 pH 达到 3.2，温度降到 3℃左右，继续搅拌 8h，然后静置 5h，使晶体完成长大过程。最后用伞式高速离心机（立式转鼓，鼓内设多层倒锥形分离板）进行固液分离。谷氨酸晶体回收率可达到 78%~80%。分离出晶体的母液含谷氨酸的质量分数约为 1.8%，可用离子交换法进一步回收。谷氨酸提取流程如图 6-18 所示。

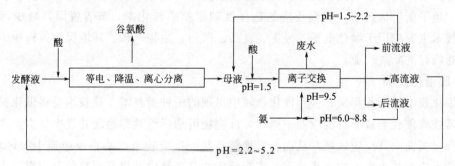

图 6-18　谷氨酸提取流程

当母液与前流液混合，并加酸使 pH 降至 1.5，当经过阳离子交换柱时，其中的谷氨酸即被树脂截获，其他则作为废水排出。当树脂吸饱谷氨酸后，改用 pH 为 9.5 的洗脱液使谷氨酸洗脱，先洗出的液体 pH 较低，后洗出的较高。按其 pH 可分成三段：第一段 pH 为

1.5～2.2，即为前流液，可与离心机分离出的母液混合，再重新进行离子交换；第二段 pH 为 2.2～5.2，含谷氨酸浓度较高称作高流液，可返回与发酵液混合配成等电点溶液，冷却和离心分离以获得谷氨酸；第三段称作后流液，pH 为 6.0～8.8，可加氨配成 pH 为 9.5 的洗脱液，用于离子交换柱的洗脱。

d.味精制造　味精是谷氨酸的单钠盐，带有一个分子的结晶水，化学名称叫 α-氨基戊二酸钠，其生产过程如图 6-19 所示。整个生产过程包括许多操作步骤，但其目的主要是中和、除杂和分离。

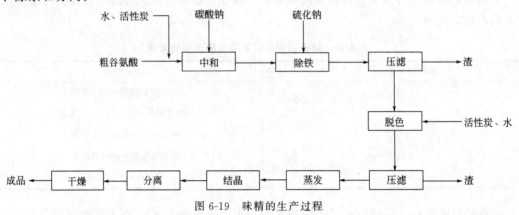

图 6-19　味精的生产过程

6.4　膜催化剂

膜技术作为当代最有发展前景的高新技术之一，对 21 世纪许多相关行业的科技进步与发展将产生很大的推动作用，成为世界各国科技工作者研究的热点。

膜按化学组成可分为无机膜和有机高分子膜；按结构可分为对称膜（单层膜）和不对称膜（多层复合膜）；按用途可分为分离膜和膜反应器。因此，膜技术通常包括膜分离技术和膜催化技术。它们主要包括 3 个方面的内容：一是膜材料，二是制膜技术，三是组装膜构件。

膜分离技术具有成本低、能耗少、效率高、无污染并可回收有用物质等特点。膜催化反应可以"超平衡"地进行，提高反应的选择性和原料的转化率，节省资源，减少污染。因此，膜技术主要应用于绿色电子、轻工、食品、医药、生物工程、环境保护等行业中，成为一个迅速崛起的新兴产业。

6.4.1　膜催化技术

膜催化技术是近些年来在多相催化领域中出现的一种新技术。该技术是将催化材料制成膜反应器或将催化剂置于膜反应器中操作，反应物可选择性地穿透膜并发生反应，产物可选择性地穿过膜而离开反应区域，从而有效地调节某一反应物或产物在反应器中的区域浓度，打破化学反应在热力学上的平衡状态，实现反应的高选择性并提高原料的利用率。

根据膜的作用和功能，膜反应器分为两种类型：一种是分离膜和催化剂分占不同位置，催化剂位于反应区内，邻近膜，膜起选择性分离作用；另一种是分离膜同时作为催化剂，反应区在膜内，反应和分离同步进行。表 6-17 列出了组成膜反应器的膜材料的种类和典型实例。

表 6-17　膜反应器的种类和主要膜材料

种　类		代 表 性 的 实 例
无机膜	金属膜或合金膜	Pd 膜，Pd-Ag、Ni-Rh 合金膜
	多孔陶瓷膜	Al_2O_3 膜、SiO_2-Al_2O_3 膜、ZrO_2 膜
	多孔玻璃膜	SiO_2 膜、多孔 Vycor 玻璃膜
有机膜	高分子膜	聚酰亚胺、聚四氟乙烯、聚砜、聚苯乙烯、硅氧烷聚合物、等离子体处理聚合膜
	生物膜	酶膜反应器
	复合膜	Pd-多孔陶瓷膜、Pd-分子筛膜、多孔玻璃复合膜

　　膜催化技术在化学工业中具有重要的应用，表 6-18 列出了一些实例，其中甲烷氧化偶联制备烯烃、甲烷直接氧化制甲醇、甲醛及其下游精细化学品，其实用价值和经济意义更大，就我国来说，天然气资源的储量更为丰富，合理利用天然气资源作为未来能源和化工原料更有深远的意义。

表 6-18　膜催化技术在化学工业中的应用

反应类型	应用
催化加氢	不饱和烯烃加氢
	环多烯烃加氢
	芳烃加氢
	C_2、C_3 选择性加氢
	精细化工合成中的加氢
催化脱氢	$C_2 \sim C_5$ 低级烷烃脱氢制烯烃
	长链烷烃(如庚烷)脱氢环化制芳烃
	丙烷脱氢环化二聚制芳烃
烃类催化氧化	C_1 中的甲烷氧化偶联制烯烃
	甲烷直接氧化制甲醛
	甲醇氧化制甲醛
	乙醇氧化制乙醛
	丙烯氧化制丙烯醛
	C_2、C_3 环烯烃氧化环状氧化物

　　此外，NO_x 的还原反应在膜反应器中进行，其转化率可达 100%，这对于汽车尾气中 NO_x 的处理及保护大气环境意义重大。

6.4.2　膜反应器

　　对烃类选择氧化而言，所用的催化膜通常由具有氧离子/电子导体性能和催化活性的金属氧化物材料制得。其反应机制如图 6-20 所示，烃分子与催化膜左侧的晶格氧反应生成氧化产物，氧分子在催化膜的右侧解离吸附，获得电子转化为氧离子，催化膜作为氧离子/电子导体，可把氧离子从膜的右侧输送到左侧，同时把电子从左侧输送到右侧，实现还原-氧化循环。这种膜反应器虽然可显著提高氧化反应的选择性，但由于氧离子的传输速率较慢，限制了膜反应器的反应速率，其反应速率通常比共进料反应器慢 1～2 个数量级。此外，这种膜反应器的放大，目前在制造技术

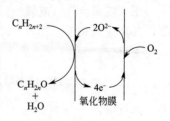

图 6-20　催化膜反应示意

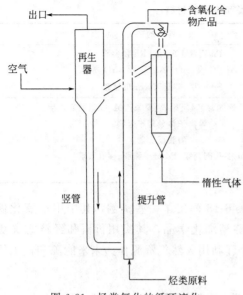

图 6-21　烃类氧化的循环流化
床提升管反应器示意

上还存在很多难题有待解决。

6.4.3　循环流化床提升管反应器

循环流化床（Circulating Fluid Bed，CFB）提升管反应器（如图 6-21 所示）是一种很有前景的装置。该工艺在无气相氧存在下用催化剂晶格氧作为供氧体，按还原-氧化（Redox）模式，使还原-再氧化循环分别在反应器和再生器中完成，也就是说，在提升管反应器中烃分子与催化剂的晶格氧反应生成氧化产物，失去晶格氧的催化剂被输送到再生器中用空气氧化到初始高价态，然后送到反应器与烃原料反应。循环流化床提升管反应器烃类晶格氧选择氧化工艺不仅可避免原料和产物与气相氧的直接接触，还可消除沸腾床中容易发生的返混现象，使目的产物的收率和选择性得以显著提高。

上述新工艺的优点是：①可使催化剂的还原和再氧化分开进行，以便于选择各自的最佳操作条件；②因无气相氧分子存在，而且在提升管反应器中排除了返混现象，可大幅度提高选择氧化反应的单程收率、选择性和时空产率；③烃类的进料浓度不受爆炸极限的限制，可提高反应产物的浓度，使反应产物容易分离回收；④可用空气代替纯氧作氧化剂，省去制氧的投资和操作费用。以上优点是属于比较理想的情况，实际上烃类晶格氧选择氧化工艺还存在许多问题。

6.4.4　选择性催化氧化实例——丁烷氧化制顺酐工艺过程

烃类晶格氧选择氧化的开创性研究始于 20 世纪 40 年代末期，但直到最近，DuPont 公司才开发成功晶格氧丁烷选择氧化制顺酐新工艺，该工艺用催化剂的晶格氧代替气相氧作为氧源，按 Redox 模式将丁烷和空气分别进入循环流化床提升管反应器和再生器，可使顺酐选择性摩尔分数从 45%～50% 提高到 70%～75%，未反应的丁烷可循环利用，是对环境友好的催化过程。这表明烃类晶格氧选择氧化新工艺是控制深度氧化、提高选择性、节约资源和保护环境的有效催化新技术。

6.4.4.1　传统工艺过程——正丁烷氧化法制顺酐

自从 1974 年美国孟山都化学公司等实现正丁烷氧化法制顺酐工业化生产以来，此法发展很快。由于正丁烷价廉、化工利用不广以及尾气排放污染程度较小，此法成为有竞争力的生产方法。目前新建的顺丁烯二酸酐装置中，正丁烷法所占比例已超过苯法。

（1）生产基本原理

正丁烷和空气（或氧气）混合后通过 V_2O_5-P_2O_5 系等催化剂气相氧化生成顺丁烯二酸酐，其反应式如下。

主反应：

$$C_4H_{10} + \frac{7}{2}O_2 \longrightarrow C_4H_2O_3 + 4H_2O \qquad \Delta H = -1261 kJ/mol$$

副反应：

$$C_4H_{10} + \frac{11}{2}O_2 \longrightarrow 2CO + 2CO_2 + 5H_2O \qquad \Delta H = -2091 kJ/mol$$

还有生成醛、酮、酸等的副反应。

正丁烷存在于炼厂气、油田伴生气和石油裂解气中，工业上主要以油田伴生气回收的正丁烷为原料。

催化剂为 V_2O_5-P_2O_5、V-Mo-O 或 Co-Mo 并含少量 $CeCl_2$，以 SiO_2 为载体。原料中含正丁烷 1.6%～1.8%（摩尔分数），其余为空气。用纯氧代替空气好处不大，原因是反应选择性低，大量纯氧消耗在无用的副反应上，且需加入惰性气体稀释，以免进入爆炸浓度范围。其反应温度为 370～430℃，转化率约为 85%，选择性大于 70%，总收率为理论的 60% 左右。

（2）工艺流程及主要工艺参数

Halcon/SD 公司正丁烷制顺丁烯二酸酐的工艺流程如图 6-22 所示。

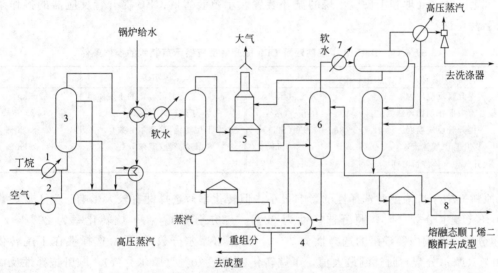

图 6-22　Halcon/SD 公司正丁烷制顺丁烯二酸酐工艺流程
1—丁烷汽化器；2—空气压缩机；3—反应器；4—蒸馏釜；5—洗涤塔；
6—精馏塔；7—精馏塔冷凝器；8—顺丁烯二酸酐产品贮槽

为了取得正丁烷法更高的经济效益，众多公司正在开发正丁烷法流化床反应器新工艺，比利时 UCB 公司和日本三菱化成公司已将其应用于工业生产。

（3）"三废"处理

无论是苯、丁烯或正丁烷氧化法生产顺丁烯二酸酐，反应尾气中均含有未转化的苯、丁烯或丁烷及 CO、微量醛、酮、酸等有害物质，可在 800℃ 左右通过焚烧炉或助燃剂焚烧回收热量后再排入大气，或经过催化剂（如贵金属等）进行催化燃烧处理。

6.4.4.2　晶格氧氧化工艺

针对丁烷/空气共进料工艺存在丁烷浓度低和顺酐选择性低等缺点，20 世纪 80 年代初期，DuPont 公司开始致力于研究开发丁烷晶格氧选择氧化循环流化床新工艺。经过十余年的努力，该公司解决了两个关键技术问题：其一是研制成功抗磨硅胶壳层 VPO 晶格氧催化剂；其二是开发成功循环流化床提升管反应器。

在丁烷氧化的循环流化床提升管反应器（如图 6-21 所示）中，VPO 催化剂在流化床再生器中被氧化，氧化态的催化剂粒子通过立管移动至提升管反应器底部入口处，用含丁烷的高速原料气流提升至反应器顶部，丁烷在提升管中被催化剂的晶格氧氧化为顺酐，然后从顶部进入旋风分离器把被还原的催化剂粒子和反应产物分开，回收的催化剂粒子经惰性气体吹脱除去吸附的碳物种后，被送入再生器用空气再氧化，完成 Redox 循环。因为反应物和催化剂在提升管中基本上为平推流，而且无气相氧分子存在，催化剂表面态可通过优化再生操作和在进入提升管反应器前吹脱除去表面吸附的非选择性氧物种，所以可显著提高顺酐的选择性。

为了取得工业放大的设计数据，DuPont 公司于 1990 年在 Oklahoma 的 Ponca 市动工兴建丁烷氧化制顺酐的 CFB 提升管示范装置，于 1992 年初建成开车。该示范装置的提升管反应器直径为 0.15m、高 30m，配备了适当大小的催化剂再生器、汽提段和立管，以保证足够的催化剂循环速率。为了进行比较，该装置也可按共进料模式进行操作。除配备了过程的控制和数据收集系统外，还配备了在线的质谱、红外、紫外和其他分析仪器，并包括产品回收、净化、污水处理和未反应丁烷的循环装置。示范装置的 CFB 提升管反应器的操作条件汇总于表 6-19。

表 6-19　DuPont 丁烷制顺酐 CFB 提升管反应器示范装置的操作条件

操作参数	范围	操作参数	范围
提升管反应压力	稍大于常压	循环 1kg 催化剂可转化的丁烷质量	2g/kg
提升管中催化剂循环速流	$400\sim1100kg/(m^2\cdot s)$	丁烷（摩尔分数）	≤25%
提升管反应温度	360~420℃（出口）	丁烷转化率（摩尔分数）	20%~80%
提升管中气体流速	7~10m/s（出口）	顺酐选择性（摩尔分数）	60%~80%
提升管中气体停留时间	≤10s		

原料气中丁烷浓度对选择性的影响很小，但转化率对选择性有较大影响。当丁烷转化率为 80%（摩尔分数）时，顺酐选择性为 60%（摩尔分数）。在丁烷转化率为 20%~50%（摩尔分数）范围内，顺酐的选择性为 70%~80%（摩尔分数），顺酐选择性在丁烷转化率为 20%（摩尔分数）时达到最大值，丁烷转化率低于 20%（摩尔分数），顺酐选择性反而下降。这一现象与经空气再生后的催化剂表面存在 O^{2-} 或 O^- 等非选择性氧物种有关，采用在催化剂进入提升管反应器之前，通过一个吹扫段，可吹扫除去弱吸附的非选择性氧物种，使顺酐选择性提高到 85%（摩尔分数）。

表 6-20 为在提升管中补充氧气的反应结果。可以看出，补充氧气可增加丁烷转化率，但会导致顺酐选择性下降，当原料中氧含量为 6%（摩尔分数）时，丁烷转化增加 4.1%（摩尔分数），而顺酐选择性仅下降 0.4%（摩尔分数）。但当氧含量增至 16%（摩尔分数）时，丁烷转化仅增加 5.8%（摩尔分数），相应的顺酐选择性则降低 5.7%（摩尔分数）。所以补充少量气相氧可明显提高丁烷转化率，同时对选择性的影响也不大，在某些情况下也可作为一种选择。

表 6-20　在提升管中补充氧气的反应结果

反应器原料组成（摩尔分数）/%		反应结果（摩尔分数）/%	
丁烷	氧	丁烷转化率	顺酐选择性
12	0	47.4	75.2
12	6	51.5	74.8
12	16	53.2	69.5

如上所述，丁烷晶格氧选择氧化工艺可显著提高顺酐选择性，但是每千克催化剂在一次 Redox 循环中只能转化 2g 丁烷。这是因为每转化 1 个丁烷分子需要 7 个氧原子。

CFB 提升管丁烷氧化制顺酐工艺比同等规模的流化床工艺降低投资 20%，减少反应器的催化剂藏量 50%。CFB 提升管丁烷氧化制顺酐工艺的经济性不仅取决于选择性和时空产率，而且也取决于催化剂的可逆性储氧能力。该参数决定催化剂的循环量和循环所需的能量消耗。例如，以每千克催化剂可提供的储氧量能生产 1g 顺酐计算，一个产量为 $2 \times 10^4 \, t/a$ 顺酐装置的催化剂循环量为 650kg/s，循环所需的能量消耗很大。VPO 催化剂的再氧化过程较慢，如果要使再生器的大小比较合理，催化剂的循环量就要增加到 1500～3000kg/s，循环所需能量约占生产能耗的 20%～30%。在这种情况下顺酐的时空产率以提升管和再生器中的催化剂计为 0.04～0.08（顺酐/催化剂）/h，只以提升管中的催化剂计为 0.16～0.24（顺酐/催化剂）/h。提高催化剂的可逆性储氧能力，可使 CFB 提升管丁烷氧化制顺酐工艺在经济上更加有利。

参 考 文 献

[1] 李清寒，赵志刚.绿色化学 [M].北京：化学工业出版社，2007.
[2] 徐岩.现代生物催化——高立体选择性及环境友好的反应 [M].北京：中国轻工业出版社，2016.
[3] 仲崇立.绿色化学导论 [M].北京：化学工业出版社，2000.
[4] 徐汉生.绿色化学导论 [M].武汉：武汉大学出版社，2002.
[5] 胡常伟，李贤均.绿色化学原理与应用 [M].北京：中国石化出版社，2007.
[6] 贡长生，张克立.绿色化学化工实用技术 [M].北京：化学工业出版社，2002.
[7] 孙家跃，杜海燕.无机材料制造与应用 [M].北京：化学工业出版社，2001.
[8] Kidwai M，et al. Green chemistry：an innovative technology [J]. Foundations of Chemistry，2010，7 (3)：269-287.
[9] Anastas Paul T，et al. Origins，current status，and future challenges of green chemistry [J]. Accounts of Chemical Research，2012，35 (9)：686.
[10] 王敬军.固体超强酸催化剂的研究进展 [J].城市建设理论研究（电子版），2013 (8)：1-3.
[11] 成战胜，邢春丽，田京城，等.固体超强酸催化剂的研究进展 [J].应用化工，2008，33 (6)：5-8.
[12] Sakthivel A，Saritha N，Selvan P. Vapor phase tertiary butylation of phenol over sulfated zirconia catalyst [J]. Catalysis Letters，2010，72 (3/4)：225-228.
[13] 汪慧智.新型分子筛催化剂的研究进展 [J].化学工程师，2009，125 (2)：27-29.
[14] 成岳，李建生，王连军，等.ZSM-5 分子筛的研究进展 [J].化学进展，2011，18 (21)：221-229.
[15] 余新武，张玉兵.固载型杂多酸催化剂研究进展 [J].应用化工，2010，33 (1)：1-4.
[16] 申凤善，彭军，孔育梅，等.杂多酸催化剂在烷基化反应中的研究进展 [J].分子科学学报，2009，35 (10)：593-595.
[17] 安颖，张万东，李忠波，等.杂多酸催化烯烃氧化的研究进展 [J].化学工业与工程，2011，22 (4)：300-304.
[18] Song Ch E，Lee S G. Supported chiral catalysts on inorganic materials [J]. Chem Rev，2009，102：3495-3524.
[19] David J C. Homogeneous catalysis new approaches to catalyst separation，recovery，and recycling [J]. Science，2008，299：1702-1706.
[20] Balcar H，Cejka J，Svoboda J. [Rh(cod)Cl]₂ complex immobilized on mesoporous molecular sieves MCM-41——a new hybrid catalyst for polymerization of phenylacetylene [J]. J Mol Catal A：Chemical，2008，203 (1/2)：287-298.
[21] 赵红英，程可可，向波涛，等.微生物发酵法生产 1,3-丙二醇 [J].精细与专用化学品，2010，10 (13)：21-23.
[22] 李艳.葡萄糖氧化酶及其应用 [J].食品工程，2009 (3)：9-11.
[23] 刘树庆.葡萄糖氧化酶及其在食品工业上的应用 [J].食品科学，2010 (3)：30-31.
[24] 袁勤生.酶与酶工程 [M].上海：华东理工大学出版社，2005.
[25] 张曼夫.生物化学 [M].北京：中国农业大学出版社，2002.
[26] 吴越.取代硫酸、氢氟酸等液体酸催化剂的途径 [J].化学进展，2008 (2)：165-171.
[27] 丁建烨，乐长高，秦华.酯合成中催化剂的研究与进展 [J].化工生产与技术，2006，17 (2)：21-23.
[28] 彭峰.绿色化学中的新催化方法 [J].化工进展，2010 (4)：8-10.

[29]　邝生鲁.催化与清洁工艺 [J].现代化工，2009，19 (5)：30-33.

[30]　陈香生.纳米材料及其在石油化工催化剂和添加剂中的应用前景 [J].炼油设计，2010，31 (3)：58-60.

习　　题

一、名词解释

　　1.绿色催化剂

　　2.杂多酸

　　3.均相催化剂

　　4.酶

二、填空题

　　1.固体酸是具有（　　　）质子或接受电子对能力的固体，固体碱是具有（　　　）质子或给出电子对能力的固体。

　　2.固体酸的强度若超过 100% 硫酸的强度，则称为（　　　），其酸强度 H_0 小于（　　　）。

　　3.沸石分子筛是由（　　　）或（　　　）四面体连接成的三维骨架所构成。Al 或 Si 原子位于每一个四面体的中心，相邻的四面体通过顶角氧原子相连。

　　4.膜按化学组成可分为无机膜和有机高分子膜；按用途可分为（　　　）和（　　　）。

三、选择题

　　1.下列属于固体酸催化剂的是（　　　）。

　　　A. 硫酸　　　　　　　B. 磷酸　　　　　　　C. 高岭土　　　　　　　D. 醋酸

　　2.下列属于固体碱催化剂的是（　　　）。

　　　A. 沸石分子筛　　　　B. TiO_2-MgO　　　　C. $H_3PW_{12}O_{40}$　　　D. NaOH 溶液

　　3.下列不属于杂多酸类固体酸催化剂的主要优点的是（　　　）。

　　　A. 能够水解出氢质子

　　　B. 从分子水平上看，杂多阴离子可能是复合氧化物催化剂的簇合物模型

　　　C. 一些杂多酸化合物表现出准液相行为

　　　D. 可通过改变组成元素以调控其酸性及氧化还原性

　　4.酶是一种水溶性催化剂，为了避免浪费和污染环境，需要将酶固（态）化，下列不属于酶固（态）化方法的是（　　　）。

　　　A. 包埋　　　　　　　B. 载体结合　　　　　C. 交联　　　　　　　D. 离子交换

四、简答题

　　1.简述催化剂的作用及常用绿色催化剂。

　　2.均相催化剂的固载化方法有哪些？

　　3.膜催化剂的优势有哪些？

五、论述题

　　1.分子筛是一种结晶性硅铝酸盐，具有均匀的孔隙结构，它常作为绿色催化剂使用，请问分子筛具有什么样的性质而能作为绿色催化剂使用？

　　2.请说明杂多酸作为一种新型绿色催化剂的优势。

7 绿色化学反应

20 世纪的有机化学，其特点不在于平衡化学方程式，而在于传统化学对一个合成过程的有效性的评价——产率。注重产率往往会忽略合成中使用的或产生的不必要的化学品。经常会有这种情况出现，即一个合成路线或一个合成步骤，可达到 100% 产率，但是会产生比目标产物更多的废物。因为产率的计算是由原料的物质的量与目标产物的物质的量相比较，1mol 原料生成 1mol 产品，产率即 100%。然而，这个转化过程可能在生成 1mol 的产品时，产生 1mol 或更多的废物，而 1mol 废物的质量可能是产品的数倍。因此，由产率计算看来很完美的反应有可能产生大量的废物。废物的产生在产率这一评价中不能体现。所以现在对新一代化学反应评价的要求是——原子经济性。

7.1 原子经济性和 E-因子

7.1.1 原子利用率

在合成反应中，要减少废物排放的关键是提高目标产物的选择性和原子利用率，即化学反应中，到底有多少反应物的原子转变到了目标产物中。原子利用率可用下式定义：

$$原子利用率 = \frac{目标产物的量}{按化学计量式所得所有产物的量之和} \times 100\%$$

$$= \frac{目标产物的量}{各反应物的量之和} \times 100\%$$

用原子利用率可以衡量在一个化学反应中，生产一定量的目标产物到底会生成多少废物。

例如，由乙烯制备环氧乙烷，采用经典的氯乙醇法时，假定每一步反应的产率、选择性均为 100%，这条合成路线的原子利用率也只能达到 25%。

$$CH_2=CH_2 + Cl_2 + H_2O \longrightarrow ClCH_2CH_2OH + HCl$$

$$ClCH_2CH_2OH + Ca(OH)_2 + HCl \longrightarrow C_2H_4O + CaCl_2 + 2H_2O$$

总包反应（总反应）为：

$$C_2H_4 + Cl_2 + Ca(OH)_2 \longrightarrow C_2H_4O + CaCl_2 + H_2O$$

摩尔质量/(g/mol)	28	71	74	44	111	18
目标产物质量/g				44		
废物质量/g					111	+ 18 = 129

$$原子利用率 = \frac{44}{44+111+18} \times 100\% = \frac{44}{28+71+74} \times 100\% = 25\%$$

即生产 1kg 环氧乙烷（目标产物）就会产生约 3kg 副产物（即废物）氯化钙和水，同时，还存在使用有毒有害氯气作原料、对设备有严格要求、产品不易分离提纯等问题。为了克服这些缺点，人们采用了一个新的催化氧化方法，新方法以银为催化剂，用氧气直接氧化乙烯一步合成环氧乙烷，反应的原子利用率达到了 100%。

$$C_2H_4 + \frac{1}{2}O_2 \longrightarrow C_2H_4O$$

摩尔质量/(g/mol)	28	16		44
目标产物质量/g				44
废物质量/g				0

$$原子利用率 = \frac{44}{28+16} \times 100\% = \frac{44}{44} \times 100\% = 100\%$$

又如环氧丙烷的生产，传统方法也是氯丙醇法，在各步转化率、选择性均为 100% 的情况下，其原子利用率仅可达 31%。

$$C_3H_6 + Cl_2 + Ca(OH)_2 \longrightarrow C_3H_6O + CaCl_2 + H_2O$$

摩尔质量/(g/mol)	42	71	74	58	111	18
目标产物质量/g				58		
废物质量/g					111 ＋ 18＝129	

$$原子利用率 = \frac{58}{58+111+18} \times 100\% = \frac{58}{42+71+74} \times 100\% = 31\%$$

同时也还存在使用有毒有害的氯气作原料、对设备有严格要求、产物的分离和提纯等问题，近年来发展了钛硅分子筛催化氧化法：

$$C_3H_6 + H_2O_2 \xrightarrow{\text{钛硅分子筛催化剂}} C_3H_6O + H_2O$$

摩尔质量/(g/mol)	42	34	58	18
目标产物质量/g			58	
废物质量/g				18

$$原子利用率 = \frac{58}{58+18} \times 100\% = \frac{58}{42+34} \times 100\% = 76\%$$

新的催化法避免了有毒有害原料氯气的使用，氧化剂过氧化氢对设备的要求远不及氯气的要求严格，尽管原子利用率仅为 76%，但该反应唯一的副产物是水，它对环境是友好的。因此，该方法的环境友好程度明显高于传统方法。

再如，甲基丙烯酸甲酯的合成，传统方法是利用制取苯酚的副产物丙酮和制取丙烯腈的副产物氢氰酸经两步反应制取。这虽然是一个废物充分利用的典型例子，但其原料原子利用率仅为 46%，每生产 1kg 目标产物相应要生成 1.15 kg 废物硫酸氢铵，同时还涉及剧毒物质氢氰酸的使用。

$$CH_3COCH_3 + HCN \longrightarrow \underset{OH}{\overset{CN}{CH_3\overset{|}{\underset{|}{C}}CH_3}} \xrightarrow{CH_3OH, H_2SO_4} CH_2=C(CH_3)COOCH_3 + NH_4HSO_4$$

总反应为：

$$CH_3COCH_3 + HCN + CH_3OH + H_2SO_4 \longrightarrow \underset{O}{\overset{CH_3}{CH_2=\overset{|}{C}CO\underset{\parallel}{C}OCH_3}} + NH_4HSO_4$$

摩尔质量/(g/mol)

	58	27	32	98		100	115
目标产质物量/g						100	
废物质量/g							115

$$原子利用率=\frac{100}{100+115}\times100\%=\frac{100}{58+27+32+98}\times100\%=46\%$$

而 20 世纪 90 年代开发的乙酸钯 [Pd(OAc)$_2$] 一步催化法，其原子利用率达 100%，化学产率达 99%，选择性达 99%，该方法利用的是石脑油裂解的副产物丙炔。

$$CH_3C{\equiv}CH+CO+MeOH \xrightarrow{Pb(OAc)_2} \overset{\displaystyle OCH_3}{\underset{}{MeOCC{=}CH_2}}$$

摩尔质量/(g/mol)	40	28	32	100
目标产物质量/g				100
废物质量/g				0

$$原子利用率=\frac{100}{100}\times100\%=\frac{100}{40+28+32}\times100\%=100\%$$

由上可见，一旦要利用的化学反应计量式被确定下来，则其最大原子利用率也就确定了。比如，只要采用氯乙醇法生产环氧乙烷，不管怎样改进工艺，其最大原子利用率仅能达到 25%；如果中间步骤中反应的选择性、反应物的转化率达不到 100%，则该过程的原子利用率达不到 25%。但是，如果选用银催化剂催化氧化方法，只要该步的转化率和选择性达到 100%，则该反应的原子利用率就可达到 100%。

原子利用率达到 100% 的反应有两个最大的特点：

① 最大限度地利用了反应原料，最大限度地节约了资源；

② 最大限度地减少了废物排放（因达到了零废物排放），因而最大限度地减少了环境污染，或者说从源头上消除了由化学反应副产物引起的污染。

7.1.2 化学反应的原子经济性

原子经济性是指反应中的原子有多少进入了产物，一个理想的原子经济性反应，就是反应中的所有原子都进入了目标产物，也就是原子利用率为 100% 的反应。这就要求目标产物就是反应物的结合。在传统有机合成中，不饱和键的简单加成反应、成环加成反应等属于原子经济反应，无机化学中的元素与元素作用生成化合物的反应也属于原子经济反应。

因此，要把生成目标产物的反应变为原子经济反应，就要如此设计反应过程，即使合成反应中所用原料加成化合后就直接为目标产物，使反应的原子利用率达到 100%。

如若 C 为需要的目标产物，传统合成方法为：

$$A+B \longrightarrow C+D$$

这一方法必然有废物 D 产生，这是该反应决定的，不可避免地会造成副产物污染和资源浪费。这就要求重新设计的反应，使反应变成为：

$$E+F \longrightarrow C$$

这样，原料 E、F 中的所有原子都进入了目标产物 C 中，反应的原子利用率达到了 100%，无副产物生成，不会造成副产物污染。

例如，假定卤代烷烃为目标产物，如采用醇与三卤化磷反应制备，即

$$3ROH+PX_3 \longrightarrow 3RX+H_3PO_4$$

则每当有 3mol 目标产物生成，就会有 1mol 副产物磷酸，形成资源浪费和副产物污染。

如采用卤代烷烃和卤化物进行卤素交换的方法，即

$$RX + NaX^1 \longrightarrow RX^1 + NaX$$

则每当有 1mol 目标产物生成，就会有 1mol 副产物盐生成，也会造成资源浪费和副产物污染。

但如果采用烯烃与卤化氢加成的方法，即

$$R^1CH = CH_2 + HX \longrightarrow RX$$

则反应物中的所有原子均进入了目标产物卤代烷烃中，反应的原子利用率达到了100%，没有副产物生成，既节约了资源又消除了副产物的污染。

又如 Wittig 反应

$$Ph_3P = CH_2 \longrightarrow \overset{R^1}{\underset{R^2}{}} C = CH_2 + Ph_3PO$$

使用 Wittig 试剂可以将醛或酮等羰基化合物高效地转化为烯烃，但由于三苯基膦最后生成了 Ph_3PO，因此 Wittig 试剂 $Ph_3P = CH_2$ 的原子利用率非常低。

1995 年，Noyori 等曾报道利用钌络合物如 $RuH_2[PMe_3]_4$ 或 $RuCl_2[PMe_3]_4$ 作催化剂，水作促进剂的超临界条件下的氢化反应（二氧化碳压力 12.2MPa，氢气压力 8.6MPa）生成甲酸，该反应是 100% 的原子经济性反应。

$$CO_2 + H_2 \xrightarrow[\text{SCCO}_2, 50℃\text{NEt}_3, H_2O]{\text{钌催化剂}} H - \overset{\overset{O}{\|}}{C} - OH$$

钌催化剂：$RuX_2[PMe_3]_4$（X＝H 或 Cl）

要使化学反应尽可能最大限度地利用资源、减少环境污染，仅仅采用原子经济反应还不能完全达到目的。原子经济反应是最大限度利用资源、最大限度减少污染的必要条件，但不是充分条件。可能有一些化学反应，从计量式看，它是原子经济的，但若反应平衡转化率很低，而反应物与产物分离又有困难，反应物难于循环使用，则这些未使用完的反应物就会被当作废物排放到环境中，造成环境污染及资源的浪费。也有一些反应，反应本身是原子经济性的，但两反应物还能同时发生其他平行反应，生成不需要的副产物，这也会造成资源浪费和环境污染。因此，我们选择的反应还必须是高选择性的。

原子经济的反应、高的反应物转化率、高的目标产物选择性，是实现资源合理利用、避免污染不可或缺的。

7.1.3　原子经济性与环境效益

根据绿色化学的观点，制造各种化学品时，必须同时考虑对环境造成的影响。荷兰有机化学家 Roger A. Sheldon 提出了环境因子的概念，用以衡量生产过程对环境的影响程度。环境因子（E-因子）定义为：

$$E = \frac{\text{废物质量}}{\text{目标产物质量}}$$

在这里，相对于每一种化工产品而言，目标产物以外的任何物质都是废物。环境因子越大，则过程产生的废物就越多，造成的资源浪费和环境污染也越大。

对于原子利用率为 100% 的原子经济性反应，由于在目标产物之外无其他副产物，因此，其环境因子为零。

据统计，现行化工及相关生产部门中，石油化工业的环境因子约为 0.1，是各行业中较小的，制药工业和精细化工业的环境因子较大，如表 7-1 所示。

表 7-1 不同化工及相关生产部门的环境因子

工业部门	生产量/t	环境因子	工业部门	生产量/t	环境因子
煤油	$10^6 \sim 10^8$	约 0.1	精细化工	$10^2 \sim 10^4$	$5 \sim 50$
基本化工	$10^4 \sim 10^6$	$1 \sim 5$	制药	$10 \sim 10^3$	$25 \sim 100$

在这些废物中，主要是在纯化产品时中和反应所产生的无机盐。往往是步骤越多，废物就越多。从表 7-1 可以看出，精细化工业（如染料业）和制药工业等废物较多，这主要是这些行业生产过程中涉及了较多的原子利用率低的反应，且步骤又较多。因此，如何减少合成步骤，提高反应的原子经济性，开发无盐生产工艺是目前化学化工界面临的重要任务之一。

环境因子仅仅体现了废物与目标产物的相对比例，废物排放到环境中后，其对环境的影响和污染程度还与相应废物的性质以及废物在环境中的毒性行为有关。要更为精确地评价一种合成方法、一个过程对环境的好坏，必须同时考虑废物排放量和废物的环境行为本质的综合表现。这一综合表现可用环境商（EQ）来描述：

$$EQ = E \times Q$$

式中，E 为环境因子；Q 为根据废物在环境中的行为给出的废物对环境的不友好程度。例如，可将无害的氯化钠的 Q 值定义为 1，则可根据重金属离子毒性的大小，推算出其 Q 值为 $100 \sim 1000$。尽管有时对不同地区、不同部门、不同生产领域而言，同一物质的环境商值可能不同，但 EQ 仍然是化学化工工作者衡量和选择环境友好生产过程的重要因素，如再加上溶剂等反应条件、反应物性质、能耗大小等各种因素，则对合理选择化学反应和化学过程更有意义。

7.2 化工生产的零排放

7.2.1 零排放的概念

由全国科学技术名词审定委员会（简称全国科技名词委）审定公布的零排放（Zero Discharge）定义为：应用清洁技术、物质循环技术和生态产业技术等已有技术，实现对天然资源的完全循环利用，而不给大气、水和土壤遗留任何废弃物。因此，所谓零排放是指无限地减少污染物排放直至为零的活动，即利用清洁生产，3R（Reduce，Reuse，Recycle）及生态产业等技术，实现对自然资源的完全循环利用，从而不给大气、水体和土壤遗留任何废弃物。

"零排放"就其内容而言，一方面是要控制生产过程中不得已产生的废弃物排放，将其减少到零；另一方面是将不得已排放的废弃物充分利用，最终避免不可再生资源和能源的使用。就其过程来讲，是指将一种产业生产过程中排放的废弃物变为另一种产业的原料或燃料，从而通过循环利用使相关产业形成产业生态系统。从技术角度讲，在产业生产过程中，能量、能源、资源的转化都遵循一定的自然规律，资源转化为各种能量、各种能量相互转化、原材料转化为产品，都不可能实现 100% 的转化。根据能量守恒定律和物质不灭定律，其损失的部分最终会以水、气、声、渣、热等形式排入环境。从这个意义上讲，真正的"零排放"只是一种理论的、理想的状态。

从 20 世纪 70 年代起一些工业部门就开始摸索零排放，那时主要指没有废水从工厂排出，所有废水经过二级或三级污水处理，除了回用就只剩下转化为固体的废渣。到 1994 年比利时的一位企业家 Gunter Pauli 创办零排放研究创新基金会 ZERI（Zero Emissions Research Initiatives），才把零排放从个别分散的活动上升到一种理论体系。1998 年联合国正式承认了零排放概念，并与 ZERI 基金会合作开始进行试点。1999 年总部设立在日本的联合国大学成立了"联合国大学/零排放论坛"，2007 年这一论坛与我国当时的发改委资源节约与环保司合作，在北京举办"发展循环经济，促进废物零排放"论坛。

当前我国社会上谈论的零排放主要还是原始意义上的废水排放为零，简称 ZLD（Zero Liquid Discharge）。

零排放技术是综合应用膜分离，蒸发结晶或干燥等物理、化学、生化过程，将废水当中的固体杂质浓缩至很高浓度，大部分水可返回循环利用，剩下少量伴随固体废料的水，可以根据每个企业具体情况选择适当处理方法，而不排出系统［这种"零排放"决策至少应当考虑以下三大方面的因素：环保要求，经济成本（企业竞争力），生产安全］。

7.2.2　化工企业的零排放

化学在为人类创造财富的同时，给人类也带来了危难。而每一门科学的发展史上都充满着探索与进步，由于科学中的不确定性，化学家在研究过程中会不可避免地合成出未知性质的化合物，只有经过长期应用和研究才能熟知其性质，这时新物质可能已经对环境或人类生活造成了影响。

传统的化学工业给环境带来的污染已十分严重，目前全世界每年产生的有害废物达 3 亿～4 亿吨，给环境造成危害，并威胁着人类的生存。化学工业能否生产出对环境无害的化学品，抑或开发出不产生废物的工艺是摆在化学工业者面前的难题。

按照绿色化学的原则，理想的化工生产方式是：反应物的原子全部转化为期望的最终产物。其核心就是利用化学原理从源头上减少和消除工业生产对环境的污染。近年来，化学工作者从化工生产源头、生产过程和化工废料的后处理方面进行了多项研究，并取得了初步的成果。

针对从源头上实现化工生产的零排放这一目的，或尽可能地减少工业废料的产生，人们进行了如下几个方面的研究。

7.2.2.1　开发原子经济性反应

近年来，开发新的原子经济反应已成为绿色化学研究的热点之一。例如，国内外均在开发钛硅分子筛上催化氧化丙烯制环氧丙烷的原子经济新方法。此外，针对钛硅分子筛催化反应体系，开发降低钛硅分子筛合成成本的技术，开发与反应匹配的工艺和反应器仍是今后努力的方向。

在已有的原子经济反应如烯烃氢甲酰化反应中，虽然反应已经是理想的，但是原用的油溶性均相铑络合催化剂与产品分离比较复杂，或者原用的钴催化剂运转过程中仍有废催化剂产生，因此对这类原子经济反应的催化剂仍有改进的余地。所以开发水溶性均相络合物催化剂已成为一个重要的研究领域。由于水溶性均相络合物催化剂与有机相产品分离比较容易。同时以水为溶剂，避免了使用挥发性有机溶剂，所以开发水溶性均相络合催化剂也已成为一个研究热点。除水溶性铑-膦络合物已成功用于丙烯氢甲酰化生产外，近年来水溶性铑-膦、钌-膦、钯-膦络合物在加氢二聚、选择性加氢、C—C 键偶联等方面也已获得重大进展，C_6

以上烯烃氨甲酰化制备高碳醛、醇的两相催化体系的新技术，正在进行积极研究。由此可见，对于已在工业上应用的原子经济反应，也需要从环境保护和技术经济等方面继续研究，加以改进。

7.2.2.2 采用无毒、无害的原料

为使制得的中间体具有进一步转化所需的官能团和反应性，在现有化工生产中仍使用剧毒的光气和氢氰酸等作为原料。为了人类健康和社会安全，需要用无毒无害的原料代替它们来生产所需的化工产品。

在代替剧毒的光气作原料生产有机化工原料方面，Riley 等报道了工业上已开发成功的一种由胺类和二氧化碳生产异氰酸酯的新技术。在特殊的反应体系中采用一氧化碳直接羰基化有机胺生产异氰酸酯的工业化技术也由 Manzer 开发成功。Tundo 报道了用二氧化碳代替光气生产碳酸二甲酯的新方法。Komiya 研究开发了在固态熔融的状态下，采用双酚 A 和碳酸二甲酯聚合生产聚碳酸酯的新技术。它取代了常规的光气合成路线，并同时实现了两个绿色化学目标：一是不使用有毒有害的原料；二是由于反应在熔融状态下进行，不使用作为溶剂的可疑的致癌物——甲基氯化物。

关于代替剧毒氢氰酸原料，Monsanto 公司从无毒无害的二乙醇胺原料出发，经过催化脱氢，开发了安全生产氨基二乙酸钠的工艺，改变了过去的以氨、甲醛和氢氰酸为原料的二步合成路线。并因此获得了 1996 年美国总统绿色化学挑战奖中的变更合成路线奖。

7.2.2.3 采用无毒、无害的催化剂

目前烃类的烷基化反应一般使用氢氟酸、硫酸、三氯化铝等液体酸催化剂。这些液体催化剂的共同缺点是，对设备的腐蚀严重、有人身危害、产生废渣、污染环境。为了保护环境，多年来研究者们从分子筛、杂多酸、超强酸等新催化材料中大力开发固体酸烷基化催化剂。其中采用新型分子筛催化剂的乙苯液相烃化技术引人注目，这种催化剂选择性很高，乙苯质量收率超过 99.6%，而且催化剂寿命长。另外，还有一种生产线形烷基苯的固体酸催化剂替代了氢氟酸催化剂，改善了生产环境，并已工业化。在固体酸烷基化的研究中，还应进一步提高催化剂的选择性，以降低产品中的杂质含量；提高催化剂的稳定性，延长运转周期；降低原料中的苯烯比，提高经济效益。异丁烷与丁烯的烷基化是炼油工业中提供高辛烷值组分的一项重要工艺，近年新配方汽油的出现，限制汽油中芳烃和烯烃含量更增加了该工艺的重要性。目前这种工艺使用氢氟酸或硫酸为催化剂。

7.2.2.4 采用无毒、无害的溶剂

大量的与化学品制造相关的污染问题不仅来源于原料和产品，而且源自在其制造过程中使用的物质，最常见的是在反应介质、分离和配方中所用的溶剂。当前广泛使用的溶剂是挥发性有机化合物（VOC），其在使用过程中有的会引起地面臭氧的形成，有的会引起水源污染。因此，需要限制这类溶剂的使用。采用无毒、无害的溶剂代替挥发性有机化合物作溶剂已成为绿色化学的重要研究方向。

在无毒、无害溶剂的研究中，最活跃的研究项目是开发超临界流体（SCF），特别是超临界二氧化碳作溶剂。超临界二氧化碳的最大优点是无毒、不可燃、价廉等。

除采用超临界溶剂外，还有研究水或近临界水作为溶剂以及有机溶剂/水相的界面反应。采用水作溶剂虽然能避免有机溶剂，但由于其溶解度有限，限制了它的应用，而且还要注意废水是否会造成污染。在有机溶剂/水相界面反应中，一般采用毒性较小的溶剂（甲苯）代替原有毒性较大的溶剂，如二甲基甲酰胺、二甲基亚砜、醋酸等。采用无溶剂的固相反应也

是避免使用挥发性溶剂的一个研究方向，如用微波来促进固相有机反应。

7.2.2.5　利用可再生的资源合成化学品

利用生物量（生物原料）（Biomass）代替当前广泛使用的石油，是保护环境的一个长远的发展方向。1996 年美国总统绿色化学挑战奖中的学术奖授予 TaxaA 大学 M. Holtzapp 教授，就是由于其开发了一系列技术，把废生物质转化成动物饲料、工业化学品和燃料。

生物质主要由淀粉及纤维素等组成。前者易于转化为葡萄糖，而后者则由于结晶及与木质素共生等原因，通过纤维素酶等转化为葡萄糖难度较大。Frost 报道以葡萄糖为原料，通过酶反应可制得己二酸、邻苯二酚和对苯二酚等。尤其是不需要从传统的苯开始制备作为尼龙原料的己二酸取得了显著进展。由于苯是已知的致癌物质，以经济和技术上可行的方式，从合成大量的有机原料中去除苯是具有竞争力的绿色化学目标。

另外，Gfoss 首创了利用生物或农业废物如多糖类制造新型聚合物的工作，由于其同时解决了多个环保问题，因此引起人们的特别兴趣，其优越性在于聚合物原料单体实现了无害化。生物催化转化方法优于常规的聚合方法是因为其产物具有生物降解功能。

7.2.2.6　设计环境友好产品

在环境友好产品方面，从 1996 年美国总统绿色化学挑战奖看，设计更安全化学品奖授予 RohmHaas 公司，由于其开发成功一种环境友好的海洋生物防垢剂。小企业奖授予 Donlar 公司，因其开发了两个高效工艺以生产热聚天冬氨酸，它是一种代替丙烯酸的可生物降解产品。

在环境友好机动车燃料方面，随着环境保护要求的日益严格。1990 年美国清洁空气法（修正案）规定：逐步推广使用新配方汽油，减轻由汽车尾气中的一氧化碳以及烃类引发的臭氧和光化学烟雾等对空气的污染。新配方汽油要求限制汽油的蒸气压、苯含量，还将逐步限制芳烃和烯烃含量。还要求在汽油中加入含氧化合物，比如甲基叔丁基醚、甲基叔戊基醚。这种新配方汽油的质量要求已推动了汽油的有关炼油技术的发展。

柴油是另一类重要的石油炼制产品。对环境友好柴油，美国要求硫含量不大于 0.05%，芳烃含量不大于 20%，同时十六烷值不低于 40%，瑞典对一些柴油要求更严。为达到上述目的，一是要有性能优异的深度加氢脱硫催化剂；二是要开发低压的深度脱硫/芳烃饱和工艺，国外在这方面的研究已有进展。

此外，保护大气臭氧层的氟氯烃替代用品已开始使用，防止"白色污染"的生物降解塑料也在使用。

绿色化学是设计没有或尽可能小地对环境产生负面影响的，并在技术上、经济上可行的化学品和化学过程的科学。事实上，没有一种化学物质是完全良性的，因此，化学品及其生产过程或多或少会对人类产生负面影响，绿色化学的目的是用化学方法在化工生产过程中预防污染。它的发展还可能将传统的化学研究和化工生产从"粗放型"转变为"集约型"，充分利用每个原料的原子，做到物尽其用。因此要发展绿色化学，实现化工生产的零排放就意味着要从过去的污染环境的化工生产转变为安全的、清洁的生产。

清洁生产的重点在于：

① 设计比现有产品的毒性更低或更安全的化学品，以防止意外事故的发生；

② 设计新的更安全的、对环境友好的合成路线，例如尽量利用分子机器型催化剂、仿生合成等，使用无害和可再生的原材料；

③ 设计新的反应条件，减少废弃物的产生和排放，以降低对人类健康和环境产生的

危害。

7.2.3 中国化工企业零排放示例

在许多场合，要用单一反应来实现原子经济性十分困难，甚至不可能，但我们可以充分利用相关化学反应的集成，即把一个反应排出的废物作为另一个反应的原料，从而通过"封闭循环"实现化工生产的零排放。

7.2.3.1 零排放在化肥生产中的体现

磷酸、磷铵生产是化肥工业中的一个重要组成部分。随着国内外对磷酸、磷铵和重过磷酸钙需求量的不断增长，产生的"三废"也随之大幅度增加，特别是磷石膏废渣，一般每生产 1t 磷酸要排出 5t 磷石膏，磷石膏废渣不仅占地面积大，而且对环境造成严重污染。

在发展绿色化工生产、变废为宝的思想指导下，科技人员将排出的"三废"作为生产过程的中间产品加以综合利用，实现了生产过程零排放的理想目标。

① 利用磷矿萃取工艺中产生的废气（HF）生产有用的化工原料 Na_2SiF_6，其原理为：

$$4HF + SiO_2 \longrightarrow SiF_4 + 2H_2O$$

$$3SiF_4 + 3H_2O \longrightarrow 2H_2SiF_6 + SiO_2 \cdot H_2O \downarrow$$

$$H_2SiF_6 + Na_2SO_4 \longrightarrow Na_2SiF_6 \downarrow + H_2SO_4$$

② 利用磷矿萃取工艺中产生的废渣生产氮、磷、钾三元复合肥料，氯化钾铵母液再与磷铵料浆混合即制得含氮、磷、钾三大营养元素的三元复合肥。

③ 湿法磷酸生产中的含磷酸性废水（主要含 H_2SO_4）重新导入磷矿萃取工艺中，实现废液的闭路循环，达到零排放的目标。

$$CaSO_4 \cdot 2H_2O + (NH_4)_2CO_3 \longrightarrow (NH_4)_2SO_4 + CaCO_3 \downarrow + 2H_2O$$

$$(2m+1)KCl + (m+1)(NH_4)_2SO_4 \longrightarrow mK_2SO_4 \cdot (NH_4)_2SO_4 + 2mNH_4Cl \cdot KCl$$

7.2.3.2 零排放在绿色工艺原料生产中的体现

碳酸二甲酯（简称 DMC）是一个绿色化学品，其毒性很低，研究表明，DMC 的毒性远远小于目前常用的化工原料光气、硫酸二甲酯。欧洲于 1992 年将其列为无毒化学品。DMC 分子式为 $(CH_3O)_2CO$，是无色透明液体，难溶于水，可与乙醇、乙醚、丙酮等多种有机物混溶，对金属无腐蚀性。由于结构中有甲基、羰基和甲氧基等基团，可以进行羰基化、甲基化、甲氧基化反应，因此在有机合成中作为羰基化剂、甲酯化剂、甲基化剂，还作为低毒溶剂、汽油添加剂等使用，近年来还用它制造长链烷基碳酸酯（合成润滑油材料）以及对称二氨基脲（锅炉清洗剂）等新产品。碳酸二甲酯作为重要的化工产品，正受到世界各国越来越多的重视，已逐步形成了一个以 DMC 为核心的有机合成"新基石"。

2000 年我国有关科研部门完成了酯交换法生产的零排放项目。该项生产以环氧乙烷和 CO_2 均相催化合成碳酸亚乙酯，然后由碳酸亚乙酯与甲醇催化合成 DMC，并联产乙二醇：

$$\underset{H_2C-CH_2}{\overset{O}{\triangle}} + CO_2 \xrightarrow{\text{催化剂}} \underset{H_2C}{\overset{H_2C}{\underset{O}{\diagdown}}}\overset{O}{\diagup}C=O \xrightarrow[\text{催化剂}]{2CH_3OH} \underset{H_3CO}{\overset{H_3CO}{\diagdown}}C=O + \underset{H_2C-OH}{\overset{H_2C-OH}{|}}$$

不难看出，化工生产的洁净性及零排放是极为重要的。正像 20 世纪初化学给人类带来绚丽多彩的生活一样，它在 21 世纪的挑战中也一定能继续发挥巨大作用。化学绝不像有些悲观论者认为的那样，正在被肢解，而是在发展，不断适应新的形势，以其独有的特色发挥其他学科所不能发挥的作用。

7.3 常见反应的原子经济性分析

原子经济反应往往是指 100% 的原子利用率的反应。若不是原子经济反应则可计算它的原子利用率。不同的有机化学反应类型具有不同的原子经济潜力。

7.3.1 重排反应

重排反应（Rearrangement Reaction）是构成反应物分子的原子通过改变相互的位置、连接以及键的形成方式从而产生一个新分子的反应。重排反应是通过热、光及化学诱导等方法来控制的。这类反应的特点之一就是反应物分子中的所有原子经重新组合后均转移至产物分子中，无内在的废物产生。以人名命名的结构互变或异构化的重排反应有 30 多种，广泛应用在染料合成和药物合成等方面，是非常重要的有机合成反应。重排反应的通式为：A ——→ B，其原子利用率可达到 100%，是理想的原子经济反应，也是绿色化学的首选反应类型之一。

7.3.1.1 Claisen 重排

如烯丙基芳基醚在 200℃ 下重排生成烯丙基酚，当烯丙基芳基醚的两个邻位未被取代基占满时，重排主要得到邻位产物，两个邻位均被取代基占据时，重排得到对位产物。对位、邻位均被占满时不发生此类重排反应。

实验证明，Claisen 重排是分子内的重排。采用 γ-碳为 ^{14}C 标记的烯丙基醚进行重排，重排后 γ-碳原子与苯环相连，碳碳双键发生位移。两个邻位都被取代的芳基烯丙基酚，重排后则仍是 α-碳原子与苯环相连。

7.3.1.2 Beckmann 重排

Beckmann 重排是一个由酸催化的重排反应，反应物肟在酸的催化作用下重排为酰胺。若起始物为环肟，产物则为内酰胺，如环己酮生成己内酰胺的反应。己内酰胺是制造尼龙-6 的重要原料，因此该反应也是 Beckmann 重排反应的一个很重要的应用。

7.3.1.3 Fries 重排

酚酯在 Lewis 酸存在下加热，可发生酰基重排反应，生成邻羟基和对羟基芳酮的混合物。重排可以在硝基苯、硝基甲烷等溶剂中进行，也可以不用溶剂直接加热进行。

Harrowven 等人在室温下用 $ZrCl_4$ 作催化剂进行如下的反应，主要得到邻位的产物。

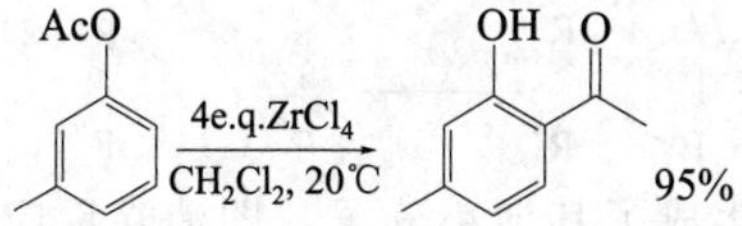

由于 Fries 重排反应催化剂通常为 AlCl$_3$、HF、BF$_3$ 等，HF 有剧毒、沸点低（沸点 15℃），而 AlCl$_3$、BF$_3$ 与水反应很剧烈，同时 BF$_3$ 也是一种有毒物质，近年来，人们对其进行了改进。Commarieu 等人使用干净友好的催化剂 CH$_3$SO$_3$H（MSA），仍能得到理想的结果。

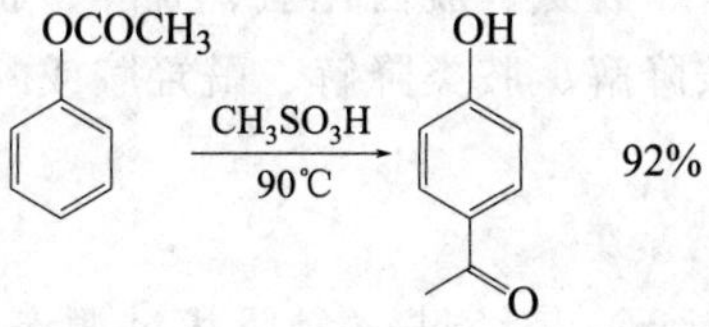

7.3.2 加成反应

加成反应（Addition Reaction）是不饱和分子与其他分子相互加合生成新分子的反应。反应中发生了不饱和 π 键的断裂和 σ 键的生成。

其通式为：A＋B ——→ C

由于加成反应是将一种反应物分子全部加到另一反应物分子上，所有的原子都进入产物中，因此反应是原子经济性的。例如：

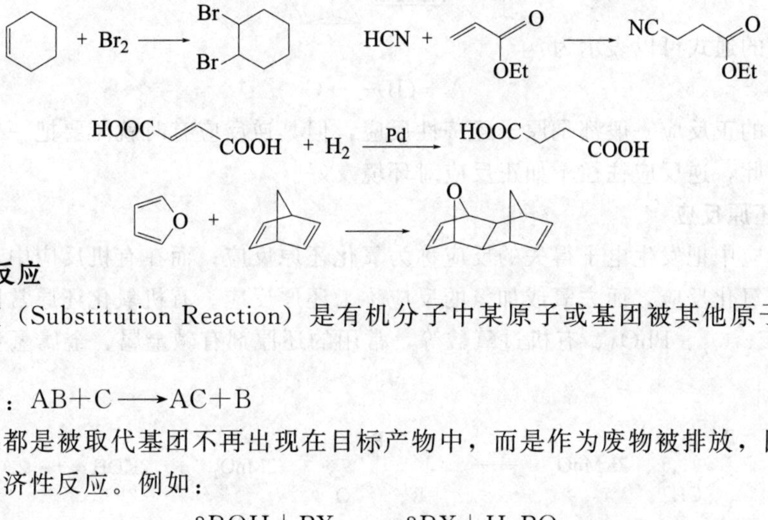

7.3.3 取代反应

取代反应（Substitution Reaction）是有机分子中某原子或基团被其他原子或基团取代的反应。

其通式为：AB＋C ——→ AC＋B

因其结果都是被取代基团不再出现在目标产物中，而是作为废物被排放，因此，取代反应不是原子经济性反应。例如：

$$3ROH + PX_3 \longrightarrow 3RX + H_3PO_3$$

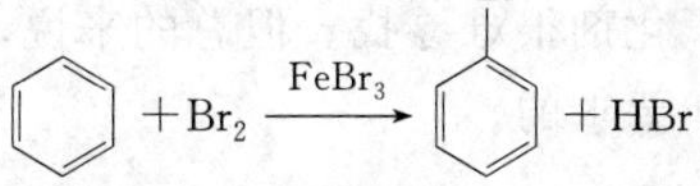

取代反应不仅不是原子经济反应，而且在资源利用及环境污染方面均有一定的不足。但这并不意味着它绝对不可取，如果一个取代反应在设计时精心考虑和选择了离去的基团，使其对环境无害，则反应也可以是方便和高效的。

7.3.4 消除反应

消除反应（Elimination Reaction）是在有机分子中除去两个原子或基团而生成不饱和化合物的反应。按被消去原子或基团的位置可分为 α-消除、β-消除、γ-消除等。通式为：

$$\underset{B}{\overset{A}{\underset{\textstyle R''}{\overset{\textstyle R'}{\bigvee}}}} \longrightarrow \underset{B}{\overset{A}{|}} + \underset{R''}{\overset{R'}{\bigvee}}$$

由于消除反应或降解反应生成了其他小分子，即消除反应必然会生成副产物，所以消除反应与取代反应一样不是原子经济性反应。尤其是季铵碱热分解反应制备烯烃，其原子利用率很低，只能达到 35%。例如：

$$CH_3CH_2CH_2N^+(CH_3)_3OH^- \xrightarrow{\triangle} CH_3CH{=}CH_2 + N(CH_3)_3 + H_2O$$

类似的情况还有脱氢、脱水、脱氨、脱卤化氢、脱醇、脱羧基、脱酰基等，以及羧酸降解、醛糖降解、氨基降解、酰胺降解、胺类降解、酰羟胺或酰化物降解等反应，都不是原子经济反应。

7.3.5　周环反应

周环反应（Pericyclic Reaction）是经过一个环状过渡态的协同反应（Concerted Reaction），即在反应过程中新键的生成与旧键的断裂是同时发生的，电环合反应、环加成反应、σ-迁移反应等都是周环反应的典型例子。例如：

这些反应的通式可以表示为：

$$A + (B) \longrightarrow C$$

周环反应的正反应一般都是原子经济性反应，但其逆反应有时就需要把一个分子分解成两个分子，因此，逆反应往往不如正反应对环境友好。

7.3.6　氧化还原反应

在无机反应中把发生电子得失的反应称为氧化还原反应；而在有机反应中，把加氧或去氢的反应称为氧化反应，而去氧或加氢的反应称为还原反应。有机氧化还原常用的氧化剂有 $KMnO_4$、$K_2Cr_2O_7$、PbO_2、有机过氧酸等，常用的还原剂有碱金属、金属氢化物、醇铝化合物等。例如：

$$3\underset{R''}{\overset{R'}{\underset{\textstyle OH}{\bigvee}}} + 2KMnO_4 \longrightarrow 3\underset{R''}{\overset{R'}{\underset{\textstyle O}{\bigvee}}} + 2MnO_2 + 2KOH + 2H_2O$$

可见，氧化还原反应副产物多，原子经济性很差，是化学工业环境污染最严重的反应之一。更不幸的是，环境无害的氧化剂很难寻找。但总的来说，在设计合成路线时应尽量避免氧化还原反应，这是绿色化学所要求的。

7.4　原子经济性反应实例

化学家很早就注意到，许多化学反应因选择性不高造成资源大量浪费，而且副产物的生成又造成对环境的污染，因此化学家们一直在探索提高反应选择性，以尽可能达到原子经济反应。经过多年的奋斗，特别是近几年来科技界和工业界的共同努力，在绿色化学研究和应用方面取得令人瞩目的成就。例如，新的绿色化学反应过程开发，传统化工生产过程的绿色化改造，用可再生资源替代不可再生的石油和天然气作原料的绿色生化过程，无污染的绿色溶剂和试剂的开发等。这些科学技术成就使得产品的设计更符合环境友好的要求，生成过程可实现或接近零排放，有的已达到原子经济反应。下面是几个已经成熟的原子经济反应实例。

7.4.1 甲醇羰基化法合成乙酸

乙酸生产有乙醛氧化法、丁烷和轻质油氧化法以及甲醇羰基化法。乙醛氧化法制备乙酸的反应式如下：

$$2CH_3CHO + O_2 \longrightarrow 2CH_3COOH$$

这条生产乙酸的技术路线开发最早，到 19 世纪 60 年代，Hoechst-Wacker 法直接氧化乙烯制乙醛技术开发成功后更有了飞速的发展。当时乙烯法制乙醛的路线以其生产规模大，成本低而在与其他路线竞争中占有很大优势，使乙烯制乙醛生产能力在 70 年代初达到了 $1.61 \times 10^6 t/a$ 的规模，所生产的乙醛大部分用于制造乙酸。但其后石油和乙烯价格大幅度上升，使原料成本增加。同时，乙醛制乙酸的单程转化率约 90%，收率以乙醛计为 94%～95%，反应中有少量副产物双乙酸亚乙酯、丁烯酸、丁二酸等生成，分离麻烦，加之设备投资比低压甲醇羰基化方法高，因此导致此路线后来逐渐失去竞争力。

丁烷液相氧化制乙酸，曾是 20 世纪 50～60 年代生产乙酸的主要路线，其反应式如下：

$$C_4H_{10} + \frac{5}{2}O_2 \longrightarrow 2CH_3COOH + H_2O$$

真正的反应过程是相当复杂的，生产的氧化产物较多，主要副产物有甲醇、甲酸、乙醇、丙酸等，它们占有相当大的比例，分离过程比较麻烦。因此从原料的有效利用和环境影响来看，丁烷液相氧化法不再具有任何优势，因此已逐渐被淘汰。只有 20 世纪 60 年代后期美国 Monsanto 公司开发成功的低压甲醇羰基化法独树一帜，占乙酸新增生产能力的 90%以上。

甲醇羰基化法合成乙酸是一个典型的原子经济反应，它的原子经济性达到 100%。

$$CH_3OH + CO \xrightarrow{Rh,CH_3I} CH_3COOH$$

甲醇羰基化法合成乙酸经历了由高压钴催化法发展到低压铑催化法的科学技术突破。20 世纪中期，Reppe 等开创了应用第 Ⅷ 族过渡金属羰基化合物作催化剂的先例。在此基础上 BASF 公司开发出采用羰基钴-碘催化剂的高压羰基化工艺，反应温度 250℃，反应压力 53MPa，产物按甲醇计收率为 90%。此方法的缺点是反应条件苛刻、能耗高、催化反应速率低、原料利用不充分、生成的副产物较多，因此推广应用有限，仅有几套装置运行，最大规模为 64kt/a。1968 年，美国 Monsanto 公司的 Paulick 和 Roth 发现了新的可溶性羰基铑-碘化物催化剂体系，它们对甲醇羰基化合成乙酸有更高的催化活性和选择性，而且反应条件变得十分缓和，反应温度降至 175～200℃，反应压力降至 6MPa 以下，产物以甲醇计收率为 99%。根据这一研究成果，Monsanto 公司成功地开发了甲醇低压羰基化合成乙酸技术，从工业生产上实现了原子经济反应，成为近代羰基化合成技术发展道路上的里程碑。

甲醇羰基化法合成乙酸的成功，不仅做到了原料充分利用，消除了氧化法合成乙酸的环境污染问题，而且开辟了可以不依赖石油和天然气为原料的合成路线。它的原料可用自然界储量丰富的碳和水资源制取的一氧化碳和氢气来解决。因为甲醇是由一氧化碳和氢气合成的，因此也可看成是利用自然界可再生资源的典型绿色化学原料路线。

中国科学院化学研究所蒋大智等对甲醇羰基化合成乙酸的催化剂和催化反应体系进行改进，采用高分子负载型铑催化剂，使催化反应速率明显提高，并保持了羰基化产物选择性在99％以上，形成了具有自己特色的催化反应体系。

7.4.2　亚氨基二乙酸二钠合成的新路线

亚氨基二乙酸二钠（Disodium Iminodiacetate，DSIDA）是 Monsanto 公司产品 Round-up（r）除草剂的关键中间体。Monsanto 和其他公司都曾采用传统的方法合成此产品，即采用 Strecker 工艺制造 DSIDA：

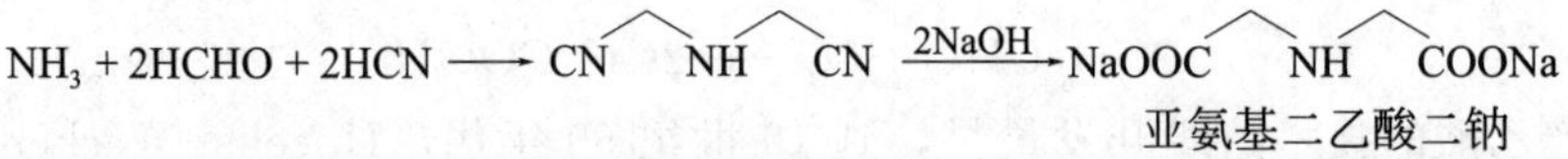

$$NH_3 + 2HCHO + 2HCN \longrightarrow CN\diagdown NH\diagup CN \xrightarrow{2NaOH} NaOOC\diagdown NH\diagup COONa$$
亚氨基二乙酸二钠

这一生产工艺过程需要氨、甲醛、氢氰酸和盐酸等原料。由于氢氰酸的剧毒性，需要特殊的防护，以尽可能消除对工人、社区和环境的危害。此反应是放热反应，反应过程中可能生成潜在的不稳定中间体，而且每生产 7kg 产物将产生 1kg 废物（其中含有氰化物和甲醛等有毒物质），因此必须对它们进行严格的安全处置。

Monsanto 公司开发成功了一条新的 DSIDA 合成路线，采用二乙醇胺（DEA）作原料，经铜催化剂催化脱氢制得 DSISA：

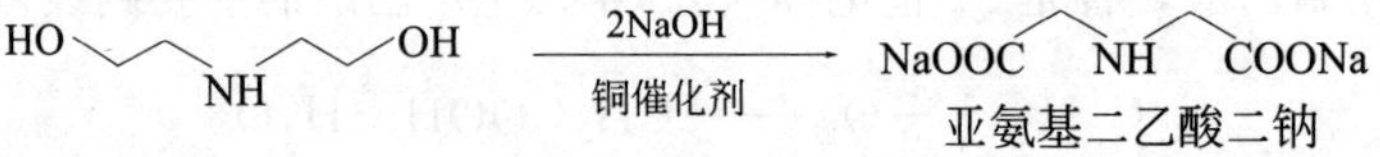

$$HO\diagdown NH\diagup OH \xrightarrow[\text{铜催化剂}]{2NaOH} NaOOC\diagdown NH\diagup COONa$$
亚氨基二乙酸二钠

这个新过程是很安全的，因为脱氢是吸热反应，没有反应失控的危险。这种新工艺不用氢氰酸和甲醇作原料，操作也比较安全，总收率又较高，生产过程步骤少。反应完成后将催化剂过滤就得到足够高纯度的产品，不需要进行纯化或分离副产物，即可用于 Roundup 的制造。这种催化技术还可用来生产其他氨基酸产品，例如氨基乙酸。此方法也是将伯醇转化为羧酸盐的一般方法，可开发推广用于许多其他的农用化学品、医用化学品、日用品和特殊产品的制备。

7.4.3　无卤素的芳胺合成

传统的 4-氨基二苯胺合成涉及苯的氯化，接着亲核取代：

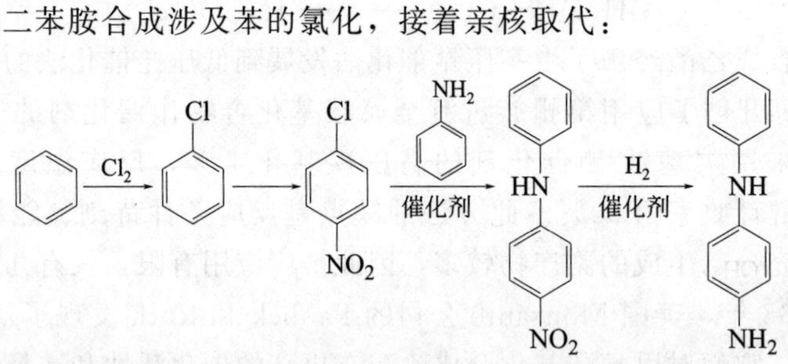

由于苯的氯化过程生成的副产物多，分离麻烦，氯代芳烃对人和环境有累积性危害，同时反应过程中生成的氯化氢腐蚀性严重，加上反应步骤多，总收率较低，因此生产成本高。Monsanto 公司 Stern 等利用苯胺和硝基苯代替氯代芳烃为原料，直接用苯胺对芳烃进行亲核取代，发展了所谓芳烃氢的亲核取代（Nucleophilic Aromatic Substitution for Hydrogen，NASH）方法，从而开发出 4-氨基二苯胺的新合成方法。此反应过程是将硝基苯和苯胺在四甲基氢氧化铵存在下加热，生成缩合产物的铵盐。反应中生成的混合产物再进行催化加氢即得到 4-氨基二苯胺，同时再产生四甲基氢氧化铵。

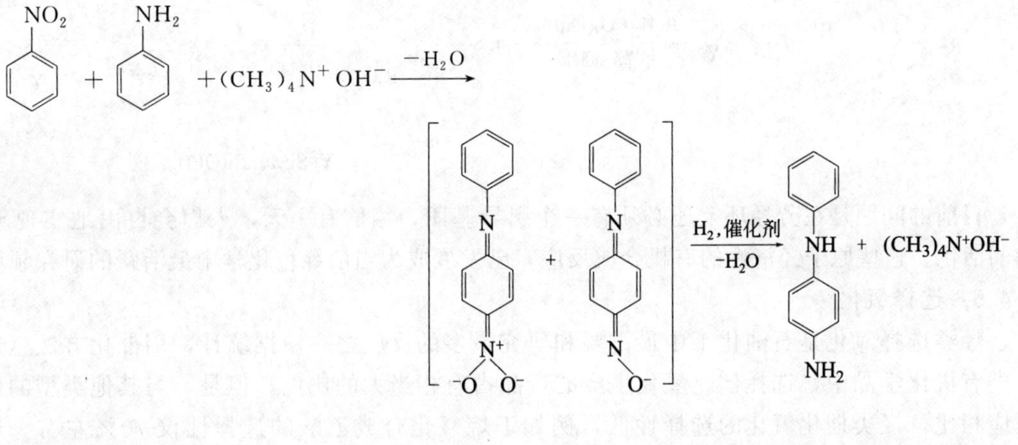

新生产过程与旧生产过程比较，反应原料虽然仍然包括硝基苯和苯胺，但不用苯氯化制造氯苯，反应步骤减少，所用的四甲基氢氧化铵又能循环使用，因此生产成本显著降低。由于反应过程中的副产物是生成的水，对环境是友好的。

7.4.4　碳-碳偶联反应

陆熙炎小组发现二价钯催化剂可催化炔烃偶联反应。当炔烃和 α,β-不饱和烯烃在二价钯催化剂、卤素离子和乙酸存在下，能生成类似于 Michael 加成的产物：

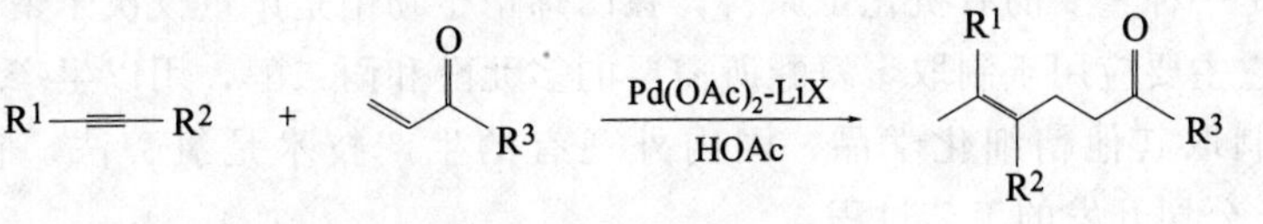

这一反应是原子经济性的。它还能以分子内的形式进行：

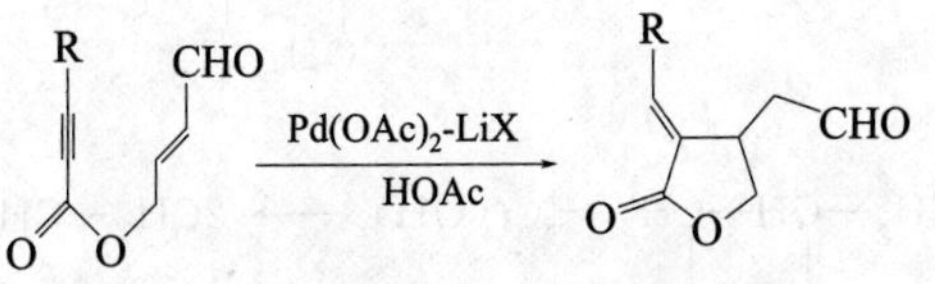

而且分子内的氧原子也能作为亲核试剂代替卤素完成下列反应：

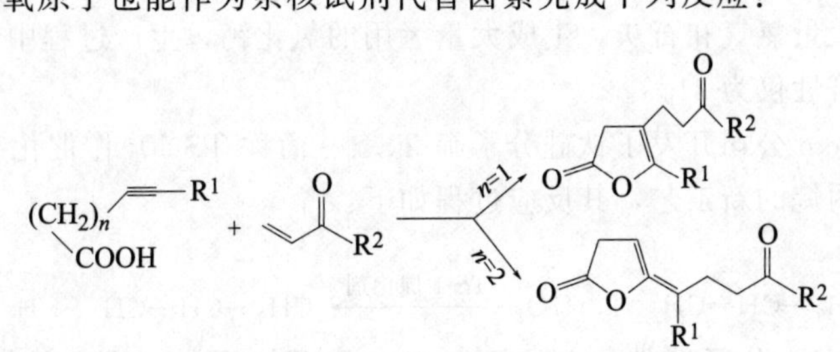

不用卤代芳烃，直接用芳烃为原料的反应，最理想的方法是实现过渡金属催化的碳-氢键活化，使芳烃直接和烯烃反应生成加成产物：

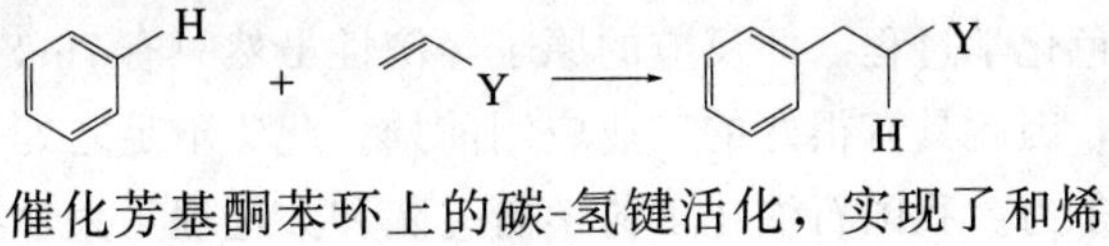

Murai 等用钌络合物催化芳基酮苯环上的碳-氢键活化，实现了和烯烃的加成反应：

$$Y=SiMe_3, Si(OEt)_3$$

目前的问题是在芳烃环上还必须有一个引导基团，相信有一天，人们会自由地实现碳-氢键的活化。这些原子经济性的有机合成反应，已发展成为当前绿色化学中最活跃的研究领域。

7.4.5　选择氧化

烃类选择氧化是石油化工中最重要和研究最多的反应之一。据统计，用催化方法生产的各类有机化学品中，选择催化氧化生产的产品占有相当大的比例，但是，与其他类型的催化反应相比，烃类催化氧化的选择性低，例如丁烷氧化合成乙酸的选择性仅 70% 左右。近几年，烃类选择性氧化已成为开发环境友好工艺的主攻方向，这里的关键是提高选择性来达到少产甚至不产副产品与废物，同时也充分利用了原料，因而有利于降低生产成本。

利用钛硅分子筛催化过氧化氢氧化烃类是提高氧化选择性的新方向。意大利埃尼集团首先发现钛硅分子筛能作为氧化催化剂，第一次把分子筛的应用从过去的酸催化扩展到氧化催化，并且已成功地用于丙烯环氧化合成环氧丙烷和环己酮氨氧化制环己酮肟。

7.4.5.1　丙烯环氧化制备环氧丙烷

环氧丙烷是一种重要的有机化工原料，在丙烯衍生物中是产量仅次于聚丙烯和丙烯腈的第三大品种。它主要应用于制取聚氨酯所需要的多元醇和丙二醇，用以生产塑料等，此外还可用作溶剂和制取其他精细化学品。国内外现有的生产技术是氯醇法，它是 Dow 化学、BASF 和 Bayer 公司开发的工艺过程：

$$2CH_3-CH=CH_2 + 2HOCl \longrightarrow CH_3-\underset{\underset{OH}{|}}{C}H-\underset{\underset{Cl}{|}}{C}H_2 + CH_3-\underset{\underset{Cl}{|}}{C}H-\underset{\underset{OH}{|}}{C}H_2$$

$$CH_3-\underset{\underset{OH}{|}}{C}H-\underset{\underset{Cl}{|}}{C}H_2 + CH_3-\underset{\underset{Cl}{|}}{C}H-\underset{\underset{OH}{|}}{C}H_2 +Ca(OH)_2 \longrightarrow 2CH_3-CH-CH_2 +CaCl_2 +2H_2O$$

此法需要消耗大量氯气和石灰，生成大量无用的氯化钙，生产过程中设备腐蚀和环境污染严重，其原子经济性仅为 31%。

Ugine 和 Enichem 公司开发了钛硅分子筛 TS-1（简称 TS-1）作催化剂的过氧化氢氧化丙烯直接生成环氧丙烷的新工艺，其反应过程如下：

$$CH_3-CH=CH_2 + H_2O_2 \xrightarrow{\text{TS-1 催化剂}} CH_3-CH-CH_2 +H_2O$$

新工艺使用的 TS-1 分子筛催化剂无腐蚀性，无环境污染，反应条件温和，温度 40～50℃，压力低于 0.1MPa，氧化剂采用 30% 过氧化氢水溶液，安全易得，反应几乎按化学计量关系进行。以过氧化氢计的转化率为 93%，生成环氧丙烷的选择性在 97% 以上，因此是一个低能耗、无污染的绿色化学过程。此反应的原子经济性虽然只有 76.3%，但生成的副产物仅是水，对环境是友好的，因此具有很好的工业应用前景。此法不足之处是过氧化氢成本较高，在经济上暂时还缺乏竞争力。我国石油化工科学研究院和大连理工大学在钛硅分子筛的制备和应用于丙烯环氧化合成环氧丙烷的研究方面取得了很好的结果，已进行工业性试验。

7.4.5.2　环己酮氨氧化制环己酮肟

己内酰胺是一种重要的化纤单体，它的中间体环己酮的工业生产一般采用的方法是先制备羟胺无机酸盐，然后再与环己酮反应制成环己酮肟。其合成过程如下。

① 羟胺的合成　传统的拉西法是将氨经空气催化氧化生成的 N_2O_3 用碳酸铵溶液吸收，生成亚硝酸铵，然后用二氧化硫还原，生成羟胺二磺酸盐，再水解得羟胺硫酸盐：

$$N_2O_3 + (NH_4)_2CO_3 \longrightarrow 2NH_4NO_2 + CO_2$$

$$2NH_4NO_2 + 4SO_2 + 2NH_3 + 2H_2O \longrightarrow 2HON(SO_3NH_4)_2$$

$$2HON(SO_3NH_4)_2 + 4H_2O \longrightarrow 2(NH_2OH)\cdot H_2SO_4 + 2(NH_4)_2SO_4 + H_2SO_4$$

② 环己酮肟的合成　将羟胺硫酸盐与环己酮反应，同时加入氨水中和游离出来的硫酸，生成环己酮肟和硫酸铵：

$$2\ \text{(环己酮)} + (NH_2OH)_2\cdot H_2SO_4 + 2NH_3 \longrightarrow 2\ \text{(环己酮肟)} + (NH_4)_2SO_4 + 2H_2O$$

制备羟胺无机盐还有多种方法，但所有这些方法的选择性都较差，而且生成大量副产物。以上述的拉西法为例，每生产 1t 己内酰胺就要产生 2.8t 硫酸铵。这样大量的硫酸铵生成是工厂难以处理的问题，同时生产过程长、能耗也高。意大利埃尼集团采用 30% 过氧化氢水溶液，在叔丁醇等溶液中，以钛硅分子筛 TS-1 为催化剂，进行环己酮氨氧化反应，反应式如下：

$$\text{(环己酮)} + NH_3 + H_2O_2 \xrightarrow{\text{TS-1 催化剂}} \text{(环己酮肟)} + 2H_2O$$

环己酮转化率 99.9%，环己酮肟选择性 98.2%，过氧化氢利用率为 93.2%，新的生产过程不生成硫酸铵。这些数据表明，这是一种高效、经济、对环境无害的己内酰胺绿色生产技术。一套采用本方法的 12kt/a 己内酰胺示范装置已在意大利 Perto Mirghrea 建成，并正式运转。石油化工科学研究院以钛硅分子筛作催化剂，以过氧化氢作氧化剂合成环己酮肟的研究已经取得了很好的结果。

参 考 文 献

[1] Anastas P T, Williamson T C. Green chemistry-designing chemistry for the environment [M]. Washington: American Chemical Society, 1996.

[2] Trost B M. The atom economy-a search for synthetic efficiency [J]. Science, 1991, 254: 1471-1477.

[3] 宋瑞祥. 零排放: 后工业社会的梦想与现实 [M]. 北京: 中国环境科学出版社, 2003.

[4] Harrowven D C, Dainty R F. An innovative technology [J]. Tetrahedron Lett, 1996, 37 (42): 7659.

[5] Commarvieu A, Hoelderich W, et al. Supported chiral catalysts on inorganic materials [J]. J Mol Catal A: Chem, 2010, 182: 137-141.

[6] 闵恩泽, 吴巍. 绿色化学与化工 [M]. 北京: 化学工业出版社, 2000.

[7] 贡长生, 张克立. 绿色化学化工实用技术 [M]. 北京: 化学工业出版社, 2002.

[8] 周义. 碳酸二甲酯的合成-分离及其应用进展 [J]. 乙醛醋酸化工, 2020 (9): 16-25.

[9] 李和平. 现代精细化工生产工艺流程图解 [M]. 北京: 化学工业出版社, 2014.

[10] 徐汉生. 绿色化学导论 [M]. 武汉: 武汉大学出版社, 2002.

[11] 陆熙炎. 绿色化学与有机合成及有机合成中的原子经济性 [J]. 化学进展, 2008, 10 (2): 123.

[12] 沈玉龙, 魏利滨, 曹文华, 等. 绿色化学 [M]. 北京: 中国环境科学出版社, 2004.

[13] 李群, 代斌. 绿色化学原理与绿色产品设计 [M]. 北京: 化学工业出版社, 2008.

习　题

一、名词解释

1. 原子利用率

2. 零排放

二、填空题

1. 对于原子利用率为 100％的原子经济性反应，由于在目标产物之外无其他副产物，因此，其环境因子为（　　）。

2. 要更为精确地评价一种合成方法、一个过程对环境的好坏，必须同时考虑废物排放量和废物的环境行为本质的综合表现。这一综合表现可用（　　）来描述。

三、选择题

1. 以下反应理论上一定属于原子经济性反应的是（　　）。

①重排反应；②加成反应；③取代反应；④消除反应；⑤周环反应；⑥有机物的氧化还原反应

　　A. ①③⑥　　　　　　　B. ②④⑤　　　　　　　C. ③④⑥　　　　　　　D. ①②⑤

2. 关于"零排放"下列表述错误的是（　　）。

　　A. 利用清洁生产、3R（Reduce，Reuse，Recycle）及生态产业等技术，实现对自然资源的完全循环利用

　　B. 真正的"零排放"只是一种理论的、理想的状态

　　C. 零排放是将不得已排放的废弃物减少到零

　　D. 控制生产过程中不得已产生的废弃物排放，将其减少到零

3. 原子利用率最不经济的反应类型是（　　）。

　　A. 重排反应　　　　B. 取代反应　　　　　C. 加成反应　　　　　D. 消除反应

4. 原子利用率 100％的反应类型是（　　）。

　　A. 重排反应　　　　B. 取代反应　　　　　C. 加成反应　　　　　D. 消除反应

四、简答题

1. 在合成反应中，要减少废物排放的关键是什么？

2. 如何做到零排放？

3. 绿色化学的核心问题是什么？

五、论述题

1. 如何理解真正的"零排放"只是一种理论的、理想的状态。

2. 为了从源头上实现化工生产的零排放，尽可能地减少工业废料的产生，人们应该从哪些方面入手？

8 绿色化学品

　　绿色产品，又称为环境协调产品（Environmental Conscious Product，ECP），是相对于传统而言的，由于对产品"绿色程度"的描述和量化特征还不十分明确，至今尚没有公认的权威定义。综合文献中对绿色产品的定义，结合绿色化学领域的发展，给出下述的定义以供参考：绿色化学品是指通过先进技术手段获得的，并具有良好的使用功能，从市场分析、产品设计、原产品的获取与加工、产品的制备、装配、包装、运输、销售、使用、产品的回收再利用及废弃的生命周期全过程中可以经济性地节约资源和能源，并符合特定的环境保护要求，对生态环境无害或危害极少的产品（可以是一种物品、一种服务、一种理念或是三者的结合物）。

　　可见，绿色产品不仅是生产过程的一个最终产物，并且是生态环境保护和科学技术发展相结合的产物，其思想的精髓应贯穿于产品的整个生命周期。因此，正确深入地认识绿色产品的本质意义对绿色产品的研究与开发具有重要的意义。

　　绿色产品的意义还在于它能直接促使人们消费观念和生产方式的转变，其主要特点是以市场调节方式来实现环境保护。促使公众以购买绿色产品为时尚，促进企业以生产绿色产品作为获取经济利益的途径。这一点对全球的可持续性发展具有十分重要的现实意义。

　　人们所需的产品门类众多，诸如化工产品、纺织产品、食品、药品以及各种各样的材料等。由于不同产品由不同的原料和不同的生产过程来生产和制造，所以实现不同的产品绿色化的途径百花齐放，殊途同归。

8.1　绿色食品

8.1.1　绿色食品的定义和条件

　　绿色食品，是指遵循可持续发展原则，按照特定生产方式生产，经专门机构认证，许可使用绿色食品标志的无污染的安全、优质、营养类食品。由于与环境保护有关的事物国际上通常都冠之以"绿色"，为了更加突出这类食品出自良好的生态环境，因此定名为绿色食品。无污染、安全、优质、营养是绿色食品的特征。无污染是指在绿色食品在生产、加工过程中，通过严密监测、控制，防范农药残留、放射性物质、重金属、有害细菌等对食品生产各个环节的污染，以确保绿色食品产品的洁净。

　　绿色食品必须具备四个条件：①绿色食品必须产自优良的生态环境，即产地经监测，其土壤、大气、水质符合《绿色食品产地环境技术条件》要求；②绿色食品生产过程必须严格执行绿色食品生产技术标准，即生产过程中的投入品（农药、肥料、兽药、饲料、食品添加剂等）符合绿色食品相关生产资料使用准则规定，生产操作符合绿色食品生产技术规程要求；③绿色食品产品必须经绿色食品定点监测机构检验，其感官、理化（重金属、农药残留、兽药残留等）和微生物学指标符合绿色食品产品标准；④绿色食品产包装必须符合《绿色食品包装通用准则》要求，并按相关规定在包装上使用绿色食品标志。

8.1.2　绿色食品添加剂

食品添加剂的使用是绿色食品加工过程中重要的环节，对绿色食品的营养品质和质量安全有着重要影响。合理使用，可以保持和提高绿色食品的营养价值，提高绿色食品的耐储性、稳定性和加工性能，改善绿色食品的成分、品质和感官；使用不当或过量使用，则对绿色食品的安全性产生较大影响。

8.1.2.1　绿色食品添加剂的概念与特征

食品添加剂是指为改善食品品质和色、香、味，以及为防腐和满足加工工艺的需要而加入食品中的化学合成或者天然物质。天然食品添加剂是以物理方法从天然物质中分离出来，经过毒理学评价确认其食用安全的食品添加剂；人工合成食品添加剂由人工合成，其化学结构、性质与天然物质完全相同，经毒理学评价确认其为食用安全的食品添加剂。目前我国批准使用的食品添加剂包括：为增强食品营养价值而加入的营养强化剂；为防止食品腐败变质加入的防腐剂、抗氧化剂；为改善品质而加入的色素、香料、漂白剂、调味剂、甜味剂、疏松剂等；为便于加工而加入的消泡剂、脱膜剂、乳化剂、稳定剂等。

8.1.2.2　绿色食品添加剂的分类

目前，全世界应用的食品添加剂品种已多达 25000 种，直接使用的有 3000～4000 种，其中常用的有 600～1000 种，我国食品添加剂实际允许使用的品种有 1524 种。随着科学技术的发展，食品更加精细、绿色化，食品添加剂也将更加绿色化。

（1）防腐剂

防腐剂是防止因微生物作用而引起食品腐败变质，延长食品保存期的一种食品添加剂。它已广泛应用于饮料、面包、糕点、罐头、果汁、酱油、果糖、蜜饯、葡萄酒和酱菜等诸多食品。属于酸性防腐剂的有苯甲酸、山梨酸和丙酸及其盐类。目前，我国使用最普遍的防腐剂是苯甲酸钠，其历史悠久、安全性高，但是它对机体有致突变作用，因此有的国家已部分限制使用，我国规定其最大使用量为 0.2～1.0g/kg，浓缩果汁最大使用量为 2g/kg。目前国际上公认的最好的防腐剂是山梨酸，可参与人体代谢，对人体无害，抗菌力强，对食品风味也无不良影响；另一种用得较多的防腐剂是乙醇，它用作消毒、杀菌，低浓度的乙醇能适当地降低 pH 值，增强对微生物的抑制作用。但是随着人类对自身健康和环保问题认识的不断提高，安全、高效、经济的新型天然防腐剂已经进一步被开发，其中富马酸二甲酯已在我国推广使用，它具有很高的抵抗活性，作为面包防腐剂，防腐效果优于丙酸钙。

对于防腐剂，主要集中在研究开发广谱、高效、低毒、天然的食品防腐剂，其中肽类防腐剂已经成为研究热点。溶菌酶就是一种安全的天然防腐剂，它广泛存在于鸟类、家禽的蛋清中和哺乳动物的泪液、唾液、血浆、尿、乳汁、胎盘以及体液、组织细胞内，其中蛋清中含量最丰富，此外，在一些植物和微生物体内也存在溶菌酶。它在绿色食品工业上是优良的天然防腐剂，广泛应用于清酒、干酪、香肠、奶油、糕点、生面条、水产品、熟食及冰淇淋等食品的防腐保鲜，也是婴儿食品、饮料的优良添加剂。由于食品中的羟基和酸会影响溶菌酶的活性，因此它一般与酒、植酸、甘氨酸等物质配合使用。另外，还有鱼精蛋白和聚赖氨酸。鱼精蛋白是一种碱性蛋白，主要在鱼类（如鲑鱼、鳟鱼、鲱鱼等）成熟精子细胞核中作为和 DNA 结合的核精蛋白存在，其应用食品有面包、蛋糕，其次是菜肴制品、调味料等。聚赖氨酸是一种广谱性防腐剂，用于盒饭和方便菜肴，在面包、点心、奶制品、冷藏食品和袋装食品等方面都取得了很好的防腐保鲜效果。溶菌酶、鱼精蛋白等对人体还有一定的保健作用，所以是一类值得大力开发的食品防腐剂。目前人们正尝试通过基因工程和分子修饰来提高抗菌性能。现在抗菌肽分子的改造和设计已成为获得新抗菌肽的主要途径，而且天然肽类防腐剂常和其他防腐剂配合使用，抗菌效果会更强。

（2）抗氧化剂

抗氧化剂是阻止、抑制或延迟食品中油脂因氧化引起食品变色、败坏的食品添加剂。它主要应用于含油脂的食品、休闲膨松小食品以及罐头、糕点、馅心和酱菜中。随着人们对食品安全的日益关注及人类回归自然的心理影响，天然抗氧化剂的研究和应用成为当今食品行业最活跃的领域之一。天然抗氧化剂在自然界分布广泛、种类繁多，主要有维生素类、黄酮衍生物类和天然酚类，这些抗氧化剂存在于植物和植物油中，如植物油中普遍存在的生育酚、芝麻油中的芝麻酚、棉籽油中的棉酚、咖啡豆中的咖啡酸。生育酚是目前大量生产的天然油溶性抗氧化剂，在全脂乳粉、奶油或人造奶油、肉制品、水产加工品、脱水蔬菜、果汁饮料、冷冻食品及方便食品等中具有广泛的应用，尤其是生育酚作为婴儿食品、疗效食品、强化食品等的抗氧化剂和营养强化剂具有重要的意义。另一类为氨基酸及其衍生物，如色氨酸、甘氨酸、蛋氨酸、酪氨酸等也有抗氧化作用。目前从自然界提取天然抗氧化剂最活跃的领域是辛香料和中药材。随着我国食品工业的快速发展，抗氧化剂将是发展最快的行业。近年来，人们通过对茶多酚、迷迭香醚等提取工艺的深入研究，相继开发出比合成抗氧化剂抗氧化性更强的产品，特别是从茶叶下脚料——茶叶末、茶叶片中提取茶多酚，其抗氧化性超过 BHA、BHT。茶多酚具有很好的水溶性和醇溶性，可很方便地添加到食品中。另外，脂溶性茶多酚的成功开发，为我国油脂行业提供了更好的天然抗氧化剂。

（3）乳化剂

乳化剂是能改善食品中各种构成相之间的表面张力，形成均匀分散体或乳化体的物质。它能稳定食品的组成状态，改进食品的组成结构，简化和控制食品加工过程，改善风味、口感，提高食品质量，延长食品保质期。乳化剂广泛应用于焙烤、冷饮、糖果等食品行业。目前，世界各国允许使用的乳化剂有 60 多种，我国允许使用的有 33 种。而且，已经形成了以天然乳化剂、大豆磷脂和脂肪酸甘油酯、多元醇酯及其衍生物为主的食品乳化剂体系。其中，甘油酯是我国生产量最大、使用量最多的乳化剂。辛癸酸甘油酯是一种乳化性能优良的乳化香精用食品添加剂，可用于饮料、冰淇淋、糖果、巧克力、氢化植物油中；单辛酸甘油酯是一种新型无毒高效广谱防腐剂，用于豆馅、蛋糕、月饼、湿切面及肉肠中；还有一种既是优良的乳化剂，又是安全高效抗菌剂的月桂酸单甘油酯。随着人们健康意识的提高，天然乳化剂的研究和应用越显重要。其中磷脂就是一种开发较成功的天然乳化剂。磷脂具有良好的乳化性能，对沉积在血管上的胆固醇有很好的清扫作用，它不仅具有乳化、抗氧化、持水、降黏等作用，还有生化作用，可改善动脉血管的组成，维持脂酶的活性，改善体内脂的代谢，促进体内对脂肪和脂溶性维生素的吸收，补充人体营养，是目前唯一工业化生产的天然乳化剂，可用于人造奶油、冰淇淋、糖果、巧克力、面包和起酥油的乳化。

（4）调味剂

在绿色食品中加入调味剂，会使食品更加美味可口，因此调味剂成为生活的必需品。调味剂主要分为鲜味剂、酸味剂和甜味剂。

① 鲜味剂　目前国外微生物鲜味剂已成为发展最快的产业。国外的营养性天然鲜味剂

主要包括动植物提取浸膏、蛋白质水解浓缩物和酵母浸膏等。日本生产的既有牛肉、鸡肉、猪肉、鱼肉、贝类浸膏，还有鸡肉、牛肉、猪肉调味粉，同时生产的酵母浸膏 Huap，可随肌苷酸、鸟苷酸和游离氨基酸的含量高低，分别呈现出肉鲜味或酒体风味。

② 酸味剂　酸味剂又称酸度调节剂，是增强食品中酸味的调节 pH 值或具有缓冲作用的酸、碱、盐类物质的总称。世界各国的食品酸味剂共有 20 多种，我国允许使用的酸味剂有 15 种，主要品种为柠檬酸、富马酸、磷酸、乳酸、酒石酸和苹果酸等。其中以柠檬酸、磷酸用量最大，柠檬酸是酸味剂中的主要品种，约占酸味剂总耗量的 2/3，主要用于饮料。但是随着人们对天然食品越来越强烈的渴求，我国开发出了天然酸味剂的新品种——苹果酸，主要产品是 DL-苹果酸。它是当前国际公认的安全的食品添加剂，用天然原料制成，能模拟天然果实的酸味特征，味觉自然丰富与协调。DL-苹果酸中的 D-型在生理上无效，而L-型具有主要的生理功能，对健康有利，对肝功能不正常者有疗效，L-苹果酸钾可以作为人体钾的主要来源，苹果酸钠与氯化钾配合使用时可代替部分食盐，同时苹果酸还能延长低盐香肠和果酱的保存期。随着食品添加剂进一步的安全、高效、绿色化，苹果酸将在饮料行业中扮演重要的角色。

③ 甜味剂　甜味剂是指能赋予食品甜味的一类添加剂，它是发展较快、销售额很大的一类添加剂。主要品种有糖精、甜蜜素、阿斯巴甜（APM）、安赛蜜、山梨酸糖醇、木糖醇及复配品种等。随着人们对吃更追求营养和健康，甜味剂也向着天然甜味剂的方向发展。国外甜味剂的发展趋势是生产和使用低热量、高甜度的合成或天然的甜味剂品种，其中以APM 为代表品种，APM 甜度为蔗糖的 200 倍，可用于食品、饮料和餐饮用甜味料，但使用中不得过热。另外，甜叶菊糖是由天然植物甜菊中提取的，属天然无热量的高甜味剂，甜度为蔗糖的 300 倍，在各种食品生产过程中使用较稳定，可用于糖果、糕点和饮料中。新开发的还有蔗糖氯代衍生物、索石玛啶、甘草甜素等，蔗糖氯代衍生物三氯蔗糖用于食品、饮料等的甜味料，甜度为蔗糖的 600 倍左右，是近似于蔗糖的柔和甜味和无热量的甜味剂。国际推荐的甜度为蔗糖 3000 倍的天然提取物索马甜，是一种水溶性蛋白质，性能稳定，基本上可以说是无热量。糖醇是目前国际上无蔗糖甜食的理想甜味剂，常用的有麦芽糖醇、山梨醇、甘露醇、乳糖醇，但是糖醇却易导致肠鸣腹泻，因此，近年来国外推出了赤藓糖醇和异麦芽酮糖醇，它们是可以放心食用、极具发展前途的品种。甘草集甜味与保健功能于一体，是大有前途的天然添加剂，可广泛用于普通食品、饮料及酿造食品中，还可用于口香糖、巧克力、盐渍制品、海产珍味制品等食品中。

8.1.2.3　绿色食品添加剂的使用原则

① 如果不使用添加剂（含加工助剂）就不能生产出类似的产品时，才允许选择使用。否则，不使用添加剂。

② AA 级绿色食品中只允许使用"AA 级绿色食品生产资料"食品添加剂类产品，在此类产品不能满足生产需要的情况下，允许使用天然食品添加剂。

③ 允许使用天然食品添加剂和表 8-1 所列以外的人工合成食品添加剂。

④ 在天然食品添加剂和化学合成食品添加剂均能达到同样使用效果时，提倡使用天然食品添加剂，但应综合考虑食品的安全性和生产成本、资源的可持续利用。

⑤ 所用食品添加剂的产品质量必须符合相应的国家或行业标准。

⑥ 食品添加剂使用范围和使用量以 GB 2760—2014《食品安全国家标准　食品添加剂使用标准》和 2022 年第 2 号公告（关于莱菌衣藻等 36 种"三新食品"的公告）发布的系列规

定为标准。

⑦ 不得对消费者隐瞒绿色食品中所用食品添加剂的性质、成分和使用量。

⑧ 在任何情况下，都不得使用表 8-1 中列出的食品添加剂，对毒性不明或毒性较大，又可由同类添加剂替代的添加剂，不允许使用；对毒性有争议的添加剂，不允许使用。

表 8-1 生产绿色食品禁止使用的食品添加剂

类别	食品添加剂名称	类别	食品添加剂名称
酸度调节剂	富马酸一钠(01.311)	胶基糖果中基础剂物质	胶基糖果中基础剂物质
抗结剂	亚铁氰化钾(02.001) 亚铁氰化钠(02.008)		
抗氧化剂	硫代二丙酸二月桂酯(04.012) 4-己基间苯二酚(04.013)	增稠剂	海萝胶(20.040)
漂白剂	硫黄(05.007)	防腐剂	苯甲酸(17.001) 苯甲酸钠(17.002) 乙氧基喹(17.010) 仲丁胺(17.011) 桂醛(17.012) 噻苯咪唑(17.018) 乙萘酚(17.021) 联苯醚(二苯醚)(17.022) 2-苯基苯酚钠盐(17.023) 4-苯基苯酚(17.024) 2,4-二氯苯氧乙酸(17.027)
膨松剂	硫酸铝钾(钾明矾)(06.004) 硫酸铝铵(铵明矾)(06.005)		
着色剂	赤藓红及其铝色淀(08.003) 新红及其铝色淀(08.004) 二氧化钛(08.011) 焦糖色(亚硫酸铵法)(08.109) 焦糖色(加氨生产)(08.110)		
护色剂	硝酸钠(09.001) 亚硝酸钠(09.002) 硝酸钾(09.003) 亚硝酸钾(09.004)		
乳化剂	山梨醇酐单油酸酯(司盘 80)(10.005) 山梨醇酐单棕榈酸酯(司盘 40)(10.008) 山梨醇酐单月桂酸酯(司盘 20)(10.024) 聚氧乙烯山梨醇酐单油酸酯(吐温 80) (10.016) 聚氧乙烯山梨醇酐单月桂酸酯(吐温 20) (10.025) 聚氧乙烯山梨醇酐单棕榈酸酯(吐温 40) (10.026)	甜味剂	糖精钠(19.001) 环己基氨基磺酸钠(甜蜜素)及 环己基氨基磺酸钙(19.002) L-a-天冬氨酰-N-(2,2,4,4-四甲基-3- 硫化三亚甲基)-D-丙氨酰胺(阿力甜) (19.013)

资料来源：《绿色食品 食品添加剂使用准则》(NY/T 392—2013)。

8.2 绿色农药

绿色农药，就是指对人类安全、环境生态友好、超低用量、高选择性、作用模式及代谢途径清晰，具有绿色制造过程和高技术内涵的化学农药和生物农药。

"民以食为天"，农药是全面建设小康社会进程中事关工农业进步、环境生态可持续发展、人民健康及社会稳定的重大科学技术问题。

农业的发展方向是优质、安全、高产、高效，农药在其中具有十分重要、无法回避的作用和影响。在全世界，农业病虫草害种类有十多万种［其中，昆虫 1×10^4 种，线虫 $(8 \sim 10) \times$

10^4 种，微生物 2000 种，杂草 1000 种]，据统计，农药挽回了每年因其造成的 30％的谷物损失，大约每年价值 3000 亿美元。

8.2.1　绿色农药的概况

绿色农药根据来源不同可分为化学农药、微生物农药、植物源农药、动物源农药及矿物源农药。

在化学农药的发展中，杂环化合物是新药发展的主流，在世界农药的专利中，大约有 90％是杂环化合物，很多是超高效的农药，农药的用量为 $10\sim100g/hm^2$，有的甚至仅为 $5\sim10g/hm^2$。这样不但使用成本低，对环境的影响也很小。这些新农药对温血动物的毒性小，对鸟类、鱼类的毒性也很低。1982 年杜邦公司研制出了第一种磺酰脲类除草剂（绿黄隆）。此后，经过结构修改，又开发出一系列新品种。由于氟原子具有模拟效应、电子效应、阻碍效应、渗透效应等性质，因此它的引入可使化合物生物活性倍增。利用已知的含氟活性基团与其他活性基团的组合，可得到新的含氟化合物，如氟虫脲、定虫隆和溴氟菊酯等。据统计，超高效农药中有 70％是含氟杂环，而含氮杂环农药中又有 70％为含氟化合物。自 20 世纪 70 年代发现某些天然氨基酸具有杀虫活性以来，人类开始研制氨基酸类农药，相继开发了氨基酸类、氨基酸酯类和氨基酸酰胺类农药。作为农药用的氨基酸衍生物具有毒性低、高效无公害、易被全部降解利用、原料来源广等特点。

微生物源农药是利用微生物如细菌、病菌、真菌和线虫等，或者其代谢物作为防治农业有害物质的生物制剂。从 20 世纪 60 年代以来，我国生物农药的研究、开发和生产迄今为止已有约 60 年的历史。苏云金菌属于芽杆菌类，是目前世界上用途最广、开发时间最长、产量最大、应用最成功的生物杀虫剂。现在通过对微生物生理机理的研究，明确了苏云金菌产生菌的一些理化特性，如其芽孢和伴胞晶体成熟后，菌体产生裂解。故可应用现代化的发酵控制技术手段，大幅度提高杀虫晶体蛋白的产量。目前我国的苏云金菌技术已达到了世界领先水平，已用于水稻、玉米、棉花、蔬菜及林业上多种鳞翅目害虫的防治。真菌类生物农药主要是昆虫病原真菌，菌液接触昆虫体壁进入害虫体内，很快会萌发菌丝，吸收害虫的体液，使害虫变僵发硬而死，对防治松毛和水稻黑尾叶有特效。目前真菌农药的生产工艺有了新突破，如木霉菌发酵生产采用了液体一步法生产，在木菌剂中加入了麸皮作稀释剂为木霉菌提供良好的载体，提高木霉菌在土壤中的各种能力等。

植物源农药在我国已成为一类重要的农药，多年来通过对植物资源的开发研究，发现可成为农药的植物种类很多，主要集中在楝科、菊科、豆科等。通过对植物源农药作用机理的研究，明确了一些植物源农药的特点，如发现烟碱除虫菊素可使昆虫神经系统过量释放肾上腺素，从而对其心血管和食欲产生抑制作用；再如雷公藤可产生能抑制某些病菌孢子的成长或阻止病菌侵入植株体内的效果。现在我国开发生产的植物源农药品种包括烟碱、苦参碱、鱼藤酮等。

研究人员同时还发现了昆虫内激素（昆虫体内腺分泌物质）、蜕皮激素（蜕皮激素固酮防治蛾类幼虫）和保幼激素（成虫保幼激素使昆虫无法成活）、昆虫外激素（成虫期分泌的能引诱一定距离的同种异性昆虫的物质，具有高度的专一性）等。迄今为止已发现的外激素和性引诱剂超过 1600 种。我国已商品化的昆虫信息素有 20 多种，主要能杀死对有机氯、有机磷、氨基甲酸酯、拟除虫菊等有对抗性的害虫。华东理工大学研制出具有高活性的化合物酰胺噁二唑及芳酚基叔丁基脲，对野果蝇、抗性小菜蛾等具有良好的昆虫生长调节性。

从大型动物中发现了一批动物源生物农药。如在蛇、蚁、蝎、蜂等产生的毒素中发现对昆虫有特异性作用的物质，并鉴定了其化学结构，根据沙蚕产生的沙蚕素的化学结构衍生合成杀虫剂，如巴丹或杀螟丹等品种已大量生产使用。

矿物源农药，是指有效成分源于矿物的无机化合物和石油类农药。如无机杀螨杀菌剂，包括硫制剂，如硫悬浮剂、可湿性硫、石硫合剂；铜制剂，如硫酸铜、王铜、氢氧化铜、波尔多液等。

绿色农药的创新主要包括两方面的内容，一是分子结构创新，即根据现有作用机制或靶标，通过计算机辅助分子设计、化学或生物合成、生物筛选及药效评价发现新结构类型活性化合物的先导结构；二是农药作用靶标创新，即综合运用生物信息学、分子生物学和药理学等方法发现农药作用新靶标（农药作用的对象分子）和新作用机制，从而指导新先导结构的发现。

近几年，一方面，信息技术的快速发展正极大地改变着农药先导结构的创新途径，为农药创新提供了新的手段，加速创新步伐，基于计算机的农药数据、虚拟筛选、虚拟受体结构分析及 3D-QSAR 分析开始逐步应用；另一方面，生物（人类、昆虫、植物）基因组测序计划以及后续功能基因组、结构基因组和蛋白质组计划的实施，为农药新靶标的发现与新农药的开发提供了前所未有的机遇。目前，在信息科学和生物科学的指导下以化学科学为基础的农药新先导结构和作用靶标的发现与研究已成为国际农药创新的前沿方向，激烈竞争的新局面已经出现，我们能否占一席之地，将直接关系着我国农药精细化学工业的未来，对我国农林业、环境生态的可持续发展及人民身体健康产生直接的重大的影响。

8.2.2　绿色农药发展趋势

农药对人类的贡献有目共睹。但随着科学研究的不断深入和农业技术的不断进步，农药的负面影响也逐渐被人们所认识，尤其是不合理用药而危害食品安全的事例已引起社会的高度关注，施用高效无毒"绿色农药"的呼声越来越强烈。

就发展方向而言，"绿色农药"的研发仍主要包括高效灭杀且无毒副作用的化学合成农药与富有成效的生物农药两方面。未来"绿色农药"剂型呈现四大发展趋势：水性化——减少污染，降低成本；粒状化——避免粉尘飞扬；高浓度化——减少载体与助剂用量，减少材料消耗；功能化——能更好地发挥药效。就技术层面而言，业界开始关注植物体农药的开发，即利用转基因技术培育的抗虫作物、抗除草剂作物，并通过开发抗虫抗病的转基因作物来实现少用农药，甚至不用农药的目的，从而减少其对生态环境的影响。

近几年我国农药行业结构调整，高毒有机磷农药替代产品的开发及生产进一步加快，正在重点发展替代高毒杀虫剂新品种、新型水田和旱田除草剂、水果蔬菜用杀菌剂和保鲜剂。当前化学农药的开发热点是杂环化合物，尤其是含氮原子杂环化合物。在世界农药专利中，约有 90% 是杂环化合物。杂环化合物的优点是对温血动物毒性低；对鸟类、鱼类比较安全；药效好，特别是对蚜虫、飞虱、叶蝉、蓟马等个体小和繁殖力强的害虫防治效果好；用量少，一般用量为 $5\sim10\mathrm{g/hm^2}$；在环境中易于降解，有些还有促进作物生长的作用。

科学发展"绿色农药"是社会关注的热点。专家建议，有关部门应加大研发投入，特别要加大对原创生物农药的支持力度；应在全国范围内开展大规模有针对性的推广生物农药的宣传活动，让广大农民认识、掌握生物农药的杀虫机理和施用技能。同时强调，必须结合实际生产情况，合理选用"绿色农药"，科学设计耕作措施，贯彻"以防为主，防治并举"的方针，让"绿色农药"在高产、高效、优质、生态、安全农业发展过程中发挥更重要的作用。

8.2.3 绿色农药使用原则

8.2.3.1 生产绿色农产品选择农药的原则

绿色农业生产应从作物—病虫草鼠—环境的整个生态系统出发，遵循"预防为主，综合防治"的植物保护方针，综合运用各种防治措施，创造不利于病虫草害滋生，但有利于各类天敌繁衍的环境条件，保持农业生态系统的平衡和生物多样性，减少各类病虫草鼠所造成的损失。优先采用农业措施，通过选用抗病抗虫品种，采用非化学药剂种子处理，培育壮苗，加强栽培管理，中耕除草，深翻晒土，清洁田园，轮作倒茬，间作套种等一系列措施达到防治病虫害的目的。还应尽量利用灯光、色彩诱杀害虫，机械捕捉害虫，机械和人工除草等措施，防治病虫草鼠害。特殊情况下，必须使用农药时，应遵守以下原则：

① 优先使用植物源农药、动物源农药和微生物源农药；

② 在矿物源农药中允许使用硫制剂、铜制剂；

③ 允许使用对作物、天敌、环境安全的农药；

④ 严格禁止使用剧毒、高毒、高残留或者具有"三致"（致癌、致畸、致突变）的农药；

⑤ 如生产上实属必须使用，允许生产基地有限度地使用部分有机合成化学农药，并按严格规定的方法使用；

⑥ 应选用低毒农药和个别中等毒性农药，如需使用农药新品种，须报经有关部门审批；

⑦ 从严掌握各种农药在农产品和土地壤中的最终残留，避免对人和后茬作物产生不良影响；

⑧ 最后一次施药距采收间隔天数不得少于规定的日期；

⑨ 每种有机合成农药在一种作物的生长期内只允许使用一次；

⑩ 在使用混配有机合成化学农药的各种生物源农药时，混配的化学农药只允许选用已批准的品种；

⑪ 严格控制各种遗传工程微生物制剂（Genetical Engineered Microorganisms，GEM）的使用；

⑫ 应用植物油型农药助剂技术，以减少农药使用剂量。

8.2.3.2 农药使用的基本方法

根据目前农药加工成不同剂型种类，施药方法也不尽相同，目前常用的方法有以下10种。

① 喷粉法　利用机械所产生的风力将低浓度或已用细土稀释好的农药粉剂吹送到作物和防治对象表面上，要求喷撒均匀、周到，使农作物和病虫草的体表上覆盖一层极薄的粉药。

② 喷雾法　将乳油、乳粉、胶悬剂、可溶性粉剂、水剂和可湿性粉剂等农药制剂，兑入一定量的水混合调制后，即成均匀的乳状液、溶液或悬浮液等，利用喷雾器使药液形成微小的雾滴。二十多年来，超低容量喷雾技术在农业生产上推广应用，喷药液向低容量趋势发展，节约用水、节省人力，符合节本增效原则。

③ 毒饵法　毒饵主要是用于防治危害农作物的幼苗并在地面活动的地下害虫。如小地老虎以及家鼠、家蝇等卫生害虫。将该类害虫、鼠类喜食的饵料和农药拌和而成，诱其取食，以达毒杀目的。

④ 种子处理法　种子处理有拌种、浸渍、浸种和闷种四种方法。

⑤ 土壤处理法 将药剂撒在土地或绿肥作物上，随后翻耕入土，或用药剂在植株根部开沟撒施或浇灌，以杀死或抑制土壤中的病虫害。

⑥ 熏蒸法 利用药剂产生有毒的气体，在密闭的条件下，用来消灭仓储粮棉中的麦蛾、豆象、谷盗、红铃虫等。

⑦ 熏烟法 利用烟剂（农药产生的烟）来防治有害生物，适用于防治虫害和病害，鼠害防治有时也可采用此法，但不能用于杂草防治。

⑧ 施粒法 抛撒颗粒状农药，粒剂的颗粒粗大，撒施时受气流的影响很小，容易落地而且基本上不发生飘移现象，特别适用于地面、水田和土壤施药。撒施可采用多种方法，如徒手抛撒（低毒药剂）、人力操作的撒粒器抛撒、机动撒粒机抛撒、土壤施粒机施药等。

⑨ 飞机施药法 用飞机将农药液剂、粉剂、颗粒剂、毒饵等均匀地撒施在目标区域内的施药方法，也称航空施药法。

⑩ 种子包衣技术 它是在种子上包上一层杀虫剂或杀菌剂等外衣，以保护种子和其后的生长发育中不受病虫的侵害。

8.2.3.3 农药使用原则

（1）选购合格的农药

选购农药时，要注意以下几点。

① 看农药的三证是否齐全 即农药标签上是否有生产许可证号、产品标准编号、农药登记证号。如缺少三证，就说明不是合格产品，不能购买。

② 看生产日期 正规产品均标有生产日期。乳化制剂一般保质期为 2 年、水剂为 1 年、粉剂为 3 年。未标明生产日期的产品或过期产品不要购买。

③ 看农药的外观 如乳剂有无分层结晶，粉剂是否吸潮结块。好的乳油均匀透明，如果乳油出现分层或结晶，说明乳化剂已被破坏，药瓶底层是原药，使用这种药液会使作物产生药害。粉剂如受潮吸湿结块，说明该粉剂药性可能分解，药效可能下降，不要购买。

④ 看药瓶标签是否完好，瓶盖是否密封，有无破损 如标签不清、密封不好，请不要购买。

（2）科学合理施用农药

科学合理用药的目标是经济、安全、有效，其具体要求是用药量省，施药质量高，防治效果好，对环境及人畜安全。应着重注意以下几点。

① 对症下药 按农药防治对象对症下药。防治虫害就用杀虫剂，防治病害就用杀菌剂，防除杂草就用除草剂。农药类别确定后，还要适当选择农药品种，要针对防治对象，选用最合适的农药品种。

② 适时打药 掌握病、虫、草在不同生育阶段的活动特性，做好监测预报，适时喷药，可以收到事半功倍的效果。同一种害虫，由于生育期不同，对药剂的敏感程度也不同，有时相差几倍甚至几十倍，一般以三龄为分界线，三龄以前耐药力小，三龄后耐药力就大多了。在防治病害时，要及早发现及早施药，因为大多数杀菌剂以保护作用为主，用药不及时易造成不必要的损失。

③ 适量配药 无论使用哪种农药，都应根据防治对象、生育期和施药方法的不同，严格遵守其使用浓度、单位面积上的用药量和施药次数。

④ 轮换用药 一种有机合成农药在一种作物的生长期内只允许使用一次。避免多年重复使用同一种药剂，通过轮换使用及混用来避免或延缓抗药性的产生。

⑤ 安全用药　　施药过程必须采取安全措施，保障环境及人畜安全。用药期按照农业农村部制定的《农药合理使用准则》中不同作物上的安全采摘间隔期的有关规定执行。

（3）提高农药的防治效果

防治效果不仅与农药性能有关，而且与施用技术有很大关系。施药时应注意以下几点。

① 喷雾水量要充足，喷药要均匀周到　　喷头片孔径 $1.3\sim1.7mm$ 的工农 16 型喷雾器喷雾，喷水量杀虫用 $50\sim75kg/hm^2$，防病用 $75\sim100kg/hm^2$。适合使用超低容量喷雾技术的要用超低量喷雾。

② 防治水稻田害虫田间要有薄水　　如防治稻飞虱和稻螟虫等害虫时，田里有水，害虫危害水稻的部位就升高一些，增加了农药接触害虫的机会；此外，喷撒的农药落在田水里，害虫转株时跌落在田中，接触有药的田水会中毒而死。一些内吸性农药在田水中被稻根吸收或渗进稻株的茎叶里，并传导到稻株各部位，害虫食入后被杀死。因此，施药时田里有水能显著提高防治效果。

③ 对准害虫的危害部位施药　　不同的害虫，危害作物的部位是不同的，对准害虫的危害部位施药，也能提高防治效果。如稻飞虱，主要群集于稻株中下部危害，施药时应压低喷雾器头，让药液喷到水稻中下部。

④ 高温、高湿天气不施药　　在盛夏，中午太阳下的温度高达 $40\sim50℃$，很容易使喷出的农药挥发，不仅减少了作物上的农药量，使防治效果下降，而且，人吸入挥发的农药气体后，也容易发生中毒。在高湿情况下，作物表皮的气孔大量开放，施药后容易产生药害，也不宜施药。每天下午 3 时以后至傍晚是叶片吸水力最强的时间，这时施药（尤其是内吸剂）效果最好。

8.3　绿色材料

8.3.1　绿色高分子材料

8.3.1.1　高分子材料简介

高分子材料包括塑料、橡胶、纤维、薄膜、胶黏剂和涂料等。其中，被称为现代高分子三大合成材料的塑料、合成纤维和合成橡胶已经成为国民经济建设与人们日常生活必不可少的重要材料。

通常，根据来源可将高分子材料划分为天然、半合成（改性天然高分子材料）和合成高分子材料。天然高分子是生命起源和进化的基础。人类社会一开始就利用天然高分子材料作为生活资料和生产资料，并掌握了其中加工技术，如利用蚕丝、棉、毛织成织物，用木材、棉麻造纸等。现在，高分子材料已与金属材料、无机非金属材料一样，成为科学技术、经济建设中的重要材料。

高分子材料的结构决定了其性能，通过对结构的控制和改性，可获得不同特性的高分子材料。高分子材料独特的结构和易改性、易加工等特点，使其具有其他材料不可比拟、不可取代的优异性能，从而广泛用于科学技术、国防建设和国民经济各个领域，并已成为现代社会生活中衣食住行各个方面不可缺少的材料。

按照特性可将高分子材料分为橡胶、纤维、塑料、高分子胶黏剂，高分子材料和高分子基复合材料。

8.3.1.2 绿色高分子材料的提出

（1）传统高分子材料的缺陷

高分子材料在合成、加工、使用和后处理中，都存在这样或那样的缺陷，造成资源和能源的大量消耗，并对环境产生污染。

在高分子的合成过程中，会使用大量的溶剂、催化剂等物质，它们可能会残留在产品中，同时，在合成反应中有时会生成有毒的副产物，如果不把这些有害物质去除干净，就会给产品的使用者带来危害。另外对高分子合成来说，一般需要特定的工艺条件，例如高压、加热、冷却等，这样就需消耗大量的水和能源。

高分子材料传统的加工方法主要是热加工、机械加工和化学加工。热加工的设备大部分是电热式的，热效低、能耗大，导致能源浪费。有些高分子材料受热很容易发生热降解及氧降解行为，例如聚氯乙烯产生有害气体，一方面对环境产生危害，另一方面也严重损害了加工机械和设备。

对于化工产品在使用过程中是否会给环境和人类带来危害这个问题，有些产品是可以通过实验方法在比较短的时间内得到答案的，但有些产品却很难迅速、及时做出正确的回答。例如氟利昂（氟氯烷）在使用多年以后才发现它严重破坏大气臭氧层。硅橡胶在生物医用领域已经使用多年，但其安全性至今仍受到怀疑。

与任何工业制品一样，大规模生产的高分子材料制品在生产和使用中也必然出现大量的废弃物。"白色污染"已经严重污染环境、土壤，成为世界各国的主要污染源，而且值得关注的是，它们的产量逐年递增。

为解决环境污染和资源危机，我们必须走绿色高分子的道路。绿色高分子材料是一种环境友好型材料，它充分合理地利用资源和能源，并把整个预防污染环境的战略持续地应用于生产全过程和产品生命周期全过程，以减少对人类和环境的危害。

绿色高分子材料的含义包括两方面的内容，即绿色高分子和绿色化学。绿色高分子材料主要是指可降解高分子和环境稳定高分子的循环使用；绿色化学是指所有高分子与相应单体的合成方法，都必须对环境无害。可降解高分子材料是目前的研究热点方向。

（2）可降解高分子材料

可降解高分子材料包括光降解高分子材料、生物降解高分子材料和光-生物降解高分子材料三大类。光降解高分子材料是利用高分子材料在太阳光的作用下，分子链发生断裂而降解的机理设计的；生物降解高分子材料则是能在细菌、酶和其他微生物的作用下使分子链断裂的高分子材料。光-生物降解高分子材料是结合光和生物的降解作用，以达到高分子材料的完全降解。

①光降解高分子　光降解高分子之所以能降解是因为聚合物材料中含有光敏基团，可吸收紫外线发生光化学反应。在光辐射下引发光化学反应，高分子化合物的链断裂而分解，使大分子变成小分子。普通聚合物中一般不含有光敏基团，通过添加少量的光敏剂，用常规合成方法就可以得到光降解材料。光降解塑料的制备方法有两种：一是在塑料中添加光敏化合物；二是将含羰基的光敏单体与普通聚合物单体共聚，如以乙烯基甲基酮作为光敏单体与烯烃类单体共聚，成为能迅速光降解的聚乙烯、聚丙烯、聚酰胺等聚合物。常用的光降解促进剂有芳基酮类、二苯甲酮及其衍生物、氮的卤化物、有机二硫化合物以及过渡金属盐或配合物等。

②生物降解高分子　生物降解高分子来源有三个方面：合成高分子、天然高分子和微

生物合成高分子。在化学合成材料中，已经开发的商业化的绿色塑料主要有聚羟基酸类、聚环内酯类和聚碳酸酯类等。如聚 ε-己内酯（PCL），力学性能与聚烯烃相似，与多种聚合物相容性较好，能够完全地生物降解。PCL 现在还被用于医学领域，比如外科用手术缝合线和控制药物释放的载体。天然高分子大多数是可生物降解的，但它们的热学及力学性能差，不能满足工程材料的性能要求。目前主要将天然高分子添加到合成高分子基体中，起到降解改性的目的。这类天然可降解高分子有淀粉、纤维素、木质素等。如改性淀粉与聚烯烃共混，制成可降解薄膜，在土壤中微生物的侵蚀下发生生物降解，薄膜被分解成小碎片。淀粉在 20 世纪 70 年代作为填料加入到普通聚合物中，但淀粉与聚合物共混得到的高分子材料，只有其中的淀粉可降解，而不能使复合物完全降解。微生物合成可降解高分子是指以碳水化合物为原料，通过生物发酵方法制得的可降解高分子，这是一类极具研究和开发价值的材料。典型代表是聚 3-羟基链烷基酸酯（PHA）。生物降解高分子在医学领域的应用研究特别活跃。在临床主要用作手术缝合线、人造皮肤、骨固定材料、药物控制释放体系等。

　　③ 光-生物降解高分子　　光-生物降解高分子是结合光和生物的降解作用，以达到高分子材料的完全降解。这是可降解高分子研究的重要方向之一。在生物降解高分子中添加光敏剂可以使高分子同时具有光降解和生物降解的特性。光降解塑料只有在较直接的强光下才能发生降解，当埋入地下或得不到直接光照时，不能进行光降解。而生物降解塑料的降解速率和降解程度与周围环境直接相关，如温度、湿度、微生物种类、微生物数量、土壤肥力、土壤酸碱性等，实际上生物降解的降解程度也不完全。为了提高可降解塑料制品的实际降解程度，将光降解和生物降解结合起来，制备出光和微生物双降解塑料。目前研究和开发较多的光-生物降解高分子是聚乳酸（PLA），它由乳酸分子经羟基和羧基在适当条件下脱水缩合而成。由于聚乳酸机械强度高，常用作医用材料，它不仅符合医用要求，而且能被人体逐步分解吸收，有助于损伤肌体的康复。

8.3.1.3　绿色高分子材料的开发

　　高分子材料的发展历史不足百年，按体积计，其世界年产量目前已经超过金属类，成为最重要的材料品种之一。在高分子材料的开发与生产过程中，人们过去只追求材料的性能与功能，而对材料在生产、使用和废弃过程中生产的能源和资源消耗、环境污染问题，未给予足够的重视。为解决高分子材料的可持续发展，环境友好型的绿色高分子材料日益受到关注，成为研究和开发的热点。绿色高分子材料的开发涉及原料、合成、加工等多个方面。

　　（1）原料选择

　　为了生产人类和社会发展所需的化工产品或中间品，在生产过程中使用了对环境和人类有害的原料，是目前高分子材料生产中常见的现象。如工业上合成聚碳酸酯，以光气为原料；丙酮氰醇法合成甲基丙烯酸甲酯，以丙酮和氢氰酸为原料。为了保护环境和人类，从源头上减少和消除污染，需要用无毒无害的原料来生产所需的化工产品。在熔融状态下，用双酚 A 和碳酸二甲酯聚合生产聚碳酸酯。该技术与常规的光气合成路线相比，有两个优越性：一是不使用有毒有害的原料；二是反应在熔融状态下进行，不使用可疑致癌物（甲基氯化物）作溶剂。新开发的由异丁烯生产甲基丙烯酸甲酯的合成路线，可取代丙酮氰醇法。

　　在高分子材料合成或加工中使用无毒无害添加剂，既可节约资源，又可保护环境。常用的添加剂有两类。一是来源于可回归于大自然的无机矿物，如石灰石、滑石粉；二是来源于光合作用并可环境消解的蛋白质、淀粉、纤维等。因此，矿物的超细化技术及偶联、增容技术，淀粉的接枝及脱水加工技术以及纤维的增强技术应大力扶持发展。如将淀粉添加到塑料中去，其优越性在于原料单体实现了无害化，而且淀粉又易于转化为葡萄糖，易于生物降解。

(2) 绿色合成

在高分子的合成过程中，会使用大量的溶剂、催化剂等对环境产生危害的物质，这些物质一般很难完全除尽，甚至可能会残留在产品中对环境造成长期危害。同时在合成反应中有时会生成有毒的副产物，如果不去除干净就会给产品的使用者带来危害。另外对高分子合成来说，一般需要特定的工艺条件，例如对自由基聚合聚乙烯而言，聚合需要的压力很高，聚合时间也长，聚合中产生大量的热量，为了防止反应釜局部过热，在反应中需要不断地搅拌以达到热量的均衡，并需要大量的水进行冷却，这样就消耗了大量的水和能源。因此对高分子绿色合成的要求有：合成中无毒副产物的产生或者有毒产物无害化处理；采用高效无毒化的催化剂，提高催化效率，缩短聚合时间，降低反应所需的能量；溶剂实现无毒化，可循环利用并降低在产品中的残留率；聚合反应的工艺条件应对环境友好；反应原料应选择自然界中含量丰富的物质，而且对环境无害，避免使用自然中稀缺的资源。

传统聚合反应都是采用加热的方式以满足反应所需的能量，但这种能量转换方式效率低，可利用光、微波、辐射等引发聚合反应，以提高能量利用效率。改变催化剂也是一个很好的方法。一般烷烃的氧化需要高温催化，而且从醇到醛再到酸的过程不易控制。由于催化剂选择性差，要得到醇或醛只能在低转化率范围内，所以效率低，而且污染大。美国加利福尼亚州立大学伯克力 (Berkeley) 分校劳伦斯 (Lawrence) 实验室用 BaY 作催化剂，用 $\lambda < 600nm$ 的光照射甲苯，可以使甲苯反应停留在苯甲醛。电化学方法常用来合成高分子材料。以 Mn^{3+} 为工作电极，在常压下可由甲苯制备得到高纯度的苯甲醛。

在合成初期就需要考虑材料使用后的环境降解性、回收利用性。在分子链中引入对光、热、氧、生物敏感的基团，为材料使用后的降解提供条件，拓宽可聚合单体的范围，减少对石油的依赖。例如，二氧化碳是产生温室效应的气体，但它也是可聚合的单体，二氧化碳可与环氧化合物开环聚合生成脂肪族聚碳酸酯。

(3) 绿色加工

高分子材料传统的加工方法效率低、能耗大，对环境产生一定的负面影响，在能源越来越紧缺的今天，寻找新的加工方法就显得极其重要。这些新方法大多数是物理方法，如微波、辐射、等离子和激光等加工方法。

高分子辐射交联已成为辐射化工中应用发展最快、最早、最广泛的领域。作为适应复合材料低成本化和无公害化发展趋势的新型固化技术，电子束固化技术与传统热固化工艺相比具有很多独特的优点，如易于实现，固化速度快，固化温升小，可消除材料残余应力，增加材料设计自由度，使树脂的使用期显著延长。

橡胶辐射硫化是用辐射能取代常规硫黄进行硫化，利用离子射线诱发橡胶中二烯产生交联的工艺。该技术具有节能、生产工艺清洁的优点，辐射硫化橡胶产品基本保持了常规硫化产品的物理性能，并具有无亚硝胺、硫黄、氧化锌使用以及低细胞毒性、透明和柔软等显著特性，非常适于安全性要求较高的制品生产，其应用前景十分广阔。

微波是频率为 $0.3 \sim 300GHz$ 的电磁波，该频率与化学基团的旋转振动频率接近，故可用以改变分子的构象，选择性地活化某些反应基团，促进化学反应，抑制副反应。与紫外线、X 射线、γ 射线、电子束等高能辐射相比，微波对高分子材料的作用深度大，对大分子主链无损伤，设备投资及运行费用低、防护较简便，具有操作简便、清洁、高效、安全等特性。将微波应用于高分子材料加工已成为研究热点。由于橡胶的传热性较差，在硫化具有大断面的压型橡胶坯件时，为了使热传递到坯件中心要花费很长时间。因此微波连续橡胶硫化体系近几年来被迅速推广应用，人们认识到橡胶吸收微波能量而生热的性能是其他材料所不可比的。

（4）后处理

高分子材料使用后处理不当，可导致对环境的污染和生态的破坏，而且这种污染和破坏随着经济的发展已越来越严重。以聚氯乙烯（PVC）为例，一段时间以来，许多国家都主张禁止使用PVC。事实上，经过几十年的研究和开发，PVC无论在生活消费品市场还是在高技术领域都是一种高性能材料。对木材、钢材、纸与PVC的投入、产出及污染情况对比发现：用木材代替PVC，污染会更加严重；同样"以纸代塑"也是不科学的。从另一角度来看，高分子材料相对于传统的材料来说应属于节约型的原材料，例如塑料下水管能耗只有铸铁管能耗的1/5。

从可持续发展的角度看，实现废弃物的资源化利用以及使用材料的再生和循环利用，应该是绿色材料的开发利用中最重要的内容。为了解决高分子垃圾对环境的不利影响，应改变传统的经济模式，即由资源消耗型经济向循环经济转变。循环经济要求以"3R"原则作为经济活动的行为准则，即：减量化（Reduce）、再使用（Reuse）、再循环（Recycle）。减量化原则要求投入较少的原料和能源达到既定的生产目的或消费目的，从而在经济活动的源头就注意节约资源和减少污染。再使用原则要求产品和包装容器能够以初始的形式被多次使用，以抵制目前一次性用品的泛滥。有些包装材料不影响其使用性能前提下应该进行重复使用，如家用电器的包装等。再循环原则要求生产出来的物品在完成其使用功能后，能重新变成可以利用的资源而不是无用的垃圾。循环使用是减少固体废物最有效、最有前途的处理方法。废弃高分子材料的回收再生、循环使用可以称作是最好的生态学方法。

废弃高分子在回收方面可以采取分级分类处理。第一，以单体的形式循环利用。例如聚苯乙烯（PS）、聚甲基丙烯酸甲酯（PMMA）在一定的温度下会解聚成低聚体甚至单体，这些高分子可以循环使用，既节约了资源又减少对环境的污染。在310～350℃，PS可热解为单体、二聚体和三聚体，收率达95%。第二，以聚合物的形式回收利用。许多高分子材料具有热塑性，可以重复加工使用，但再加工时会出现降解、力学性能下降等问题，从而限制了材料的循环使用。可以采用反应性加工（反应性挤出、反应性注射）、反应性增容、高效无污染的物理方法（紫外线、微波等）等方法，来改善废弃高分子材料的相容性和加工流变性，制备有不同使用价值的再生高分子材料。第三，以能量的形式回收利用。有些废弃高分子材料回收单体较难，但可以利用热或其他方式降解成低分子量油脂或其他的化学品，例如现在许多企业正在利用废旧塑料裂解生产液体燃料。对无毒、热值高的高分子材料可以考虑用来制备洁净的固体燃料，这样既可以解决高分子的污染问题，又可以解决能源的短缺问题。

8.3.1.4 绿色高分子材料的合成案例——聚乳酸的合成

（1）聚乳酸的性质

聚乳酸在常温下为无色或淡黄色透明物质，玻璃化转变温度为50～60℃，熔点为170～180℃，密度约1.25g/cm³。可溶于乙腈、氯仿、二氯甲烷等极性溶剂中，而不溶于脂肪烃、乙醚、甲醚等非极性溶液中，易水解。

聚乳酸（PLA）是以微生物的发酵产物L-乳酸为单体聚合成的一类聚合物，无毒、无刺激性，具有良好的生物相容性，可被生物分解吸收，强度高，不污染环境，是一种可塑性加工成型的高分子材料。它具有良好的力学性能、高抗击强度、高柔性和热稳定性，不变色，对氧和水蒸气有良好的透过性，又有良好的透明性和抗菌、防霉性，使用寿命可达 2～3 年。聚乳酸（PLA）是一种真正的生物塑料，30 天内在微生物的作用下可彻底降解生成二氧化碳和水。

由于聚乳酸（PLA）具有优良的生物相容性和生物降解性，对解决长期以来困扰国民经济可持续发展的"白色污染"问题有积极的作用。同时，PLA 产品的原料来源于再生天然资源，如农产品玉米等，原料来源丰富，成本低廉，对人类的可持续发展具有极其重要的意义。

（2）聚乳酸的合成

目前国内外对聚乳酸合成、加工及应用的研究较为活跃，在美国、日本和西欧实现了工业化生产。国内目前已有十多家生物材料公司，年产量达数千吨，2020 年 8 月安徽丰原福泰来聚乳酸有限公司成功下线聚乳酸粒子成品，标志着我国第一条全产业链聚乳酸生产线顺利量产。这是目前国内最大的规模化聚乳酸生产线。由于聚乳酸具有优良的力学性能和环境相容性，未来将得到巨大发展，数以百万吨计的传统塑料将被聚乳酸所替代。

聚乳酸的合成主要有两种方法：由丙交酯开环聚合；由乳酸直接缩聚。

① 丙交酯开环聚合法　丙交酯开环聚合法合成聚乳酸的过程如下：

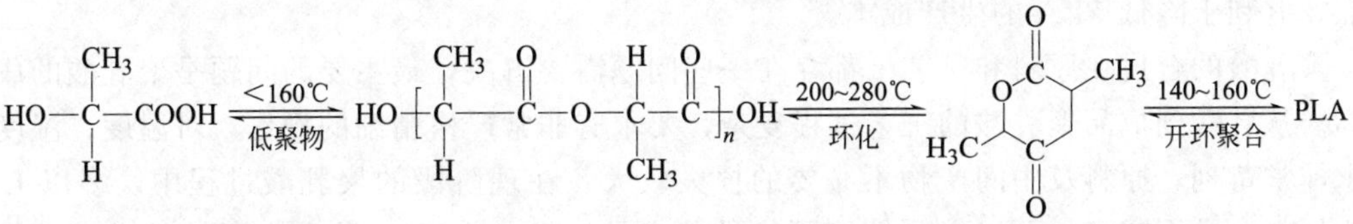

此法可通过改变催化剂的种类和浓度使所得聚乳酸的分子量提高，机械强度升高，适于用作医用材料。

现阶段在对材料性能要求很高的领域中，所使用的聚乳酸大多都是采用丙交酯开环聚合来获得的，因为这种聚合方法较易实现，而且人们对丙交酯开环聚合的反应条件也进行过详尽的研究，这些因素主要包括催化剂浓度、单体纯度、聚合真空度、聚合温度、聚合时间等，因其开环聚合所用的催化剂不同，聚合机理也不同，到目前为止，主要有三类丙交酯开环聚合的催化剂体系：阳离子催化剂体系、阴离子催化剂体系、配位型催化剂体系。

② 直接缩聚法制备聚乳酸　直接缩聚法是指乳酸在催化剂存在的条件下，通过分子间热脱水，直接缩聚成 PLA。反应式为：

该法具有反应成本低、聚合工艺简单、不使用有毒催化剂等优点。但是由于直接缩聚存在着乳酸、水、聚酯及丙交酯的平衡，不易得到高分子量的聚合物。PLA 的直接缩聚法主要有溶液聚合和熔融聚合两种。

a.溶液聚合法　溶液聚合反应既可在纯溶剂中进行，也可在混合液中进行。反应液在高真空和相对低的温度下，水与溶剂形成共沸物被脱出，其中夹带丙交酯的溶剂经过脱水后再返回到聚合反应器中，在有机溶液中通过 DCC/DMAP（二环己基碳二亚胺/二甲基氨基吡啶）催化的缩聚反应，可制备平均分子量为 2×10^4 的 PLA。日本三井东亚（Mitsui Toatsu）化学公司开发了连续共沸除水法直接聚合乳酸的工艺，将乳酸、催化剂和高沸点有机溶剂（一般为二苯醚）置于反应容器中，$140℃$ 脱水 2h 后，在 $130℃$ 下，将高沸点溶剂和水一起蒸出，在 0.3nm 的分子筛中脱水 $20 \sim 40h$。该工艺制备的聚乳酸分子量可达 3×10^4，并实现了商品化生产。溶液聚合法要求采用高真空，装置复杂，不便于操作；同时高沸点溶剂的使用给 PLA 的纯化带来了困难，反应后处理相对复杂，特别是残留的高沸点溶剂，如果去除不尽就会影响 PLA 的应用，因此生产成本比熔融缩聚法高。

b. 熔融缩聚法　在催化剂存在的条件下，乳酸本体熔融聚合。熔融缩聚的特点是反应温度高，有利于提高反应速率。乳酸两步熔融缩聚合成的反应过程如下：

$$\underset{\substack{| \\ OH}}{\overset{\substack{CH_3 \\ |}}{HO-C-C-OH}} \underset{150℃, 8h}{\rightleftharpoons} \quad H\underset{\substack{| \\ OH}}{\overset{\substack{CH_3 \\ |}}{-O-C-C}}\overset{}{\underset{8}{-H}} \quad \xrightarrow{\substack{SnCl_2 \\ 180℃, 15h}} \quad H\underset{\substack{| \\ OH}}{\overset{\substack{CH_3 \\ |}}{-O-C-C}}\overset{}{\underset{n}{-H}}$$

实验研究发现，在反应体系中加入适量抗氧化剂并通入惰性保护气体（氮气），可有效抑制产品高温时的氧化，降低产品的颜色。待初步脱水后，再加入催化剂，合成出的 PLA 平均分子量提高 5%。由于反应体系黏度太大，缩聚反应产生的水很难从体系中排除出去，因此很难得到分子量较高的聚乳酸。与其他方法相比，乳酸本体溶融聚合具有聚合工艺简单、不使用有毒催化剂、PLA 产物无须后处理、免去了高沸点溶剂带来的提纯麻烦等诸多优点，有利于降低 PLA 的生产成本。

聚乳酸的合成在原料和工艺上都存在一些问题需要解决，最主要的问题是聚乳酸的成本过高。从乳酸到成品聚乳酸的工艺过程复杂，要求有非常严格精细的操作，对温度、湿度的要求非常苛刻，原料及中间产物不必要的损失较大。在现阶段的聚乳酸过程中，多以 L-乳酸为原料合成丙交酯，可以得到性能更优异的产品。但是由于 L-乳酸主要依靠进口，价格高，为降低成本，如能采用价格便宜的 D,L-乳酸来合成高分子量的聚乳酸，可以降低聚乳酸的价格。

（3）聚乳酸的应用

PLA 已广泛应用于医用手术缝合线、体内植入材料、骨科支撑材料、注射用胶囊、微球及埋植剂等医用领域，是目前医药领域中最有前景的高分子材料。同时 PLA 制品也用于农用地膜、一次性饭盒、食品饮料包装材料、纺织品等日常生活领域。

用聚乳酸材料做成的可吸收缝合线在伤口愈合后不用拆线，取代了以前使用的聚丙烯、尼龙等不可吸收线，在国内外已广泛应用。还可以作为骨科内固定器件材料，与传统的不锈钢等金属材料相比，可吸收材料避免了取出螺钉的二次手术，减轻了病人的痛苦，节省了费用，同时其刚性也与人体骨骼相近，从而不易发生再次骨折。聚乳酸材料在药物控制释放载体上也有很重要的应用，聚乳酸材料被用作一些半衰期短、稳定性差、易降解及毒副作用大的药物控释制剂的可溶蚀基材，有效地拓宽了给药途径，减少了给药次数和给药量，提高了药物的生物利用度，最大限度地减少了药物对全身特别是肝、肾的毒副作用。

目前许多高分子材料产品使用后的废弃物难以生物降解，特别是一些塑料和纤维制品已对环境造成不同程度的污染，成为世界性的公害。聚乳酸类化合物可以生物降解，对环境和人没有危害。在不远的将来，聚乳酸类可降解材料必定会取代传统高分子而成为生活用的材料。在服装用材料方面，由 PLA 熔融纺丝制得的纤维具有真丝光泽柔软的手感以及优良的抗紫外线性能等。应用分散颜料在常压下 $90℃$ 可进行染色，使其获得各种色泽以及耐洗涤、防皱等多种性能。在降解塑料领域，国际市场相继出现了 5 种牌号的 PLA 树脂。虽然，现在 PLA 树脂的价格较高，但多数生产商认为 PLA 树脂今后完全可以代替现有的生物降解材料，并对聚烯烃聚合物形成冲击。PLA 被产业界定为新世纪最有发展前途的新型包装材料，是环保包装材料的一颗明星，在未来将有望代替聚乙烯、聚丙烯、聚苯乙烯等材料用于塑料制品。随着人们环保意识的加强和聚乳酸类复合材料研究生产成本的下降，聚乳酸必将从生物医用领域走向通用高分子领域，其应用前景将会十分广阔。

8.3.2　绿色纳米材料

8.3.2.1　纳米材料的含义和发展

纳米仅仅是一个尺度概念，就像毫米、微米一样，1nm 是 1m 的十亿分之一（即 $1nm = 10^{-9}m$），并没有物理内涵。人们发现，当材料的尺寸小到纳米级以后（$1\sim100nm$），材料的某些性能就会发生突变，即出现传统材料所不具备的特殊性能，因此，这种既不同于原来组成的原子、分子，也不同于宏观物质的具有特殊性能的材料，即为纳米材料。

纳米材料的学术定义是在三维尺寸中至少有一维处于纳米量级的材料，用通俗的话讲：纳米材料是用尺寸只有几个纳米的极微小的颗粒组成的材料。由于它尺寸特别小，于是就产生了两种效应，即小尺寸引起的表面效应和量子效应。因此其物理性能发生极大变化：一是它对光的反射能力变得非常低，低到<1%；二是力学性能成倍增加；三是其熔点会大大降低；四是有特殊的磁性。

1984 年，德国萨尔兰大学的 Gleiter 以及美国阿贡实验室的 Siegel 相继成功地制得了纯物质的纳米细粉。Gleiter 在高真空条件下将粒径为 6nm 的 Fe 粒子原位加压成形，烧结得到了纳米微晶块体，从而使纳米材料进入了一个新的阶段。1990 年 7 月，在美国巴尔的摩召开了第一届国际纳米科学技术会议（Nano-ST），正式宣布纳米材料科学成为材料科学的一个新分支。从此，纳米材料成为继互联网、基因等被人们关注的热点名词之后的又一亮点，很快引起了世界各国材料界和物理界的极大关注和广泛重视，形成了世界性的"纳米热"。

从材料的结构单元层次来说，纳米材料介于宏观物质和微观原子、分子的中间领域。在纳米材料中，界面原子占极大比例，而且原子排列互不相同，界面周围的晶格结构互不相关，从而构成与晶态、非晶态均不同的一种新的结构状态。纳米材料的出现，无疑是现代科学的重大突破。它在材料科学、凝聚态物理学、机械制造、信息科学、电子技术、生物遗传、高分子化学以及国防和空间技术等众多领域都有着广阔的应用前景，因此，对纳米材料的研究将极大地改变人们的思维方式和传统观念，深刻影响国民经济未来的发展。

在纳米材料中，纳米晶粒和由此而产生的高浓度晶界是它的两个重要特征。通常大晶体的连续能带分裂接近分子轨道的能级，高浓度晶界及晶界原子的特殊结构导致材料的力学性能、磁性、介电性、超导性、光学性能乃至热力学性能的改变。纳米材料与普通的金属、陶瓷及其他固体材料一样，都是由同样的原子组成的，只不过这些原子排列成了纳米级的原子团，成为组成这些新材料的结构粒子或结构单元。其常规纳米材料中的基本颗粒直径不到 100nm，包含的原子不到几万个。一个直径为 3nm 的原子团包含大约 900 个原子，几乎是英文里一个句点的百万分之一，这个比例相当于一条 300 多米长的帆船跟整个地球的比例。纳米材料研究是目前材料科学研究的一个热点，其相应发展起来的纳米技术被公认是 21 世纪最有前途的科学领域之一。

纳米材料大部分由人工制备，属于人工材料，其分类方法很多，如表 8-2 所示。

表 8-2　纳米材料的分类

分类方式	类　别
按化学组成分类	纳米金属、纳米晶体、纳米陶瓷、纳米玻璃、纳米高分子、纳米复合材料等
按材料物性分类	纳米半导体、纳米磁性材料、纳米非线性材料、纳米铁电体、纳米超导材料、纳米热电材料等
按用途分类	纳米电子材料、纳米生物医用材料、纳米敏感材料、纳米光电子材料、纳米储能材料等

8.3.2.2　绿色纳米材料的合成

传统纳米材料微粒的合成方法种类很多，大体可分为物理法、化学法和物理化学法，也可用气相法、液相法和固相法等合成方式。绿色纳米材料的合成（或制备）从反应原料的绿色化、溶剂的绿色化、反应催化剂的绿色化等角度，考虑反应的适用性，可以利用以下几种方法合成（或制备）。

（1）气相合成法

纳米微粒气相合成法分为气体冷凝法、活性氢-熔融金属反应法、电加热蒸发法和化学气相凝聚法等。

① 气体冷凝法　气体冷凝法是指在低压氩、氮等惰性气体中加热金属，使其蒸发后形成超细微粒。

加热方式有：电阻加热法、等离子喷射法、高频感应法、电子束法和激光法。不同加热方式制备出的纳米微粒的量、品种、粒径大小及分布等存在一定程度上的差异。

气体冷凝法的原理是在超高真空条件下将制得的纳米微粒紧压致密得到纳米微晶。通过分子涡轮泵使其达到 0.1Pa 以上的真空度，然后充入低压（约 2kPa）的纯净氦气或氩气，将物质（如金属、某些离子化合物、过渡金属氮化物及易升华的氧化物）置于坩埚内，利用钨电阻加热器或石墨加热器逐渐加热蒸发，随惰性气体的对流，原物质烟雾向上流动接近充液氮的冷却棒，从而冷却，在其表面集聚形成纳米微粒，用聚四氟乙烯刮刀刮下获得相应的纳米粉。

气体冷凝法可通过调节惰性气体的温度、压力，调节物质的蒸发温度或速率来控制纳米微粒粒径的大小。

② 活性氢-金属反应法　活性氢-金属反应的原理是使含有氢气的等离子体金属间产生电弧，金属熔融，电离出的氮气、氩气等气体和氢气溶入熔融金属，然后在释放出的气体中形成金属的超微粒子，用离心收集器、过滤式收集器使微粒与气体分离，从而获得纳米微粒。

③ 电加热蒸发法　电加热蒸发法的原理是将碳棒与金属相接触，通电加热使金属熔化，金属与高温碳素反应并蒸发形成碳化物纳米超微粒子。此方法主要用于制备一些如 Cr、Ti、Zr、Mo、W 和 Ta 等金属的碳化物纳米粒子。

④ 化学气相凝聚法　化学气相凝聚法的基本原理是利用高纯惰性气体为载气，携带金属有机前驱物如六甲基二硅烷等，进入钼丝炉（炉温为 1100～1400℃），惰性气体气氛的压力处于低压（100～1000Pa）状态，原料热解形成团簇，进而凝聚成纳米粒子，最后附着在内部充满液氮的转动衬底上，用刮刀刮入纳米粉收集器中。

（2）液相合成法

① 沉淀法　把沉淀剂加入盐溶液中反应后，在一定温度下使溶液发生水解，形成不溶性的氢氧化物、水合氧化物或盐类并从溶液中析出，将沉淀经过热处理而得到纳米材料。

其特点是简单易行，但纯度低、颗粒半径大，适合制备氧化物。

此法分为共沉淀法、均相沉淀法和金属醇盐水解法等几种类型。

② 水热合成法 水热反应是高温高压下在水溶液或蒸气等流体中合成，再经分离和热处理得到纳米粒子。

其特点是纯度高，分散性好，粒度易控制。

此法可分为水热氧化、水热沉淀、水热合成、水热还原、水热分解和水热结晶等几种类型。

③ 溶胶-凝胶法 溶胶-凝胶法是一种制备玻璃、陶瓷等无机材料的工艺，用此法制备纳米微粒的原理是使金属化合物经溶液、溶胶、凝胶而固化，再经干燥、焙烧等热处理而生成纳米粒子。

其特点是反应物种多，产物颗粒均一，过程易控制，适于氧化物和ⅡA～ⅥA族化合物的制备。

④ 微乳液法 两种互不相溶的溶剂在表面活性剂的作用下形成乳液，在微泡中经成核、聚结、团聚、热处理后得纳米粒子。

其特点是粒子的单分散性和界面性好，ⅡA～ⅥA族半导体纳米粒子多用此法制备。

(3) 固相合成法

纳米材料固相合成法是从固相到固相的变化来实现制备纳米粉体。固相中，分子、原子的扩散很迟缓，聚集状态多样化，利用此法制得的固相粉体和最初固相可以是同一物质，也可以是不同物质。

纳米微粒固相合成法的机理过程是将大块物质的微粒尺寸不断降低的过程以及将最小单位（分子或原子）组成构筑的过程。

其中，尺寸降低过程是指物质无变化，采用机械粉碎（球磨法、喷射法等进行粉碎）、化学处理（溶出法）等；组合构筑过程是指物质发生变化，采用热分解法（大多为盐的分解）、固相反应法（大多为化合物）、火花放电法（如用金属铝生成氢氧化铝）等。

此法特点是一步经固相物质即可制备纳米粉体。

8.3.2.3 绿色纳米材料的主要性能

(1) 基本物理效应

由于纳米材料集中体现了小尺度、复杂结构、高集成度和强相互作用以及高比表面积等现代科学技术发展的特点，于是呈现出许多特有的性质，在催化、滤光、光吸收、医药、磁介质及新材料等方面有广阔的应用前景，同时也将推动基础研究的发展。其具有的基本物理效应如下。

① 表面效应 纳米材料的表面效应是指纳米粒子的表面原子数与总原子数之比随粒径的变小而急剧增大后所引起的性质上的变化。纳米微粒尺寸小，表面能高，位于表面的原子占相当大的比例，随着粒径的减小，表面原子数迅速增加，原子配位不足和高的表面能，使这些表面原子具有高的活性，极不稳定，很容易与其他原子结合。例如金属纳米粒子在空气中会燃烧；无机的纳米粒子暴露在空气中会吸附气体，并与气体进行反应。

② 量子尺寸效应 当纳米粒子的尺寸下降到某一值时，金属粒子费米面附近电子能级由准连续变为离散能级，并且纳米半导体微粒存在不连续的最高占据分子轨道能级和最低未占分子轨道能级，使得能隙变宽的现象，被称为纳米材料的量子尺寸效应。由于纳米粒子细化，晶界数量大幅度地增加，可使材料的强度、韧性和超塑性大为提高。其结构颗粒对光、

机械应力和电的反应完全不同于微米级或毫米级的结构颗粒，使得纳米材料在宏观上显示出许多奇妙的特性。例如，纳米相铜强度比普通铜高 5 倍。又例如，光吸收显著增加并产生吸收峰的等离子共振频移，从有序态向无序态转变等。

③ 纳米材料的体积效应　由于纳米粒子体积极小，所包含的原子数很少，相应的质量极小。因此，许多现象就不能用通常有无限个原子的块状物质的性质加以说明，这种特殊的现象通常称为体积效应。

其中有名的久保理论就是体积效应的典型例子。久保理论是针对金属纳米粒子费米面附近电子能级状态分布而提出的。随着纳米粒子的直径减小，能级间隔增大，电子移动困难，电阻率增大，从而使能隙变宽，金属导体将变为绝缘体。

④ 宏观量子隧道效应　指纳米颗粒具有贯穿势垒的能力。

（2）扩散及烧结性能

由于在纳米结构材料中有大量的界面，这些界面为原子提供了短程扩散途径，因此，纳米材料具有较高的扩散率。这种性能使一些通常在较高温度下才能形成的稳定相或介稳相在较低温度下就可以存在。另外，也可使纳米结构材料的烧结温度大大降低。

（3）力学性能

与传统材料相比，纳米材料的力学性能有显著的变化，一些材料的强度和硬度成倍地提高。例如，纳米碳管的强度是钢的上百倍，而其质量仅是钢的 1/6，它不仅具有良好的导电性能，而且还是目前最好的导热材料。

（4）光学性能

纳米微粒由于其尺寸小到几纳米或十几纳米，而表现出奇异的小尺寸效应和界面效应，因此，其光学性能也与常规的块体及粗颗粒材料不同。例如，纳米金属粉末对电磁波有特殊的吸收作用，可作为军用高性能毫米波隐形材料、红外线隐形材料。

（5）电学性能

介电和压电特性是材料的基本物性之一，纳米级半导体的介电行为（介电常数、介电损耗）及压电特性同常规的半导体材料有很大的不同。如纳米半导体材料的介电常数随测量频率的减少呈明显上升趋势。

8.3.2.4　绿色纳米材料的应用

（1）绿色纳米材料在环境产业中的应用

纳米技术对空气中 20nm 以及水中的 200nm 污染物的降解是不可替代的技术。要净化环境，必须用纳米技术。现在已经制备成功了一种能够降解甲醛、氮氧化物、一氧化碳的设备，可使空气中的有害气体含量大大降低，该设备已进入实用化生产阶段；利用多孔小球组合光催化纳米材料，已成功用于污水中有机物的降解，对苯酚等其他传统技术难以降解的有机污染物，有很好的降解效果。

近年来，不少公司致力于把光催化等纳米技术移植到水处理产业，用于提高水的质量，已初见成效；采用稀土氧化铈和贵金属纳米组合技术对汽车尾气处理器件的改造效果也很明显；对治理淡水湖内藻类引起的污染，已在实验室初步研究成功。

（2）绿色纳米材料在能源环保中的应用

合理利用传统能源和开发新能源是我国当前和今后的一项重要任务。

在合理利用传统能源方面，现在主要是净化剂、助燃剂，它们能使煤充分燃烧，燃烧当中自循环，使硫排放减少。另外，利用纳米技术改进汽油、柴油的添加剂已经出现，实际上它是一种液态小分子可燃烧的团簇物质，有助燃、净化作用。

在开发新能源方面，国外进展较快，就是把非可燃气体变成可燃气体。现在国际上主要研究能量转化材料，我国也在进行研究，它包括将太阳能转化成电能、热能转化为电能、化学能转化为电能等。

（3）绿色纳米材料在生物医药中的应用

这是我国进入WTO以后一个最有潜力的领域。目前，国际医药行业面临新的决策，那就是用纳米尺度发展制药业。纳米生物医药就是从动植物中提取必要的物质，然后在纳米尺度组合，最大限度地发挥药效。在提取精华后，用一种很少的骨架，比如人体可吸收的糖、淀粉，使其高效缓释和形成靶向药物。对传统药物的改进，采用纳米技术可以将药效提高一个档次。

（4）绿色纳米材料在其他方面的应用

① 在医药方面的应用　21世纪的健康科学，将以出人意料的速度向前发展，人们对药物疗效的要求越来越高。用亲脂型二元纳米协同界面包覆的中药成分将使心脑血管疾病的有效治疗不再是幻想，它将使中药科学走向世界。

其他如用数字纳米粒子包裹的智能药物进入人体，可主动搜索并攻击癌细胞或修补损伤组织，使用纳米技术的新型诊断仪器，只需检测少量血液就能通过其中的蛋白质和DNA诊断出各种疾病。

另外，对纳米微粒的临床医疗以及在放射性治疗等方面的应用也进行了较多研究，并取得了一些成果。

② 在涂料方面的应用　如果将透明、疏油、疏水的纳米材料颗粒组合在大楼表面或瓷砖、玻璃上，大楼就不会被空气中的油污弄脏，瓷砖和玻璃也不会沾上水蒸气而永远保持透明，这种表面涂层技术是当今世界关注的热点。上述方法是在传统的涂层技术中，添加纳米材料获得了纳米复合体系涂层，实现了功能的飞跃。其他诸如将纳米 TiO_2 添加在汽车、轿车的金属闪光面漆中，能使涂层产生丰富而神秘的色彩效果；在变色镜中添加纳米材料，变色速度加快，可作为士兵防护激光镜；在纤维和衣物上使用纳米 TiO_2，仅用清水清洗，就可以将衣物洗净，可以避免洗涤剂对衣物的损伤。

③ 在精细化工方面的应用　在橡胶中加入纳米 SiO_2，可以提高橡胶抗紫外线辐射和红外线反射的能力，同时，也提高了橡胶的耐磨性和介电特性。另外，在其他精细化工领域如塑料、涂料等，都能够发挥重要作用。

④ 在纳米电子方面的应用　如果在卫星上用纳米集成器件"小鸟"卫星，可部分替代现有的卫星系统，这样会使卫星更小，更容易发射，成本也更低。

⑤ 在催化方面的应用　在化学化工领域中，使用纳米微粒作催化剂可大大提高反应效率，控制反应速率，甚至使原来不能进行的反应也能进行。例如，纳米 TiO_2 既具有较高的光催化活性，又能耐酸碱，对光稳定、无毒、便宜易得，是制备负载型光催化剂的最佳选择。

绿色纳米材料在物质世界中的应用，还包括利用纳米孔膜从根本上解决海水淡化技术的问题；利用纳米修复材料对损坏的材料进行诊断和修复；利用纳米药物无须针管注射，以免出现注射感染等很多方面的问题。

绿色纳米材料的应用涉及各个领域，在机械、电子、光学、磁学、化学和生物学领域有着广泛的应用前景。通过纳米技术对传统产品加以改进，增加其高科技含量以及发展纳米结构的新型产品，使材料科学在各个领域发挥举足轻重的作用。

8.3.3　绿色能源材料

绿色能源材料是指实现新能源的转化和利用以及发展新能源技术中所要用到的关键材料。它是发展新能源的核心和基础。绿色能源材料主要包括以储氢合金材料为代表的镍氢电池材料、嵌锂碳负极和 $LiCoO_2$ 正极为代表的锂离子电池材料、燃料电池材料、硅半导体材料为代表的太阳能电池材料和发展风能、生物质能以及核能所需的关键材料等。当前的研究热点和技术前沿包括高容量储氢材料、锂离子电池材料、质子交换膜燃料电池和中温固体氧化物燃料电池相关材料、薄膜太阳能电池材料等。

绿色能源材料的特点是：能把传统的能源变成绿色能源；可提高储能和能量转化效率；决定着核反应堆的性能与安全性；决定着绿色能源的投资与运行成本。

下面主要对绿色二次电池、燃料电池、太阳能电池等绿色电池材料进行介绍。

8.3.3.1　绿色二次电池

在电池中，有一类电池的充、放电是可逆的。放电时通过化学反应可以产生电能，通过反向电流（充电）时则可使体系回复到原来状态，即将电能以化学能的形式重新储存起来。这种电池称为二次电池或蓄电池。

铅酸电池和镉镍电池是早已广泛应用的二次电池，理论比能量都很低，其商品电池一般只能达到 $30\sim40W\cdot h/kg$。同时，铅和镉都是有毒金属，对环境污染的问题已引起世界环境保护界的关注。因此发展高比能量、无污染的新型二次电池体系一直受到科技界和产业界的重视。新型二次电池有采用储氢合金负极的金属氢化物镍电池（表示为 Ni/MH 电池）和锂离子电池（表示为 LiB 电池）。它们是 20 世纪 90 年代初刚刚问世便取得迅猛发展的新型二次电池体系。由于它们不含有毒物质，所以又被称为绿色电池。绿色二次电池的研究和开发一直是国际上一系列重大科技发展计划的热点之一。基于新材料和新技术的高能量、高密度、无污染，可循环使用的绿色电池新体系不断涌现并迅速发展成新一代便携式电子产品的支持电源和电动、混合动力车的动力电源。显然，绿色电池的产业发展将对国民经济产生巨大影响。

在电池技术研究不断创新的同时，国际上已有若干大型二次电池储能调峰电站进入试运行，同时用作光伏电池和风能发电的储能。不仅促进了能源的有效利用，而且与使用绿色电池的电动汽车产业相互推动。

（1）Ni/MH 二次电池

金属氢化物镍电池（Ni/MH 电池）是一种以储氢合金作为负极的新型二次电池。现已广泛用于移动通信、笔记本计算机等各种小型便携式电子设备，并正在被开发成商品化电动汽车的动力源。与至今尚在广泛应用的 Ni/Cd 电池相比，Ni/MH 电池具有以下显著优点：①能量密度高，同尺寸电池，容量是 Ni/Cd 电池的 1.5～2 倍；②无镉污染，所以 Ni/MH 电池又被称为绿色电池；③可大电流快速放电；④电池工作电压也为 1.2V，与 Ni/Cd 电池有互换性。

由于以上特点，Ni/MH 电池在小型便捷电子器件中获得广泛应用，已占有较大的市场份额。随着研究工作的深入和技术的不断发展，Ni/MH 电池在电动工具、电动车辆和混合动力车上也正在逐步得到应用，形成新的发展动力。

① Ni/MH 电池的原理　由 Ni/MH 电池正极材料和储氢合金（表示为 M）负极材料组成电池。碱性电解质水溶液不仅起到了离子迁移电荷的作用，而且电解质水溶液中的负离子

和水在充放电过程中分别参与了正、负极的反应。

Ni/MH 电池的电容量一般均按正极容量限制设计，因此电池负极的容量应超过正极容量。这样在充电末期，正极产生的氧气可以通过隔膜在负极表面还原成水和负离子回到电解液中，从而避免和减轻了电池内部压力积累升高的现象。同时，当正极析出的氧扩散到负极与氢反应时，不仅消耗掉一部分氢，影响负极的电极电位，还因氢与氧的反应，释放出大量的热，使电池内温度显著升高，从而加速了电极反应。在恒电流充电的条件下，上述两种效应导致电池充电电压降低。在大电流充电时，上述现象更为明显。因此，通常利用充电曲线上电压下降 10mV 作为判定充电的终点，在快速充电下可使电池的充电效率接近 85%，内压一般不大于 0.5MPa，外壁升温一般不高于 30℃。

② Ni/MH 电池的结构性能　目前商品 Ni/MH 电池的形状有圆柱形、方形和扣式等多种类型。按电池的正极制造工艺分类，则有烧结式和泡沫镍式（含纤维镍式）两大类。

从表观上看，Ni/MH 电池与 Ni/Cd 电池无明显区别。但在电池参数设计、材料选择、电极工艺等方面都有很大不同。这是由 Ni/MH 电池内压的特点和综合性能要求所决定的。

Ni/MH 电池具有良好的高倍率放电性能和长的循环寿命，它在 20℃ 条件下的放电性能最佳。低温下（0℃ 以下）MH 的活性低和高温时（40℃ 以上）MH 易于分解析出 H_2，使电池的放电容量明显下降，甚至不能工作。Ni/MH 电池高温性能降低，是它在手提式电脑应用中与锂离子电池竞争逐步失利的原因之一。

③ Ni/MH 二次电池正、负极材料的发展现状　在研制和生产 Ni/MH 电池的初期，不少厂家采用生产 Ni/Cd 电池用的烧结式正极。这种正极的体积比容量最佳值约为 $450mA \cdot h/cm^3$，因此限制了 Ni/MH 电池容量的提高。随着泡沫镍和纤维镍材料的出现和应用，采用高孔率泡沫镍和高密度球形 Ni（OH）$_2$ 制造的氧化镍正极体积比容量已提高到 $650mA \cdot h/cm^3$ 以上，从而可使电池的能量密度得到显著提高。

目前生产 Ni/MH 电池所用的储氢负极材料有 AB_5 型合金和 AB_2 型合金两种。目前为止，欧洲、亚洲及美国的大多数电池厂家都采用前者作为负极材料。该类合金的比容量一般为 $280 \sim 330mA \cdot h/cm^3$，易于活化，可以采用一般拉浆工艺制造电极，在电池中配合泡沫镍正极，不仅可以达到高的容量指标，而且可使电池自放电率低于 25%，循环寿命超过 500 次。

为了在手机和手提式电脑中与锂离子电池竞争市场，近几年来，Ni/MH 电池的技术不断得到改进，产品性能不断提高。发展高功率和大容量 Ni/MH 电池技术一直是国际上的研究热点。

我国是稀土元素最丰富的国家。因此有效地利用这一资源，发展我国的新型金属氢化物镍电池和相关材料的产业一直受到国家科技部门的关注。我国也针对电动自行车和电动摩托车发展的要求，研制了相匹配的方形电池，并投入试用。

由国内外 Ni/MH 电池发展现状及应用前景不难看出，Ni/MH 电池仍然处于鼎盛发展时期。虽然在手提式电脑中的用量会有所下降，但由于在电动工具、混合动力车等方面用量会增加，Ni/MH 电池总的市场需求不会减少。

（2）锂离子二次电池

锂是金属中最轻的元素，且标准电极电位为 -3.045V，是金属元素中电位最负的元素，长期以来受到化学电源科研工作者的极大关注。自 20 世纪 70 年代以来，以金属锂为负极的各种高比能量锂原电池分别问世，并得以广泛应用。其中，由层状化合物二氧化锰作正极、锂作负极和有机电解液构成的锂原电池获得了最为广泛的应用，成为照相机、电子手表、计算器、各种具有存储功能的电子器件或装置的理想电池。

① 锂离子电池的工作原理　锂离子电池在充电时，锂离子从正极中脱嵌，通过电解质和隔膜，嵌入到负极中；反之电池放电时，锂离子由负极中脱嵌，通过电解质和隔膜，重新嵌入到正极中。由于锂离子在正、负极中有相对固定的空间和位置，因此电池充放电反应的可逆性很好，从而保证了电池的长循环寿命和工作的安全性。

② 锂离子电池的结构和性能　目前商品锂离子电池按形状分类有圆柱形、方形和扣式（或钱币形）。按正极材料分类，有氧化钴锂型、氧化镍锂型和氧化锰锂型。

圆柱形锂离子电池的结构与 Ni/MH 或 Ni/Cd 电池无明显区别，内部极群皆为卷绕式，壳盖间皆采用塑料密封胶卷，并以机械方式进行卷边压缩实现密封。然而圆柱形锂离子电池的盖体设计远较 Ni/MH 或 Ni/Cd 电池复杂。为了保护电池的绝对密封和安全，电池盖子是一个组合件，具有多种保护功能，其中有过充电保护机构及在内压过高时自动破裂的安全阀。该安全阀一旦打开，电池即失效，但电池却不会爆炸。此外，盖中还有一个正温度系数的电阻元件（PTC）。当外部电流过大或电池局部温度过高时，PTC 的阻值陡然升高，起到降低或终止充、放电的作用。该元件在外部电流下降并使温度降到某一值后，阻值又能恢复到合适值，从而保证电池可继续正常放电和充电。

由于锂离子电池的电解液是由有机溶剂和无机盐构成的，室温电导率比水溶液电解质低近两个数量级。因此，为了使商品锂离子电池能在较高电流下充、放电，电极必须很薄，以增加电极的总面积，降低电极的实际工作电流密度。

方形锂离子电池是针对手机日益小型化和薄型化的趋势发展起来的，和圆柱形锂离子电池一样，方形电池的盖子上也有一种经特殊加工的破裂阀，以防止电池内压过高而可能出现的安全问题。同样，方形锂离子电池的极群也是卷绕起来的，它完全不同于方形 Ni/MH 和 Ni/Cd 电池的叠片式结构，与圆柱形电池不同，方形电池的正极柱是一种金属-陶瓷或金属-玻璃绝缘子，只是两种电池封口方式完全不同。方形电池采用激光焊接，实现壳盖一体化，而圆柱形电池是传统的卷边压缩密封。对所有商品锂离子电池来说，控制充电过程非常重要，它是先恒电流然后恒电压，电流自动衰减的过程。

③ 锂离子电池的发展现状和前景展望　产量大、用途广的锂离子电池商品主要是圆柱形和方形氧化钴锂型电池。锂离子电池的高温性能和储存特性远优于金属氢化物镍电池。锂离子电池除了可以采用不同正极材料之外，还可以采用不同电解质，因此这种电池可以做成任意形状，并且可以做得很薄。

锂离子电池自 1990 年问世以来发展速度极快，这是因为它正好满足了移动通信及手提式电脑迅猛发展对电源小型化、轻量化、长工作时间和长循环寿命、无记忆效应和对环境无害等的迫切要求。随着锂离子电池生产量的增加、成本的降低及性能的继续提高，它在小型电器中的应用也将不断增长。为了满足这种增长，生产厂家势必不断开发新产品，扩大市场范围以及研究新材料。锂离子电池的发展方向为：a. 发展电动汽车用大容量电池；b. 提高小型电池的性能；c. 加速聚合物电池的开发以实现电池的薄型化。

8.3.3.2　燃料电池

燃料电池是一种直接将储存在燃料和氧化剂中的化学能高效地转化为电能的发电装置。这种装置的最大特点是反应过程不涉及燃烧，因此其能量转换效率不受卡诺循环的限制，能源转换效率 60%～80%，设计使用效率是普通内燃机的 2～3 倍。另外，它还具有燃料多样化、排气干净、噪声小、环境污染低、可靠性能高及维修性好等优点。燃料电池被认为是21 世纪全新的高效、节能、环保的发电方式之一。

燃料电池具有如下的特点：能量转换效率高；可减少大气污染；可用在特殊的场合；高度的可靠性；比能量高；辅助系统较复杂。

(1) 碱性燃料电池（AFC）

在碱性燃料电池中，浓 KOH 溶液既当电解液，又可作为冷却剂。它起到了从阴极向阳极传递 OH^- 的作用。电池的工作温度一般为 $80℃$，并且对 CO_2 中毒很敏感。

① 碱性燃料电池原理　通常用氢氧化钾或氢氧化钠作电解质，导电离子为氢氧根离子，燃料为氢。

阳极反应　　$H_2 + 2OH^- \longrightarrow 2H_2O + 2e^-$　　　　　标准电极电位为 $-0.828V$

阴极反应　　$\dfrac{1}{2}O_2 + H_2O + 2e^- \longrightarrow 2OH^-$　　　　标准电极电位为 $0.401V$

总反应　　　$\dfrac{1}{2}O_2 + H_2 \longrightarrow H_2O$　　理论电动势为 $0.401 - (-0.828) = 1.229V$

碱性燃料电池的催化剂主要用贵金属铂、钯、金、银等和过渡金属镍、钴、锰等。

② 碱性燃料电池的特点　碱性燃料电池的优点如下：首先，效率高，因为氧在碱性介质中的还原反应比在其他酸性介质中强烈；其次，因为是碱性介质，可以用非铂催化剂；最后，因工作温度低，所以可以采用镍板作双极板。碱性燃料电池的缺点如下：因为电解质为碱性，易与 CO_2 生成 K_2CO_3、Na_2CO_3 沉淀，严重影响电池性能，为其在常规环境中的应用带来很大困难，所以必须除去 CO_2；电池的水平衡问题很复杂，影响电池的稳定性。

(2) 质子交换膜燃料电池（PEMFC）

质子交换膜燃料电池也称为聚合物电解质燃料电池，也有将其称为固体聚合物燃料电池。一般在 $50 \sim 100℃$ 下工作。电解质是一种固体有机膜，在增湿情况下，膜可传导质子。一般需要用铂作催化剂，电极在实际制作过程中，通常把铂分散在炭黑中，然后涂在固体膜表面上。但是铂在这个温度下对 CO 中毒极其敏感。CO_2 对 PEMFC 性能影响不大。

① 质子交换膜燃料电池的工作原理　燃料（含氢、富氢）气体和氧气通过双极板上的导气通道分别到达电池的阳极和阴极，反应气体通过电极上的扩散层到达质子交换膜。在膜的阳极一侧，氢气在阳极催化剂的作用下解离为氢离子和带负电的电子，氢离子以水合质子的形式，在质子交换膜中从一个磺酸基转移到另一个磺酸基，最后到达阴极，实现质子导电。质子的这种转移导致阳极出现带负电的电子积累，从而变成一个带负电的端子。与此同时，阴极的氧分子与催化剂激发产生的电子发生反应，变成氧离子，使阴极变成带正电的端子，其结果在阳极带负电终端和阴极带正电终端之间产生了一个电压。如果此时通过外部电路将两极相连，电子就会通过回路从阳极流向阴极，从而产生电能。同时，氢离子与氧离子发生反应生成水。

PEMFC 具有高功率密度、高能量转换效率、低温启动、环境友好等优点，最有希望成为电动汽车的动力源。

② 影响质子交换膜燃料电池性能的关键因素

a. 质子交换膜　质子交换膜（PEM）是质子交换膜燃料电池的核心材料，其性能好坏直接影响电池的性能和寿命。质子交换膜由高分子母体和离子交换基团构成，它与一般化学电源的隔膜有很大的不同。首先是作用不同，它不只是一种隔膜材料，也是电解质和电极活性物质的基底；其次是特点不同，通常电池的隔膜属于多孔性膜，而 PEM 实际上是一种选择透过性膜。

b.电催化剂　PEMFC 通常采用氢气和氧气作为反应气体，电池反应生成物是水，阳极为氢的氧化反应，阴极为氧的还原反应，为了加快电化学反应的速率，气体扩散电极上都含有一定量的催化剂，其作用原理是通过改变反应的途径使反应的活化能降低，从而提高电化学反应速率。电极催化剂包括阴极催化剂和阳极催化剂两类。

对于阴极催化剂，研究的重点一方面是改进电极结构，提高催化剂的利用率；另一方面是寻找高效廉价的可替代贵金属的催化剂。阳极催化剂的选用原则与阴极催化剂相似。目前，PEMFC 主要采用铂作电极催化剂。它对于两电极反应均有催化活性，而且可以长期工作。

c.膜电极组件　通常将质子交换膜燃料电池的电极称为膜电极，所谓膜电极是指由质子交换膜和其两侧的多孔扩散电极组成的阳极、阴极和电解质的复合体。膜电极主要由五部分组成，即阳极扩散层、阳极催化剂层、质子交换膜、阴极催化剂层和阴极扩散层。

膜电极组件是 PEMFC 的核心组成部分，是影响 PEMFC 性能、能量密度分布及其工作寿命的关键因素。膜电极组件的制备及其结构优化是 PEMFC 研究中的关键技术，它既决定了 PEMFC 的工作性能，又能影响其实用性。

（3）直接甲醇燃料电池（DMFC）

目前直接甲醇燃料电池电解质是聚合物，因而它是质子交换膜燃料电池的一种，只是燃料不是氢而是甲醇。

① 直接甲醇燃料电池原理　其原理与上述的质子交换膜燃料电池的工作原理基本相同。不同之处在于直接甲醇燃料电池的燃料为甲醇（气态或液态），氧化剂仍为空气或纯氧。

其阳极和阴极催化剂分别为 Pt-Ru/C（或 Pt-Ru 黑）和 Pt/C。其电极反应为：

阳极反应　　$CH_3OH + H_2O \longrightarrow CO_2\uparrow + 6H^+ + 6e^-$

阴极反应　　$\dfrac{3}{2}O_2 + 6e^- + 6H^+ \longrightarrow 3H_2O$

总反应　　　$CH_3OH + \dfrac{3}{2}O_2 \longrightarrow CO_2\uparrow + 2H_2O$

② 直接甲醇燃料电池的研究重点

a.直接甲醇燃料电池性能研究　研究的内容包括运行参数对直接甲醇燃料电池的影响，如温度、压力、Nafion 类型、甲醇浓度等的影响。

b.新型质子交换膜研究　质子交换膜是直接甲醇燃料电池的核心部分。但在直接甲醇燃料电池系统中会引起甲醇从阳极到阴极的渗透问题。这一现象是由甲醇的扩散和电渗共同引起的。甲醇的渗透导致阴极性能衰退，电流输出功率显著降低，直接甲醇燃料电池系统使用寿命缩短，因此要使直接甲醇燃料电池进入商业化，必须开发出性能良好、防止甲醇渗透的质子交换膜。

c.甲醇膜渗透研究　目前直接甲醇燃料电池研究中尚未解决的一个主要问题是甲醇从阳极到阴极的渗透问题，这在典型的全氟磺酸膜中尤为严重。

d.电催化剂研究　迄今为止，在所有催化剂中，Pt-Ru 二元合金催化剂被认为是甲醇氧化最具活性的电催化剂。Pt-Ru 催化剂催化机理被公认为是双功能机理。关于此机理的争论为：是否存在另外的电子或空间效应。双功能机理的解释为：Ru 活性点吸附含氧粒子的电位要比纯 Pt 表面低 0.2～0.3V，被吸附的含碳粒子从吸附发生的位置通过表面扩散优先进行氧化。Pt-Ru 活性点吸附含碳粒子的活性要大于 Ru-Ru 或 Ru 原子簇。Ru 的最佳表面组成会使 Pt-Ru 的活性点达到最大。

（4）磷酸燃料电池（PAFC）

磷酸燃料电池是目前应用最多的分布式燃料电池电站。PAFC 工作温度在 200℃左右。通常电解质储存在多孔材料中，承担从阴极向阳极传递 OH^- 的任务。PAFC 常用铂作催化剂，也存在 CO 中毒问题。CO_2 的存在对 PAFC 性能影响不大。

① 磷酸燃料电池的反应原理　当氢为燃料、空气为氧化剂时，PAFC 内的化学反应如下：

阳极反应　$H_2 \longrightarrow 2H^+ + 2e^-$

阴极反应　$\dfrac{1}{2}O_2 + 2H^+ + 2e^- \longrightarrow H_2O$

总反应　$\dfrac{1}{2}O_2 + H^+ \longrightarrow H_2O$

② 磷酸燃料电池部件　磷酸燃料电池电解质采用由碳化硅和聚四氟乙烯制成的微孔隔膜，浸泡浓磷酸制成。

磷酸燃料电池采用铂作催化剂，炭黑作催化剂载体制成。当电极和电解质组合成单电池时，电解质中部分磷酸进入氢氧多孔气体扩散电极，形成稳定的三相界面。双极板起着分隔氢气和氧气，同时传导电池内部热量和电流的作用，由于磷酸的强腐蚀性，故采用石墨作双极板材料。

（5）熔融碳酸盐燃料电池（MCFC）

熔融碳酸盐燃料电池是在 650℃左右工作的燃料电池。熔融碳酸燃料电池原理和其他燃料电池类似，但显著不同的是在熔融碳酸盐燃料电池的阳极室生成二氧化碳，而阴极室消耗二氧化碳。在阳极室氢气被电化学氧化成水。

阳极反应　$H_2 + CO_3^{2-} \longrightarrow H_2O + CO_2 + 2e^-$

阴极反应　$\dfrac{1}{2}O_2 + CO_2 + 2e^- \longrightarrow CO_3^{2-}$

总反应　$H_2 + \dfrac{1}{2}O_2 + CO_2$（阴极）$\longrightarrow H_2O + CO_2$（阳极）

因此在 MCFC 中，需要二氧化碳的循环系统。

（6）固体氧化物燃料电池（SOFC）

固体氧化物燃料电池是通过一种离子传导陶瓷将燃料和氧化剂气体中的化学能直接转化为电能的发电装置，也称为陶瓷燃料电池（CFC）。与其他燃料电池相比，固体氧化物燃料电池能量转换效率高，全固态结构操作方便；与目前正在应用开发作为汽车动力电源的固体聚合物燃料电池（SPFC）相比，固体氧化物燃料电池具有燃料适用面广、不需要贵金属催化剂等优点，因此被认为是最具发展前途的燃料电池。

① 高温固体氧化物燃料电池

a. 原理　固体氧化物燃料电池用固体氧化物作电解质，目前常用稀土氧化钇稳定的氧化锆作电解质，这种材料在高温下，如 900～1000℃下，有传递阳离子的能力。在阴极，氧分子得到电子被还原为阴离子：$O_2 + 4e^- \longrightarrow 2O^{2-}$。

阴离子在电解质膜两侧电位差和浓差作用下，通过电解质膜的氧空位传递到阳极侧，并与阳极燃料氧化反应，当燃料为氢时，反应为　　$2O^{2-} + 2H_2 \longrightarrow 2H_2O + 4e^-$

当燃料为 CO 时，反应为　　　　　　$2O^{2-} + 2CO \longrightarrow 2CO_2 + 4e^-$

因此总反应为　　　　　　　　　　$2H_2 + O_2 \longrightarrow 2H_2O$　（当燃料为 H_2 时）

或　　　　　　　　　　　$2CO + O_2 \longrightarrow 2CO_2$　（当燃料为 CO 时）

b. 固体电解质　固体电解质是通过离子移动而导电的，现在已经了解的固体氧化物燃料电池的工作原理是，当氧化钇和氧化锆混合在一起时，一些 Y^{3+} 从锆的晶格位置上取代 Zr^{4+}，但 Y^{3+} 和 Zr^{4+} 的电荷不同，因此导致一定数量的阳离子的晶格位置空缺，亦称为"空穴"。在高温下，阳离子经由这些空穴位置而穿过晶格，从而完成阳离子移动全过程。

c. 电极材料　高温固体氧化物燃料电池的阴极，一般用锶掺杂的锰酸镧，其具有高的氧化还原电催化剂活性、良好的电子导电性，更重要的是其热膨胀系数与氧化锆相匹配。

SOFC 的阳极一般是 $50 \sim 100 \, \mu m$ 厚的镍-氧化锆陶瓷。固体氧化物的阳极催化剂主要集中在镍、钴、铂、钌等过渡金属和贵金属，其中镍是 SOFC 中广泛采用的阳极电催化剂。

固体氧化物燃料电池中另一重要的元件就是双极板，由于 $900 \sim 1000 \, ℃$ 高温下的氧化还原气氛使其选择十分困难。对固体氧化物电极材料的要求是：具有催化活性，能催化氢气、一氧化碳和碳氢化合物；电子导电性高于 $10 \, S/cm$；化学性能稳定；具有高的表面形态稳定性；力学性能稳定；价格低。

d. 固体氧化物燃料电池结构　固体氧化物燃料电池分圆筒式、平板式和波浪式三种。

② 低温（$400 \sim 600 \, ℃$）固体氧化物的燃料电池（LTSOFC）

a. 氧离子传导型 LTSOFC　作为 LTSOFC 的固体电解质，要求低温下具有较高的氧离子电导率，电子电导可以忽略，而且能在稳定功率下保持高的结构和化学稳定性，与电极匹配良好。目前发现的可用于 LTSOFC 的电解质包括掺杂的 CeO_2、BiO_3 和 $LaGaO_3$ 等氧离子导体。这些氧离子导体的离子电导率均高于 SOFC 中普通使用的氧化锆电解质。

b. 质子传导型 LTSOFC　质子传导型 LTSOFC 的原理类似于质子交换膜燃料电池，燃料在阳极解离成质子，质子通过固体电解质到达阴极，与氧气发生反应生成水。由于水是在阴极侧生成，可以随空气排出，因此燃料不必经过水处理就可以循环利用，从而简化了装置，降低了操作成本，同时提高了能量转换效率。

c. 氧离子-质子共传导型 LTSOFC　氧离子-质子共传导型 SOFC 是近年来燃料电池领域提出的新概念，它不同于任何传统的燃料电池。在操作过程中，氧离子和质子分别从阴极和阳极通过固体电解质向相反的方向迁移，与燃料和氧气发生反应，分别在阳极室和阴极室生成水。

研究发现，一定质子传导的存在可以促进电极反应和电解质-电极界面间的动力学，而且氧离子-质子共传导可以提高电解质总的离子迁移数和相应的离子电导率，同时也提高了电流交换率，导致高的电流输出。

目前 LTSOFC 的研究与开发主要解决以下两个方面的问题。一是新材料，目前开发的几类低温电解质中，DCO、SOC 和 CSC 是最有希望的材料，但是这几类材料的性能还有待于进一步研究，特别是材料的稳定性。此外，必须开发新型阴极材料，减小界面极化电阻。

在阳极材料方面，主要是直接利用碳氢燃料，避免积碳问题。二是新理论，新型 LTSOFC 突破了传统燃料电池的理论界限，集合了 SOFC、MCFC 和 SPFC 的优点，具有重大的理论价值和实用价值。

8.3.3.3　太阳能电池

太阳能是取之不尽、用之不竭的能源。太阳能发电是指将太阳光辐射转化为电能。其中一类，是把太阳光辐射转换成热能，再利用热能进行发电，称为太阳能发电。另一类，是利用半导体 p-n 结器件的光伏效应，把太阳能直接转换成电能，称为太阳能光伏发电。太阳能电池是一种利用光生伏打效应把光能转变为电能的器件，又叫光伏器件。物质吸收光能产生电动势的现象，称为光生伏打效应；这种现象在液体和固体物质中都会发生，但只有在固体中，尤其是在半导体中，才有较高的能量转换效率。所以，人们又常常把太阳能电池称为半导体太阳能电池。

（1）太阳能电池的工作原理

太阳能是一种辐射能，它必须借助于能量转换器才能变成电能。这个把光能变换成电能的能量转换器，就是太阳能电池。下面以单晶硅太阳能电池为例简单介绍太阳能电池是如何把光能转换成电能的。

太阳能电池工作原理的基础，是半导体 p-n 结的光生伏打效应。所谓光生伏打效应，简言之，就是当物体受到光照时，物体内的电荷分布状态发生变化而生产电动势和电流的一种效应。当太阳光或其他光照射半导体 p-n 结时，就会在 p-n 结的两边出现电压，叫作光生电压，使 p-n 结短路，就会产生电流。

众所周知，物质的原子是由原子核和电子组成的。原子核带正电，电子带负电。电子按照一定的轨道围绕着原子核旋转。单晶硅的原子是按照一定的规律排列的。硅原子的外层电子壳层有 4 个电子。每个原子的外层电子都在固定的位置，并受原子核的约束。在外来能量的激发下，如在太阳光辐射时，就会摆脱原子核的束缚而成为自由电子，并同时在它原来的地方留出一个空位，即半导体物理学中所谓的空穴。由于电子带负电，空穴就表现为带正电。电子和空穴就是单晶硅中可以运动的电荷。在纯净的硅晶体中，自由电子和空穴的数目是相等的。如果在硅晶体中掺入能够俘获电子硼、铝、镓或铟等杂质元素，那么它就成了空穴型半导体，简称 p 型半导体。如果在硅晶体中掺入能够释放电子的磷、砷和锑等杂质元素，那么它就成了电子型的半导体，简称 n 型半导体。若把这两种半导体结合在一起，由于电子和空穴的扩散，在交界面处便会形成 p-n 结，并在结的两边形成内电场，又称势垒电场。由于此处的电阻特高，所以也称为阻挡层。当太阳光照射 p-n 结时，在半导体内的电子由于获得了光能而释放自由电子，从而产生电子-空穴对，在势垒电场的作用下，电子被趋向 n 型区，空穴被趋向 p 型区，从而使 n 区有过剩的电子，p 区有过剩的空穴，于是，就使 p-n 结的附近形成了与势垒电场方向相反的光生电场。光生电场的一部分抵消了势垒电场，其余部分使 p 型区带正电，n 型区带负电。于是，就使得在 n 区和 p 区之间的薄层产生了电动势，即光生伏打电动势。当接通外电路时便有电能输出。这就是 p-n 结接触型晶体硅太阳能电池发电的基本原理。如果把数十个或数百个太阳能电池单体串联、并联起来组成太阳能电池组件，在太阳能的照射下，便可获得可观的输出功率的电能。

（2）太阳能电池分类

太阳能电池多为半导体材料制造，发展至今，已经种类繁多，形式各样。

① 按照结构分类

a.同质结太阳能电池　由同一种半导体材料构成一个或多个 p-n 结的太阳能电池。如硅太阳能电池、砷化镓太阳能电池等。

b.异质结太阳能电池　用两种不同禁带宽度的半导体材料在相接的界面上构成一个异质 p-n 结的太阳能电池，如氧化铟锡-硅太阳能电池、硫化亚铜-硫化镉太阳能电池等。如果两种异质材料的晶格结构相近，界面处的晶格匹配较好，则称为异质面太阳能电池。如砷化铝镓-砷化镓异质面太阳能电池等。

c.肖特基太阳能电池　用金属和半导体接触组成一个肖特基势垒的太阳能电池，也叫作 MS 太阳能电池。其原理是基于金属-半导体接触时在一定条件下可产生整流接触的肖特基效应。目前已发展成为金属-氧化物-半导体太阳能电池，即 MOS 太阳能电池；金属-绝缘体-半导体太阳能电池，即 MIS 太阳能电池。

② 按照材料分类

a.硅太阳能电池　以硅材料作为基体的太阳能电池，如单晶硅太阳能电池、多晶硅太阳能电池、非晶硅太阳能电池等。制作多晶硅太阳能电池的材料，用纯度不太高的太阳级硅即可。而太阳级硅由冶金级硅用简单的工艺就可加工制成。多晶硅材料又有带状硅、铸造硅、薄膜多晶硅等多种。用它们制造的太阳能电池有薄膜和片状两种。

b.硫化镉太阳能电池　以硫化镉单晶和多晶为基体材料的太阳能电池，如硫化亚铜-硫化镉太阳能电池、碲化镉-硫化镉太阳能电池、硒铟铜-硫化镉太阳能电池等。

c.砷化镓太阳能电池　以砷化镓为基体材料的太阳能电池，如同质结砷化镓太阳能电池、异质结砷化镓太阳能电池等。

太阳能电池的应用长期受到价格因素的制约。随着世界光伏工业的持续扩大，以及效率不断上升，太阳能电池的制造规模也不断扩大、成本将持续下降。

8.4　绿色涂料

8.4.1　涂料简介

涂料是一种可借助特定的施工方法涂覆于物体表面，对被涂物具有保护、装饰、色彩标志、特殊用途或几种作用兼而有之的一类成膜物质。涂料是由主要成膜物质、次要成膜物质和辅助成膜物质组成的。主要成膜物质又称基料，是自身就能形成致密涂膜的物质，主要是各种油脂和树脂，可以是天然物、动物油等，也可以是人工合成的，如酚醛树脂等。次要成膜物质自身不能形成完整涂膜，但能与主要成膜物质一起参与成膜，能赋予涂膜色彩或某种功能，包括颜填料、功能材料添加剂。辅助成膜物质包括溶剂、稀释剂、助剂。溶剂和稀释剂使涂料便于生产加工、施工和形成完好涂膜，助剂有催干剂、稳定剂、分散剂、增塑剂、消泡剂、乳化剂、消化剂等。

涂料用途广，功能多，品种已达近千种，存在着多种分类方法。可按用途来分类，如建筑涂料、工业涂料和维护涂料，建筑涂料又分为室内用、室外用、木材用、金属用和混凝土用等，工业涂料包括船舶涂料、电器绝缘涂料、汽车涂料、纸张涂料、塑料涂料等。也可按施工方法分类，如刷用涂料、喷漆、烘漆、电泳涂料、自泳涂料、流态床涂装用涂料等。还可按涂料的作用来分，如打底涂料、防腐涂料、耐高温涂料、头度涂料、二度涂料等，此外还有按漆膜的外观来分类，如大红涂料、有光涂料、无光涂料、半光涂料、皱纹涂料、锤纹涂料等。目前国内外使用最广泛的是根据成膜物质分类，分为十八类，见表 8-3。

表 8-3　涂料类别与代号

序号	代号	涂料类别	序号	代号	涂料类别	序号	代号	涂料类别
1	Y	油性涂料	7	Q	硝基涂料	13	H	环氧树脂涂料
2	T	天然树脂涂料	8	M	纤维素涂料	14	S	聚氨酯涂料
3	F	酚醛树脂涂料	9	G	过氯乙烯涂料	15	W	元素有机涂料
4	L	沥青涂料	10	X	乙烯涂料	16	J	橡胶
5	C	醇酸树脂涂料	11	B	丙烯酸涂料	17	E	其他
6	A	氨基树脂涂料	12	Z	聚酯涂料	18	—	辅助材料

若主要成膜物质由两种以上的树脂混合组成，则按在成膜物质中起决定作用的一种树脂为基础作为分类的依据。

8.4.2　涂料的污染

8.4.2.1　对大气的污染及危害

涂料对大气的污染多属于局部地区污染。但涂料在生产、施工、固化过程中大量 VOC（Volatile Organic Compound）的排放，已成为不可忽视的大气污染源。有机溶剂挥发到大气中称为一次污染或原发性污染，人如果吸入含有溶剂超标的空气，就会对人体造成危害。合成涂料中的未完全反应单体、有机溶剂、添加剂、重金属离子等大部分带有毒性，给地球生态和人体健康带来了极大的甚至是不可逆转的影响。污染物可直接或间接进入生物体或者人体，干扰或改变体内正常生理功能，能引起种群变异或减少。近年来有资料报道已表明，多环芳烃（PAHs）、多氯联苯（PCBs）表面活性剂及增塑剂等许多化学物质都具有类雌激素的作用。该类物质进入脊椎动物体内会影响脊椎动物的生殖，进入人体有致癌、致畸作用。涂料中 VOC 吸收光子产生光化学反应，还会对局部地区光化学烟雾的形成产生促进作用，从而使一次污染物转化为毒性更大的二次污染物（也称继发性污染物）如臭氧、醛类、过氧乙酰硝酸等。

8.4.2.2　涂料对水质的污染及危害

涂料对水质的污染可以分为海水和淡水两部分。

涂料对海洋的污染主要是由船体防污涂料造成的。自 20 世纪 60 年代发现有机锡的防污特性以来，有机锡特别是三丁基锡（TBT）防污涂料被大量用于船体防污，来阻止海洋生物（如贝类、海藻等）在吃水线下船体上的生长，可有效减少海洋污损生物对海洋船舶和建筑物造成的危害。后来人们发现 TBT 对环境有许多负面影响，甚至给海湾、港口、船坞等局部海域的海洋生物带来毁灭性威胁。例如，20 世纪 70 年代末有机锡污染曾使法国防卡琼湾的牡蛎养殖业一度瘫痪，幼蚝和成体牡蛎养殖业直接经济损失近 1.5 亿美元。有机锡防污涂料对海洋生态环境的破坏已引起了人们的警觉，现在已经限制乃至禁止使用有机锡防污涂料，取而代之的是无锡的或其他新型的无毒防污涂料。

涂料在生产过程中会产生废水，其中常含有酚类、苯类和重金属，不经处理或经不完全处理后排入江、河、湖泊会造成淡泊水咸化，有毒物质还会进一步沉积渗入地下水中，破坏地球水资源循环。酚是一种化学致癌剂。在饮水中含有酚类 0.25～4mL/L 时味觉与嗅觉均可感知，其口服致死量为 530mg/kg。长期以来，涂料业界广泛应用的着色颜料都含有重金属离子，如铬、铅和镉，它们都会对人体和环境造成很大的影响。铬是致癌金属，尤其是六价铬，其毒性可达三价铬的 100 倍。铅是目前使用最为广泛的污染元素，其对造血系统的作用主要涉及大脑、小脑以及骨髓和周围神经；对肾的影响可引起可逆性近曲小管功能失调。镉化物毒性很大，主要通过饮水和食物摄入人体。涂料在使用过程中，涂膜不断老化、粉化而不断开裂、剥落，其中的颜料、填料被雨水冲刷、慢慢排入水中，造成污染，另外，大气的污染也可交叉引起水质的污染。

8.4.3　涂料的绿色化方向

绿色涂料可以从三个层次来看。第一个层次是涂料总有机挥发量（VOC），有机挥发物对环境、社会和人类自身构成直接的危害。涂料是现代社会中的第二大污染源，现在发现几乎所有的溶剂都能发生光化学反应（除了水、丙酮等）。第二个层次是溶剂的毒性，指生产和施工过程中那些和人体接触或吸入后可导致疾病的溶剂。例如，乙二醇的醚类曾是一类水性涂料常用的溶剂，被作为无毒溶剂而被大量地使用，后来发现乙二醇是一类剧毒的溶剂。第三个层次是对用户的安全问题，一般来说涂料干燥以后，它的溶剂基本上可以挥发掉，但这需要一段时间，特别是室温固化的涂料，有的溶剂挥发的很慢，用户长时间接触某些有毒溶剂，会对人体健康造成一定的伤害。

8.4.3.1　水性涂料

水性涂料是以水为分散剂，可有效避免涂料中溶剂带来的污染。具有无毒、无臭、不燃、易实现自动化涂装等优点。涂料树脂的水性化有三个途径：一是在分子链上引入阳离子或阴离子，使其具有水溶性或增溶分散性；二是在分子链中引入强亲水集团，如羧基、羟基、氨基、酰氨基等，通过自乳化分散于水中；三是外加乳化剂乳液聚合或树脂强制乳化形成水分散乳液。根据树脂分子量及水性化途径可将水性涂料分为水溶性、水分散性和水乳化三类。

水性涂料中以水分散性涂料品种最多，由于其储存稳定性好、性能较优、使用方便而被广泛开发使用。水分解性涂料通过将高分子树脂分散在有机溶剂-水混合溶剂中而形成，其关键是在高分子化合物上引入亲水基团以获得水溶性树脂。现主要采用成盐法来实现，通过反应将聚合物主链变成阳离子或阴离子，如带氨基的聚合物与羧酸类中和成盐。水分散性涂料仍然会含部分有机溶剂（作助溶剂），但量较少，VOC 值低。如汽车阴极电泳涂料的 VOC 含量低于 2%。

水性涂料也存在一些不足之处：稳定性差，有的耐水性差；水的高汽化焓使成膜所需能量高，烘烤型能耗高，自干型干燥慢；表面污物易使涂膜产生缩孔等。但水性涂料可显著降低涂料中的 VOC 含量，且在很多场合其性能能够达到要求，因而是涂料发展的一大趋势。

8.4.3.2　无溶剂涂料

无溶剂涂料包括粉末涂料和光固化涂料。由于不含溶剂，环境污染问题可得到较彻底的解决，因此无溶剂涂料受到了极大的重视，发展十分迅速。

粉末涂料是由树脂、颜料、填料及添加剂组成的，不包含有机溶剂，固体分含量为100%。粉末涂料的 VOC 接近于零，且涂层耐候、耐久和耐化学性能优越，这些优点使其品种和产量在不断提高和扩大，产量仅次于水性涂料，约占涂料总量的 20%。此外，还可进行涂装后回收利用过喷粉末，减少浪费，提高涂料利用率。目前，粉末涂料在低温固化、涂膜薄层化及复合化三个方面取得了一定的进展。低温固化粉末涂料的固化温度在 150℃，较一般粉末涂料固化温度低近 30℃，使生产速度和生产效率得到了提高。涂膜的厚度是决定其外观的重要因素之一，粉末涂料中涂膜厚度较难控制，一次喷涂的膜层较厚（40μm 以上），薄膜化和表面平滑困难，这限制了粉末涂料的应用范围。美国 PPG 公司开发的 Enviracryl 涂料，为宝马轿车涂装，取得了很好的效果，已在欧美上市。复合粉末涂料是将特殊的热固性环氧树脂涂料与特殊的丙烯酸树脂粉末涂料混合而成，这种粉末涂料作为无溶剂涂料的代表，与水性涂料一样，受到涂料涂装产业界的重视，正朝着低温固化、合成原子和分子构件、功能化、专用化、美术化、研究开发新型固化剂几个方向发展。

光固化粉末涂料是一项将传统粉末涂料和光固化技术相结合的新技术，它是利用对波长为 $300 \sim 450nm$ 的紫外线敏感的光敏剂产生自由基引发聚合，最终固化成膜。光固化粉末涂料由光固化树脂、光引发剂和各种添加剂组成，其中光固化树脂和光引发剂的选择尤为重要。光固化树脂是光固化粉末涂料的主要成膜物质，是决定涂料性质和涂膜性能的主要成分，按其固化机理可以分为自由基型和阳离子型两种。自由基型光固化树脂是具有 C＝C 不饱和双键的树脂，如丙烯酰氧基、甲基丙烯酰氧基、乙烯基、烯丙基等；阳离子型光固化树脂是具有乙烯基醚或环氧基团的树脂。

光引发剂是对光固化速率起决定性作用的关键成分，因产生的活性中间体不同，可分为自由基型光引发剂和阳离子型光引发剂两类。自由基型光引发剂有分裂型和提氢型，前者受光激发后分子内分解自由基，是单分子光引发剂，如安息香醚类；后者需要与一种含活泼氢的化合物配合，通过夺氢反应形成自由基，是双分子光引发剂，如二苯甲酮类。阳离子光引发剂都是鎓盐，在光照下分解成离子基和自由基，可引发阳离子聚合和自由基聚合。

添加剂主要包括颜料、填料和各种助剂。颜料具有提供颜色、遮盖底材、改善涂层的性能、改进涂料的强度等功能。填料主要是为了降低涂料的成本，改善涂料的流变性能。在紫外线固化粉末涂料配方中，助剂也是重要的组成部分，对涂膜的外观有很大的影响，常用的助剂有流平剂、消泡剂、消光剂、粉末松散剂和固化促进剂等。

8.4.3.3 高固体分涂料

在施工黏度下，固体分高达 80%（质量分数）的溶剂型涂料统称为高固体分涂料，有醇酸、聚酯、环氧、聚氨酯和丙烯酸等。高固体分涂料一般涂膜厚，施工效率高，具有良好的装饰性和环境性。

8.4.3.4 超临界 CO_2 喷涂技术

虽然人们花费了大量的精力来减少涂料中 VOC 的排放量，但是环保要求的不断提高促使人们对绿色涂装技术继续进行探索研究，超临界 CO_2 涂装技术是一种既能保证涂膜外观，又能大幅度降低 VOC 排放量的绿色涂装技术，其核心是采用超临界 CO_2 代替涂料中的有机高挥发性溶剂。此外，也在研究采用超临界 CO_2 为反应介质制备与 CO_2 具有高相容性的涂料树脂，彻底摆脱对有机溶剂的需求。涂料的绿色涂装是刚刚起步的涂料清洁生产的重要组成部分，也是绿色涂料的重要内容之一。

8.5 绿色表面活性剂

表面活性剂由于其两亲分子的结构特征，极易富集于界面，改变界面性质，对界面过程产生影响，因而是许多工业部门必要的化学助剂，其用量小，收效大，往往能起到意想不到的效果，但表面活性剂在生产和使用过程中对人体及环境生态系统造成了严重的危害。如在洗涤剂中加入一定量的表面活性剂溶剂虽然可以增强洗涤剂的溶解性和洗涤性，但由于这些溶剂具有一定的毒性，会对皮肤产生明显的刺激作用，而且大量使用表面活性剂还会对生态系统产生潜在的危害。例如，烷基苯磺酸钠（ABS）的生物降解性差，在洗涤剂中大量使用所产生的大量泡沫造成了城市下水道及河流泡沫泛滥。含有磷酸盐的表面活性剂在使用时使河流湖泊水质产生"富营养化"，对环境造成了巨大的危害。因此开发对人体尽可能无毒无害及对生态环境无污染的绿色表面活性剂势在必行。

绿色表面活性剂是由天然再生资源研究开发而成的温和、安全、高效、生物降解性好、表面性能优异、成本低、保护环境的表面活性剂，它能改善产品质量，改善环境，节能增效。甚至起到"绿色使者"的作用。同传统表面活性剂一样，绿色表面活性剂具有亲水基和憎水基。与传统表面活性剂相比，绿色表面活性剂具有高效强力去污性、优良的配伍性及良好的环境相容性，并表现出良好的乳化性、洗涤性、增溶性、润湿性、溶解性和稳定性等。此外，每一种绿色表面活性剂都具有其特有的性能，如 α-磺基脂肪酸酯盐（MEC）在低浓度下就具有表面活性、耐硬水性，单烷基磷酸酯具有优良的起泡乳化性、抗静电性能以及特有的皮肤亲和性。常见的绿色表面活性剂有 α-磺基脂肪酸甲酯（MEC）、烷基多苷（APG）及烷基葡萄糖酰胺（AGA）、醇醚羧酸盐（AEC）及酰胺醚羧酸盐（AMEC）、单烷基磷酸酯（MAP）及单烷基醚磷酸酯（MAEP）等。

8.5.1　醇醚羧酸盐及酰胺醚羧酸盐

烷基醚羧酸盐是国外 20 世纪 80 年代大力研究开发的性能优良的阴离子表面活性剂，是世界上公认的绿色表面活性剂新品种。其衍生物如脂肪醇聚氧乙烯醚羧酸盐成为新开发的一类多功能绿色表面活性剂。烷基醚羧酸盐包括醇醚羧酸盐（AEC）、烷基酚醚羧酸盐（APEC）和酰胺醚羧酸盐（AMEC），它们的生产方法类似，但性能和应用方面又不尽相同，应用上可根据具体需要而有所选择。

AEC 因原料较丰富，各项性能指标良好，在三种产品中具有最广泛的用途。AEC 的性能可归结为以下几点：对皮肤和眼睛温和，环氧乙烷加合数愈高，产品的刺激性愈小；杂质含量低微，使用安全，与其他表面活性剂配伍性好；清洗性能和泡沫性能良好，几乎不受pH 值和温度的影响；对酸、碱、氯稳定，抗硬水性好，钙皂分散能力强；优良的乳化、分散、润湿及增溶性能，低温溶解性好；具有优良的油溶性能，易生物降解。

8.5.2　烷基多苷及葡萄糖酰胺

烷基糖苷（APG）是 20 世纪 90 年代以来国际上致力于开发的新型非离子表面活性剂。APG 是以再生资源淀粉的衍生物葡萄糖和天然脂肪醇为原料，由半缩醛羟基与醇羟基，在酸等的催化下脱去一分子水生成的产物，生物降解迅速彻底，无毒无刺激，有优良的表面活性，性能温和，对环境无害。APG 除了特别适用于与人体相关的餐洗、洗发、护肤等日化用品外，还可用于工业清洗剂、纺织助剂以及塑料、建材、造纸、石油等行业的助剂。意大利的 Cesal-Pinia Chemical 公司已有三种 APG 衍生物问世，它们是 APG 的柠檬酸酯、APG 的碳酸酯和 APG 的磺基琥珀酸酯钠盐。APG 具有优良的表面活性和毒理性能，引起国内外的普遍重视，应用领域迅速扩展，生产量迅速增长。从生态学和能源角度考虑，APG 是一种天然绿色表面活性剂，丰富的淀粉资源，天然和合成高碳醇产量的逐年上升，也为 APG 的生产提供了丰富的原料，随着表面活性剂朝着温和、天然、绿色的方向发展，烷基糖苷必将得到广泛的应用和发展。

烷基葡萄糖酰胺（AGA）作为一种新型绿色表面活性剂已经成为行业内研究的热点。以淀粉或葡萄糖为起始原料衍生的淀粉基温和表面活性剂就是其中的一类。烷基葡萄糖酰胺是一种新型非离子表面活性剂，具有对皮肤表面作用温和、生物降解快而安全、无毒无刺激、能与各种表面活性剂复配及优良的协同增效作用等特点。由于其性能在某些方面胜过

APG，发展势头甚好，出现了 N-十二酰基-N-甲基-葡萄糖酰胺（NMGA）、N-十二酰胺乙基葡萄糖酰胺、N-丁基月桂葡萄糖酰胺等新型多功能表面活性剂。

8.5.3 单烷基磷酸酯及单烷基醚磷酸酯

通常的单烷基磷酸酯表面活性剂包括单烷基磷酸酯（MAP）和单烷基醚磷酸酯（MA-EP）。单烷基磷酸酯及其盐最突出的应用是在两个行业，即个人护理品和合成油剂。MAP的钠盐、钾盐和三乙醇胺盐因其丰富的发泡性、良好的乳化性、适度的洗净力、无毒无刺激性以及特有的皮肤亲和性而能满足毛发洗净剂的要求，是众多个人护理产品的理想原料，如洗面奶、沐浴露、卸妆品和其他温和清洁用品。一般油剂具备三种作用：平滑性、抗静电性和乳化性。用单一成分满足这些特性要求是困难的，通常是将几种成分复配而成的。磷酸酯具有优良的平滑性、抗静电性、耐热性等，因此与高级醇硫酸酯一样是合纤油剂的基本成分。需要指出的是磷酸酯中单酯和双酯比例不同，对油剂的性能会产生不同影响，要由配方来定。需要指出的是，磷酸原料易得，污染小，是一条既经济又有社会效益的路线，故广泛应用于纺织、皮革、塑料、造纸及化妆品等工业领域。

8.5.4 生物表面活性剂

生物表面活性剂是微生物在一定条件下培养时，在其代谢过程中分泌出具有一定表面活性的代谢产物。如糖脂、多糖脂、脂肽或中性类脂衍生物等。目前常见的生物表面活性剂有：纤维二脂、鼠李糖脂、槐糖脂、海藻糖二脂、海藻糖四脂、表面活性蛋白等。同一般化学合成的表面活性剂一样，生物表面活性剂具有显著降低表面张力、稳定乳状液、较低的临界胶束浓度等特点。此外，它还具有以下优点：可生物降解，对环境不造成污染；无毒或低毒；不致敏、可消化，可用作化妆品、食品和功能食品的添加剂；可以从工业废物生产，利于环境治理；在极端温度、pH 值、盐浓度下具有很好的选择性和专一性；结构多样，可以用于特殊领域。

8.5.5 脂肪酸甲酯磺酸盐

脂肪酸甲酯磺酸盐（MES）采用天然椰子油、棕榈油等油脂原料经磺化、中和后得到，是一种性能良好的阴离子表面活性剂，因其具有优良的去污性、钙皂分散能力、乳化性、增溶性、低刺激性和低毒性、抗硬水性以及优越的洗涤性能，加之 MES 的原料来源于天然动植物油脂，制取方便，生物降解性好，因而，受到人们的重视，甚至被称为第三代洗涤活性剂，属于绿色、环保型表面活性剂，被视为烷基苯磺酸钠的替代品，广泛应用于复合皂、牙膏、洗衣粉、香波、丝毛清洗剂、印染、皮革脱脂、矿物浮选等领域以及作为农业产品的润湿剂和分散剂。

8.5.6 茶皂素类表面活性剂

茶皂素是一种五环三萜类皂素，是从山茶科植物种子中提取的一种糖式化合物。茶皂素是一种天然非离子表面活性剂，具有良好的去污、乳化、分散、润湿及发泡功能。可用作洗涤剂，其具有很强的抗硬水性能，即在硬水中有很好的去污力，以茶皂素配制的洗涤剂洗涤丝毛织物，既具有保护作用，又使织物显得亮丽；也可用其作为原料配制洗发水，有蓬松、止痒、祛头屑的作用，洗发后头发乌黑光亮，具有洗发护发功能；亦可作乳化剂，如石蜡乳化剂已在人造板材方面得到应用，与传统乳化剂相比具有乳化性能好、乳液粒度小、分布均匀且稳定的特点。另外，还有一些其他方面的应用，如在橡胶工业上用作泡沫橡胶发泡剂，在消防上用作泡沫灭火器发泡剂，在食品工业上用作清凉饮料的助泡剂等。

8.5.7　精氨酸表面活性剂

精氨酸类表面活性剂是一类基于天然再生资源、低毒、生物降解性好、表面活性优良且有广谱抑菌性的表面活性剂，被誉为绿色表面活性剂。在化妆品、合成洗涤剂、杀菌剂、有机分析等方面的应用越来越受到人们的重视。其中典型的有三类精氨酸表面活性剂：N-酰基精氨酸酯盐酸盐、Gemini 类精氨酸表面活性剂和 1,2-二烷酰基-3-(N-乙酰基精氨酰)甘油盐酸盐（精氨酸甘油酯类表面活性剂）。它们的临界胶束浓度、平衡表面张力和动态表面张力、抑菌性能、安全性均符合绿色表面活性剂的要求。

精氨酸类表面活性剂表面性能优良，具有独特的聚集体形态和相行为，同时具有广谱抑菌性，且低毒，生物降解性良好，在生命科学、医药、洗涤和化妆品等领域具有重要的应用价值和广阔的应用前景。

8.6　绿色染料

8.6.1　天然染料

天然染料也叫天然色素。天然染料一般来源于植物、动物和矿物质，以植物染料为主，植物染料是从植物的根、茎叶及果实中提取出来的，如靛蓝、茜草、紫草、红花、桑、茶等。动物染料数目较少，主要取自贝壳类动物胭脂虫体内，如脂虫红等。矿物染料是从矿物质中提取的有色无机物质，如铬黄、群青、锰棕等。近年来人们发现细菌、真菌、霉菌等微生物产生的色素也可作为天然染料的来源。

同合成染料相比，天然染料在生态环保方面有以下明显优势。

① 天然染料的制备不会造成污染。天然染料主要为植物染料，其色素分别存在于花、果、皮、茎、叶和根中。而大部分植物色素是可溶于水的，故植物染料一般直接用水萃取。将植物含色素的部分粉碎后，在水中浸泡一定时间，再加热煮沸 20～30min，所得的溶液即为染液。这一加工过程，基本上是绿色加工，不会造成环境污染。

② 天然染料穿着安全，不像许多合成染料那样有致癌、致畸作用或引起过敏反应，同时天然染料具有较好的生物降解性，与自然环境有好的相容性。

③ 天然染料具有一定的药物保健功能。除染色功能外，天然染料还具有药物、香料等多种功能。天然染料多为中药，在染色过程中，其药和香味成分与色素一起被织物吸收，使染后的织物有自然的清香，并对人体有特殊的药物保健功能。利用这种药物保健功能，可生产绿色保健服装。如：用红花中提取的色素染制的服饰具有促进血液循环的作用；紫草具有抗菌消炎和抗病毒等多种药理作用，临床用于治疗皮炎、湿疹和银屑病等，采用紫草染色面料制成的内衣裤，对皮肤有明显的保健功能。

④ 天然染料具有独特的色调和风格。合成染料虽然鲜明亮丽，但天然染料的庄重典雅也是合成染料所不能比拟的。天然染料产生的色泽相对来说是温和的、柔和的、微妙的，并产生安静的效果。日本某研究所曾以"从天然染料和合成染料各 20 个染色样本中选出你最喜爱的颜色"为题，对日本国内 300 多名不同年龄、职业和地区的女性进行了调查，结果显示，大多数年轻的白领女性更偏爱天然染料的颜色。另外，利用天然染料可对历史上古老的珍贵纺织品进行保存和修复。

⑤ 天然植物染料色素染色虽应用长久，但都是经验性和粗放型的，重染性差，缺乏指导印染工艺的理论，有待于进一步探索。主要原因是天然染料本身也有一定缺点，具体如

下：天然染料的产量较低，收获天然染料费工、费时，也比较困难。目前，合成染料的生产一般是在水性介质中进行的，其原料的转化率很高，而天然染料是从植物或动物中分离出来的，除了氧化或还原等工艺外，一般都不做任何化学改性，在大多数情况下，从大量的植物或动物原料中只能得到少量的染料。

⑥ 天然染料缺乏一定的标准化，天然植物染料缺乏像合成染料那样的规范化标准，产品没有同一性，无法按质量标准付诸应用。

⑦ 除少数几种外，天然染料普遍存在染色牢度差的问题。尽管媒染和某些后处理可提高染色牢度，但天然染料发色基因固有的不稳定性，导致天然染料耐洗和耐光牢度低，如用天然染料所染的黄色，日晒牢度仅为 3～4 级。

⑧ 天然染料给色量低，染色时间长，也制约了其发展。

⑨ 天然染料需要与媒染剂结合才具有直接性，常用的媒染剂是铝盐、重铬酸盐、锡盐、铁盐、铜盐、明矾、单宁酸、草酸和氨等。采用这些物质作为媒染剂，大都会在染色废液中产生金属污染，并会使染色后的纺织品上含有重金属物质，并且其给色量、色泽牢度性能以及色相都会随所使用的媒染剂不同而变化，如当茜红用明矾和石灰作媒染剂在棉布上染色时，可得到红色相，而用锡作媒染时得粉红色，用铁作媒染剂则得紫色，用铬时则得棕色。

我国是一个地大物博、植物资源丰富的国家，天然染料色素的生产，其社会效益和经济效益十分可观，对改善生态环境更具有深远的意义。因此，如能克服天然染料在印染技术上应用的缺点，对开发绿色纺织品意义重大。

图 8-1 所示为天然分散染料的结构。

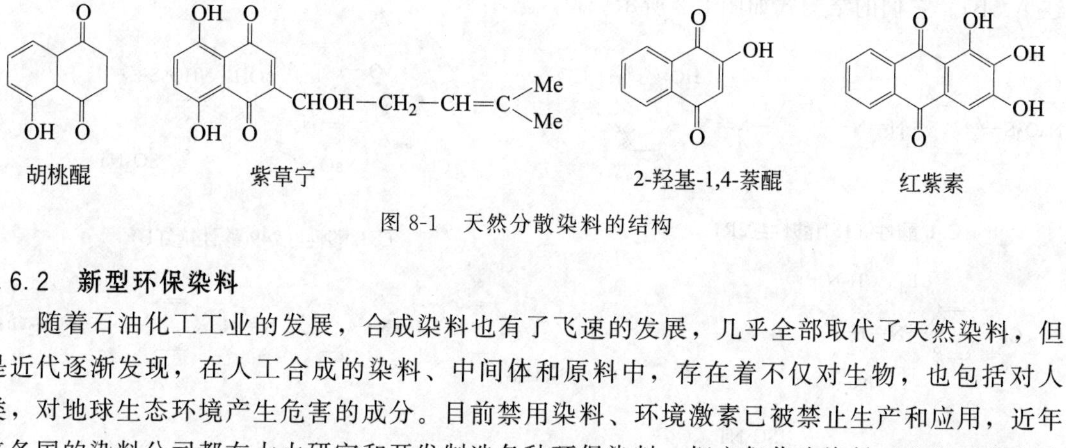

胡桃醌　　　　紫草宁　　　　　　　　2-羟基-1,4-萘醌　　　红紫素

图 8-1　天然分散染料的结构

8.6.2　新型环保染料

随着石油化工工业的发展，合成染料也有了飞速的发展，几乎全部取代了天然染料，但是近代逐渐发现，在人工合成的染料、中间体和原料中，存在着不仅对生物，也包括对人类，对地球生态环境产生危害的成分。目前禁用染料、环境激素已被禁止生产和应用，近年来各国的染料公司都在大力研究和开发制造各种环保染料，把它们作为染料工业发展的主攻方向。

目前环保型染料的判别原则有下列 10 条：① 不含德国政府和欧盟及 Eco-Tex Standard 100 明文规定的在特定条件下会裂解释放出 24 种致癌芳香胺的偶氮染料，无论这些致癌芳香胺游离于染料中或是由染料裂解所产生；② 不是过敏性染料；③ 不是致癌性染料；④ 不是急性毒性染料；⑤ 可萃取重金属的含量在限制值以下；⑥ 不含环境激素；⑦ 不含会产生环境污染的化学物质；⑧ 不含变异性化合物和持久性有机污染物；⑨ 甲醛含量在规定的限值以下；⑩ 不含被限制农药的品种且总量在规定的限值以下。

从严格意义上讲，能满足上述要求的染料应该被称为环保型染料，真正的环保型染料除满足上述要求外，还应该在生产过程中对环境友好，不要产生"三废"，即使产生少量的

"三废"也应当可以通过常规的方法处理而达到国家和地方的环保和生态要求。

8.6.2.1. 环保活性染料

　　活性染料是我国棉织物和含棉织物的主要染料，但个别活性染料属于禁用染料，如活性黄 K-R、活性黄 KE-4RN、活性黄棕 K-GR、活性蓝 KD-7G、活性艳红 H-10B 等。新型环保活性染料主要集中在 4 个类型：固着率活性染料；低盐染色用新型活性染料；不含金属和不含可吸附有机卤化物的活性染料；可用来取代联苯胺结构的黑色直接染料和黑色硫化染料的新型深黑色活性染料。

　　双活性基活性染料近些年来在中深色染色技术中应用较为广泛，环保型双活性基活性染料得到了重点开发，如上海染化八厂 ME 型活性染料、亨斯迈 Cibacron FN 型活性染料、日本住友化学株式会社 Samifix Supre 型活性染料。新型环保染料需要相应的应用技术，应有针对性地进行新工艺、新技术开发。对部分环保双活性基活性染料的连续轧染焙固法、气固法和轧蒸法工艺试验表明，环保染料同样具有工艺适应性，应有针对性地选用。

8.6.2.2　环保酸性染料

　　酸性染料主要用于羊毛、丝绸和锦纶的印染，也可用于皮革、纸张、墨水。禁用酸性染料品种数仅次于直接染料，约占 20%。新开发的绿色酸性染料不仅不会被还原分解出致癌芳胺，而且不含重金属，有较好的日晒和水洗牢度。由于禁用酸性染料中红色色谱高达 65%，因此禁用酸性染料的取代品以红色为主。新开发的红色酸性染料有：C.I. 酸性红 151（酸性红 2R），C.I. 酸性红 249（酸性艳红 B），C.I. 酸性红 266（弱酸性红 2BS），C.I. 酸性红 337（弱酸性红 F-2G），C.I. 酸性红 361（酸性红 5BL）和 C.I. 酸性红 299（依利尼尔酱红 A-5B）。它们的结构式如图 8-2 所示。

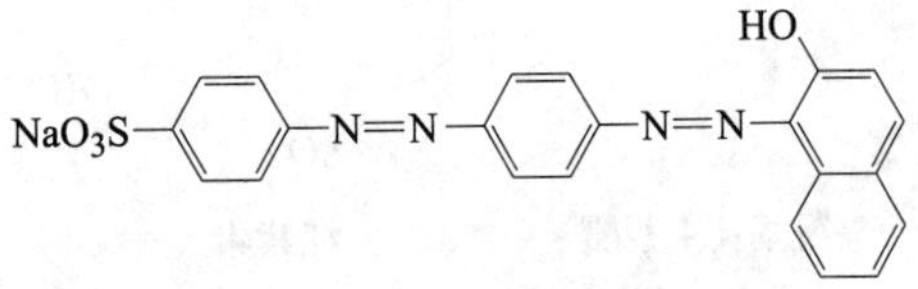

C.I. 酸性红151(酸性红2R)

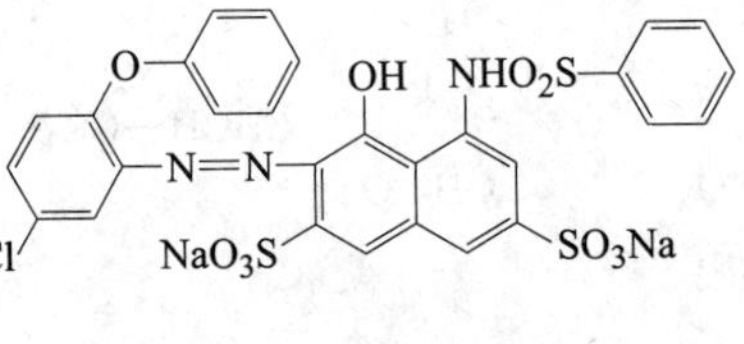

C.I. 酸性红249(酸性艳红B)

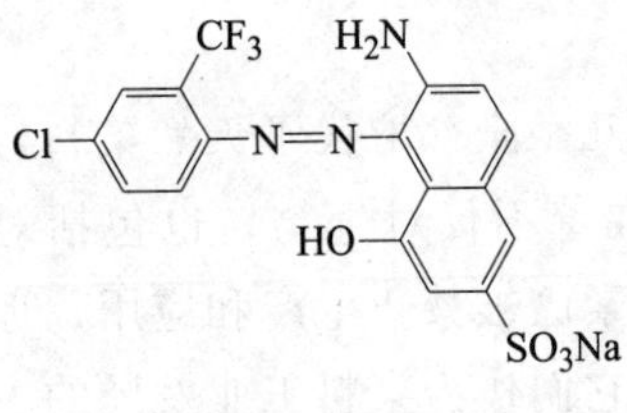

C.I. 酸性红266(弱酸性红2BS)

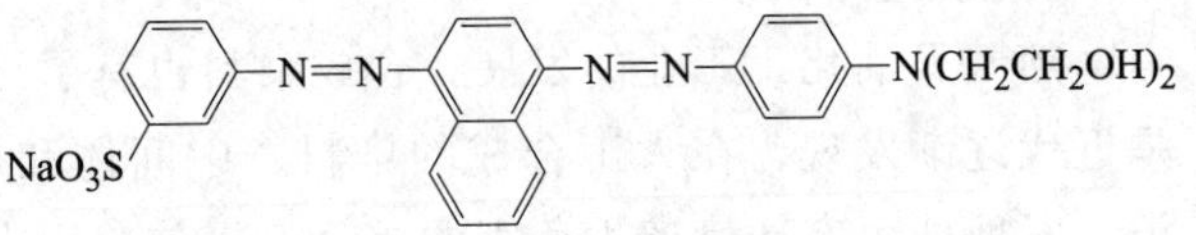

C.I. 酸性红299(依利尼尔酱红A-5B)

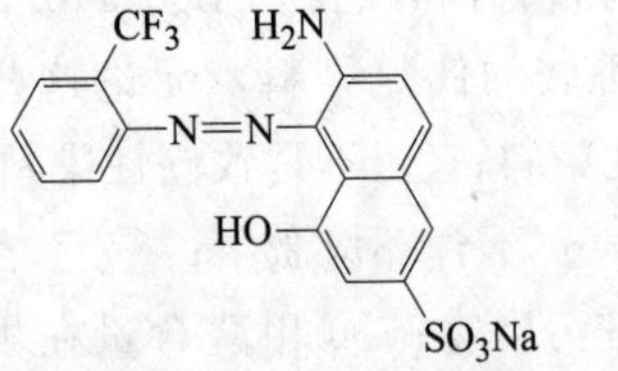

C.I. 酸性红337(弱酸性红F-2G)

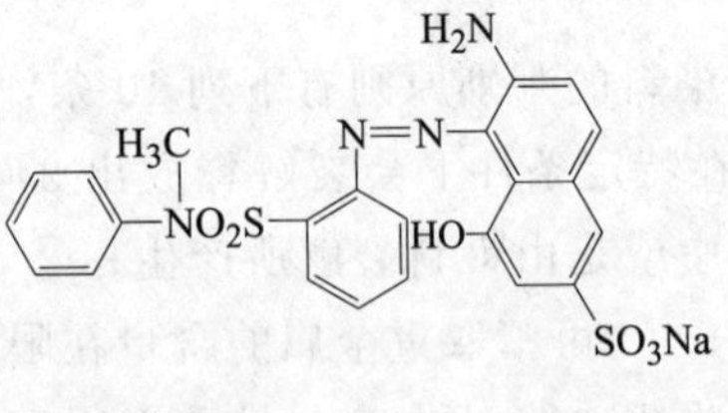

C.I. 酸性红361(酸性红5BL)

图 8-2　新开发的染料结构

8.6.2.3　新型环保分散染料

随着聚酯纤维的快速发展和应用技术的不断创新，再加上新型聚酯纤维（如超细单聚酯纤维）及其混纺织物的开发，分散染料的产量和消耗量增长很快。

目前市场上供应的分散染料对绿色纺织品来说还存在着一些不相适应的地方，表现在以下几个方面：

① 部分品种是用致癌芳胺对氨基苯制造的，这种染料在特定条件下有可能裂解产生对氨基偶氮苯，如分散黄 RGFL 等；

② 分散染料有很多为过敏性染料，其中使用较多的是 C.I. 分散橙 37、C.I. 分散橙 76 等，用它们制成的分散蓝 EX-SF300％的年产量接近 5.5×10^4 t；

③ 部分分散染料存在 AOX（可吸附有机卤化物）问题；

④ 分散染料的热迁移牢度和水洗牢度还不能满足需要，而且升华牢度好的分散染料其热迁移度反而差，这样会对周围环境造成污染。

鉴于此，国内外染料行业都非常重视环保型分散染料的开发和使用，开发的方向主要集中在下列五个方面。

① 符合 Eco-Tex Standard 100 要求的新型分散染料。例如 Yorkshire 公司开发的 Serisol ECF 染料，它是用于醋酸纤维染色的环保型分散染料，具有更高的湿牢度，能完全取代 C.I. 分散黄 3、C.I. 分散红 1、C.I. 分散蓝 3 等三原色。还有三井-BASF 公司的 Compact ECO 染料，具有优异的光牢度、升华牢度、后加工牢度和染色重现性，完全满足 Eco-Tex Standard 100 的要求。

② 取代过敏性分散染料的新型分散染料。在市场上公认的过敏性分散染料中用的较多的是 C.I. 分散橙 37 和 C.I. 分散橙 76，它们是用于拼制高强度分散染料的橙色组分，开发它们的取代品不仅要考虑其过敏性的问题，还要研究清楚其染色性、吸进性和提升性等各项性能，因此各国研究颇多。例如：DyStar 公司开发的环保型橙色分散染料——Dianix Orange UN-SE 01。它与 C.I. 分散橙 76 有相近的吸进性、提升性以及对染色条件的依存性，坚牢度也相同，可直接取代 C.I. 分散橙 76 制造高强度深色分散染料，价格比较贵。

③ 具有优异洗涤牢度和热泳移牢度的高性能分散染料。现有分散染料的热迁移牢度较差，影响了染色物经加工后的各种湿牢度，也带来了对环境的污染，开发具有优异耐热迁移性的分散染料是纺织市场的迫切需要。Ciba 精化公司开发的 Terasil W 染料和 Terasil WW 染料是具有卓越湿牢度和耐热迁移性的新型分散染料，它们在锦纶、醋酸纤维上的水洗牢度可以提高 1～2 级，甚至更高，在棉、羊毛、腈纶、涤纶上的沾色牢度也可提高 0.5～1 级。

④ 不含可吸附有机卤化物的新型分散染料。分散染料中一部分是用有机卤化物制成的，其中以橙色、红色和蓝色居多，它们中的一部分属于可吸附有机卤化物，既有毒性，生化降解性又较差，因此各国正在致力于开发不含有可吸附有机卤化物的新型分散染料，例如 Ciba 精化公司开发的 Terasil Blue W-BLS 就是一种不含可吸附有机卤化物的新染料，BASF 公司开发的 Dispersol Deep Red SF 是新一代的高性能分散染料，其发色体结构不同于苯并二呋喃酮结构，具有最高的湿牢度和更低的成本，不含可吸附有机卤化物。

⑤ 开发用可生化降解分散剂组成的新型分散染料。分散染料商品中的分散剂也是一个影响环境保护的重要因素。例如，BASF 公司开发成功的新型可生化降解分散剂 Setamol E。

8.7　氟利昂和哈龙的替代品

8.7.1　氟利昂(CFCs)和哈龙(Halons)对臭氧层的危害

　　人类居住的地球周围包围着一层大气，臭氧层就存在于地球上方 11～48km 的大气平流层中，它保存了大气中 90% 左右的臭氧，这一层高浓度的臭氧称为"臭氧层"。它可以有效地吸收对生物有害的太阳紫外线。如果没有臭氧层这把地球的"保护伞"，强烈的紫外线辐射不仅会使人死亡，而且会消灭地球上绝大多数物种。因此，臭氧层是人类及地表生态系统的一道不可或缺的天然屏障，犹如给地球戴上一副无形的"太阳防护镜"，而人工合成的一些含氯和含溴的物质却是臭氧层的"罪恶杀手"。最典型的是氟利昂（CFCs）和哈龙（Halons）。氟利昂是氯氟烃类化合物的商业名称，缩写为 CFCs，主要用于制冷剂、溶剂、塑料发泡剂、气溶胶喷雾剂及电子清洗剂等，当制冷系统破裂、渗漏或更换、清洗时均有可能造成 CFCs 的外漏。哈龙（Halons）是一类含溴的烃类衍生物，Halons 则被用于制作灭火剂。这类化合物具有特殊的灭火效果，而且不导电、毒性低、无残留，在计算机房、文史博物馆、舰船、飞机等部门都有广泛应用。

　　氟利昂（CFCs）和哈龙（Halons）的性质非常稳定，且其密度要大于空气，这些化合物在对流层几乎是化学惰性的，在大气中可以存在 60～130 年，经过一两年的时间，这些化合物会在全球范围内的对流层分布均匀，然后主要在热带地区上空被大气环流带入到平流层，风又将它们从低纬度地区向高纬度地区输送，从而在平流层内混合均匀。

　　在平流层内，强烈的紫外线照射使 CFCs 和 Halons 分子发生解离，释放出高活性原子态的氯和溴，氯和溴原子也是自由基。氯原子自由基和溴原子自由基就是破坏臭氧层的主要物质，它们对臭氧的破坏是以催化的方式进行的，例如氯原子自由基的反应为：

$$CCl_2F_2 \xrightarrow{\text{紫外线}} CClF_2 + Cl$$
$$Cl + O_3 \longrightarrow ClO + O_2$$
$$ClO + O \longrightarrow Cl + O_2$$

　　据估算，一个氯原子自由基可以破坏多达 $10^4 \sim 10^5$ 个臭氧分子，而由 Halons 释放的溴原子自由基对臭氧的破坏能力更是氯原子的 30～60 倍。而且，氯原子自由基和溴原子自由基之间还存在协同作用，即二者同时存在时，破坏臭氧的能力要大于二者简单的加和，从而导致平流层臭氧受到破坏，并逐渐减少。并且，由于大气环流作用的影响，氟利昂和哈龙在南极地区平流层内聚积，在南极强紫外线照射下发生光解，产生大量原子氯和原子溴，以致造成严重的臭氧损耗，形成面积达 2500 万 km^2 的巨大南极臭氧空洞。类似的现象也出现在北极和素有世界第三极之称的青藏高原。据科学家 1998 年测定，中国西藏的上空也发现了一个臭氧层低谷。

　　然而更令人忧虑的是，CFCs 和 Halons 具有很长的大气寿命，一旦进入大气就很难去除，这意味着它们对臭氧层的破坏会持续一个漫长的过程，臭氧层正受到来自人类活动的巨大威胁。

　　臭氧层被破坏以后，将会产生巨大的社会危害：对人类免疫系统造成损害，使得免疫机能减退；导致白内障眼疾和皮肤癌发病率上升；破坏生态系统，减慢农作物的生长速度，降低农作物的质量和产量，甚至会造成绝收；减少海洋生物数量，造成大量鱼类死亡，同时可能导致生物物种变异；造成全球气候变暖与温室效应。同时，它还会引起新的环境问题，过量的紫外线能使塑料等高分子材料更加容易老化和分解，结果又带来光化学大气污染。

为保持臭氧层，使人类免受太阳紫外线的辐射及维护地球生态系统的平衡，联合国1985年制订了《保护臭氧层维也纳公约》，1987年又制订了《关于消耗臭氧层物质的蒙特利尔议定书》，对破坏臭氧层的物质提出了禁止使用的时限和要求，发达国家已于1996年1月1日，全部停止氟利昂的生产和使用。作为氟利昂生产和消费大国，我国已加入了上述两个公约，1993年，国务院正式批准了《中国逐步淘汰消耗臭氧层物质国家方案》。我国政府承诺，在到2010年全国范围内全面停止对CFCs的生产、销售和使用。2002年1月1日起，我国率先在汽车空调中禁用氟利昂制冷剂，使用含氟利昂制冷剂空调的汽车将不得生产和进口。

为减轻因氟利昂和哈龙的生产、使用限制而造成的影响，国际上自20世纪70年代以来就积极开展关于CFCs替代物的研制、生产和相关应用技术的研究。美、英、日、德等发达国家动用了大量人力和物力，投入了巨额资金，开展了CFCs和Halon替代物的研究。

8.7.2　CFCs替代物的开发

CFCs是人工合成化合物，由溴、氟、氯等元素取代烃中的氢原子，形成稳定结构，如甲烷的卤族衍生物CFC-11（$CFCl_3$），CFC-12（CF_2Cl_2），乙烷的卤族衍生物CFC-113（$CF_2ClCFCl_2$），CFC-114（CF_2ClCF_2Cl）等。由于CFCs品种多、性能优越、应用面广，这给寻找CFCs替代物的研究工作带来一定的困难。

一般而言，CFCs替代物的选择要求：一是符合环境保护的要求；二是符合使用性能的要求；三要满足实际可行性的要求。

从环境保护的角度来看，要求CFCs替代物的消耗臭氧潜能值（ODP）和温室效应潜能值（GWP）都应该小于0.1。从使用性能要求来看，必须考虑到替代物的热力学性质和应用物性等，能符合制冷、发泡、清洗等性能要求。诸如对于制冷剂，替代物的沸点是个重要参数，用来代替CFC-12的替代物的沸点应在－30℃左右。特别是替代物必须满足可行性的要求，尽量避免可燃性的问题，生产工艺成熟可行及用户可以接受的销售价格等。

目前，有希望代替CFC-12在家庭制冷设备和空调设备中作为制冷剂的有HFC-134a（CF_3CFH_2）；在工业制冷装置中以HCFC-22（CHF_2Cl）用来替代CFC-12；在发泡工艺中则以HCFC-141b（$CFCl_2CH_3$）用来替代CFC-11。代替清洗剂CFC-113的有HCFC-225ca（$CF_3CF_2CHCl_2$）和HCFC-225cb（CF_2ClCF_2CHClF）混合物等。

HFCs与HCFCs均为易挥发、不溶于水的烃类衍生物。与CFCs相比，HFCs和HCFCs含有一个或更多的C—H键，因而在低大气层（对流层）中，HFCs和HCFCs容易受到OH的进攻。HFCs不含氯，所以不具有与氯催化有关联的臭氧消失的可能性。虽然HCFCs含有氯，存在不容忽视的臭氧减少可能性，但研究表明其散发到平流层中的氯相对较少，它在对流层中就已降解，而臭氧层主要存在于大气平流层中。这些降解产物的大气浓度都非常低，目前认为，这些浓度极低的化合物不会对环境产生不良影响。所有产物的最终消除过程是溶入雨、海、云的水中并发生水解，因此对环境是友好的。

8.7.2.1　制冷剂CFC-12的替代物

HFC-134a（1,1,1,2-四氟乙烷）是美国杜邦公司首先开发的一种代替CFC-12用作制冷剂的替代物。由于它具有与CFC-12相近的性质，其ODP值为零，是目前最具发展前景的替代物，各国化学公司竞相开发工业化生产技术。

HFC-134a 的合成主要是以三氯乙烯为原料的气相氟化法及以四氯乙烯为原料的多步合成法。

以三氯乙烯为原料的气相氟化法为：

$$ClHC\!=\!\!CCl_2 \xrightarrow{\text{铬催化剂}} CF_3CH_2Cl \xrightarrow{\text{铬催化剂}} CF_3CH_2F$$

三氯乙烯与无水氟化氢在含铬催化剂作用下，第一步得到 HCFC-133a（1,1,1-三氟-2-氯乙烷），然后再由 HCFC-133a 与无水氟化氢在铬催化剂作用下，在 $350\sim380℃$ 的反应温度下生成产物 HFC-134a。第二步反应的难度较大，其转化率一般在 20% 左右。大量的原料回收工作以及尽量减少在第二步反应中有害烯烃 1,1-二氟-2-氯乙烯的生成，以减轻产物 HFC-134a 的纯化工艺的难度，是气相氟化法在生产中的困难所在。英国 ICI 公司已采用此法工业化生产 HFC-134a。1982 年杜邦公司报道用液相氟化法来制备 HFC-134a，使用氟化钾水溶液为溶剂在全氟烷基磺酸基类化合物作催化剂的情况下，与 HCFC-133a 反应生成 HFC-134a。由于液相法反应在高温（3000℃）进行，对设备严重的腐蚀性和连续化生产上的困难，使此法在规模生产上受阻，而只停留在实验室小试阶段。

中国科学院上海有机化学研究所在经过深入研究液相法制备 HFC-134a 工艺后，发现以全氟烷氧基磺酰氟作为催化剂，在 230℃ 下，使 HCFC-133a 与氟化钾水溶液进行反应，并得到满意的结果。与杜邦公司的工作相比，由于反应温度明显地降低，其对设备的腐蚀和副产物的产生都得到有效的控制，也使液相法规模化和连续化生产成为可能，初步解决了国外公司认为无法解决的生产难题，从而发展了具有自己特色的 HFC-134a 生产工艺。

四氯乙烯为原料的多步合成法为：

$$Cl_2C\!=\!\!CCl_2 \xrightarrow{HF+SbCl_3} CF_2ClCFCl_2 \begin{array}{c} \longrightarrow CF_3CCl_3 \xrightarrow{HF} CF_3CFCl_2 \\[2ex] \longrightarrow CF_2ClCH_2F \xrightarrow{HF} \end{array} \longrightarrow CF_3CH_2F$$

以四氯乙烯为原料制备 HFC-134a 的方法，可以有多种途径，但首先生成 CFC-113 是共同的，接着是氟化和氢化。分子中第一个氯的氢化反应比较容易进行，而第二个氯的氢化要求条件比较苛刻。这也是四氯乙烯法的困难所在。另外，反应步骤多也影响了总的收率，影响了价格上的竞争力。

HFC-152a（1,1-二氟乙烷）与 HFC-134a 一样，对臭氧层无危害，它的工业合成工艺是成熟的，即用乙炔与无水氟化氢在催化剂存在下反应得到 HFC-152a。近年来开发出用氯乙烯为原料合成 HFC-152a 的新技术，减少了"三废"，降低了能耗，使 HFC-152a 的生产工艺更趋合理。HFC-152a 的性能与 CFC-12 相近，可直接灌注家用冰箱。由于它有一定的可燃性，在家用冰箱上的使用尚有争议。为解决 HFC-152a 的可燃性问题，可使其与难燃的氯氟烷替代物组成混合物。如 HFC-152a 与 CFC-12 组成的共沸混合物 R500 可用于大型离心式冷水机组作制冷剂。HFC-152a 与 HFC-32（二氟甲烷）的二元混合物，有可能作为 HCFC-22 的替代物。

HCFC-22（二氟氯甲烷）作为氟塑料原料早已是工业化产品而且是家用空调器用的制冷剂。它是由氯仿与无水氟化氢在五氯化锑催化氟化下制备的，其反应式为：

$$CHCl_3 + HF \longrightarrow CHClF_2$$

由于空调设备的大量生产和使用，使 HCFC-22 的年生产量达几万吨。由于 HCFC 类化合物也属于被禁用之列，但还可使用到 2030 年，故 HCFC-22 的生产量近几年有增无减。除用于家用空调器作制冷剂外，它也是许多混合工质的主要成分，用作不同场合的制冷剂。

由于 HCFC-22 分子中仍然含有氯原子，对大气臭氧层有一定程度的破坏作用，这就存在替代 HCFC-22 的替代物问题。到目前为止，还没有发现单纯的化合物可用来替代 HCFC-22。有希望作为 HCFC-22 替代物的是由 HFC-32、HFC-125 和 HFC-134a 三者组成的按一定配比的混合工质，因可在对现行空调设备不作大改动的前提下使用而受到关注。

8.7.2.2 发泡剂 CFC-11 的替代物

HCFC-123（1,1,1-三氟-2,2-二氯乙烷）是美国杜邦公司提出的用以替代 CFC-11 作为发泡剂的替代物。它有多种合成路线，主要是以四氯乙烯为原料出发的合成路线。四氯乙烯与氟化氢反应，先生成 CFC-113，再经重排生成 CFC-113a（1,1,1-三氟三氯乙烷），最后氢化得到 HCFC-123。这几步反应都是成熟的，但反应步骤多。试图用四氯乙烯与氟化氢反应，用五氯化铌、五氟化钽等作催化剂进行氟化反应，所得 HCFC-123 产率为 10%，主要产物是 HCFC-122（1,1,2-三氯-2,2-二氟乙烷）。使用铬类化合物作催化剂，由四氯乙烯与氟化氢用气相氟化法反应，可一步得到 HCFC-123 产物，产率近 70%，目前认为是可行的制备方法。此外，以三氯乙烯与氟化氢反应制得的 HCFC-133a，再经氯化也可得到 HCFC-123 产品。

近年对 HCFC-123 进行毒性试验，发现大鼠内脏出现良性肿瘤，虽未见存活率下降，然而使 HCFC-123 作为发泡剂的应用受到一定的限制。但这并不影响 HCFC-123 作为制冷剂在大型制冷机组中的应用。

HCFC-141b（1,1,1-二氯氟乙烷）是当前国际上生产量最大的 CFC 替代物品种之一，其沸点为 32℃，与 CFC-11 相似。以偏氯乙烯与无水氟化氢反应是制备 HCFC-141b 的方便方法：

$$CH_2CCl_2 + HF \longrightarrow CH_3CFCl_2$$

用三氧化铬作催化剂的气相催化氟化法则主要得到 HFC-143a。也可用 1,1,1-三氯乙烷为原料同无水氟化氢反应，在气相氟化下可得 80% 的 HCFC-141b。上述方法在制备 HCFC-141b 的同时，都有 HCFC-142b（1,1,1-二氟氯乙烷）和 HFC-143a（1,1,1-三氟乙烷）产生。大量的 HCFC-142b 是制备偏氟乙烯的原料。在 HCFC-141b 生产中要注意去除产品中少量杂质偏氯乙烯的问题。在众多的纯化方法中，采用光氯化法可把偏氯乙烯杂质由 1.5×10^{-3} 减少到 1.0×10^{-5} 以下。

目前，HCFC-141b 作为 CFC-11 的主要替代物，用作聚氨酯泡沫塑料生产的发泡剂。经试验证明，与 CFC-11 比，其发泡效率提高 15%，但保温性略差。由于其气体有可燃性，所以要注意使用过程中的安全问题。

8.7.2.3 清洗剂 CFC-113 的替代物

清洗剂主要用于电子工业的各种组件及产品的清洗和精密仪器制造工业的零件及精密机械部件的清洗。据估计，1986 年全世界在电子工业清洗方面所用的 CFC-113 约 8×10^4 t。至今尚无一种现有的化学品能完全替代 CFC-113 作清洗剂。日本旭硝子公司开发的 HCFG-225 被认为是 CFC-113 有希望的替代物。

HCFC-225 是 HCFC-225ca 和 HCFC-225cb 的混合物。其沸点分别为 51.1℃ 和 56.1℃，与 CFC-113 的 47.6℃ 相近。其合成方法可以是由氯仿和四氟乙烯反应，再经氟化氢氟化而得：

$$CHCl_3 + F_2C = CF_2 \xrightarrow{AlCl_3} CClF_2CF_2CHCl_2 \xrightarrow{HF} CF_3CF_2CHCl_2 + CClF_2CF_2CHClF$$

也可由 HCFC-21 与四氟乙烯一步反应制得：

$$CHCl_2F + F_2C = CF_2 \xrightarrow{AlCl_3} CF_3CF_2CHCl_2 + CClF_2CF_2CHClF$$

从性能上来说，HCFC-225 可作为 CFC-113 的替代物，生产上也不会有大的困难，毒性试验正在积极进行之中。国际社会也认为是一种有希望的 CFC-113 替代物。但考虑到化学结构中仍然含有氯原子，所以不是长久使用的替代物。因此，为了降低 CFC-113 的污染程度，在其中添加 50％水的清洗替代技术仍在不断开发和改进之中。

8.7.3　Halons 替代物的开发

Halons 是 20 世纪 50 年代开发的高效能灭火剂，但由于其对大气臭氧层的严重破坏，已经在国际上禁止使用。我国已于 2005 年开始全面禁止使用哈龙产品。

8.7.3.1　Halons 替代品的发展趋势

一般认为，对 Halons 替代物灭火剂的基本要求应是：对臭氧层不破坏，不产生温室效应或温室效应不明显，大气中存活的寿命短；对人体无毒害，灭火性能好，灭火后防护区内无污染，无残留物，成本低，便于推广应用。美国推荐使用较多的是 FM-200（HFC-227ea），而英国、丹麦、瑞典等一些欧洲国家则更多地采用甚至是明文规定只能用烟烙尽（IG-541），烟烙尽是由 52％氮气、40％氩气及 8％二氧化碳混合而成的一种惰性气体。

在我国，根据公安部消防局和消防产品行业管理办公室于 1996 年 7 月 5 日印发的公消［1996］169 号文《哈龙替代品推广应用的规定》，对于应设置气体灭火系统，推荐使用二氧化碳和惰性气体灭火系统，也可使用烟烙尽。

8.7.3.2　二氧化碳、烟烙尽、FM-200 灭火系统性能比较

（1）灭火机理和适用场所

二氧化碳气体灭火系统主要是依靠高浓度的二氧化碳喷放至保护区，使其中的氧气浓度急速下降，产生窒息并降低燃烧物的温度，使燃烧无法再继续进行下去，可扑救 A、B、C 类及电气设备的火灾。

烟烙尽是通过减少火灾燃烧区空气中的氧气含量，从而达到灭火效果的，当空气中的氧气含量降到 15％以下时，表面燃烧会因不能持续而熄火。烟烙尽无毒、不破坏环境，不导电、无腐蚀，在一定压力下以气态储存，喷放时在 1min 内使防护区内的氧气浓度迅速降低，其全淹没系统适用于扑救 A、B、C 类及电气火灾，尤其适合经常有人的工作场所及精密设备、珍贵财物场所的保护。

FM-200 是一种无色无味的气体，在一定的压强下呈液态储存，在火灾中具有抑制燃烧过程基本化学反应的链传递，因而灭火能力强、灭火速度快。此外，它还有不导电、不破坏大气臭氧层，毒性低等优点，适用于扑救 A、B、C 类和电气设备的火灾。

（2）灭火效能

由于 FM-200 是化学灭火剂，主要通过抑制作用来灭火，而二氧化碳和 Interge 烟烙尽是惰性气体灭火剂，主要通过窒息作用来灭火，两种不同的灭火机理决定了 FM-200 在设计灭火浓度方面要大大低于烟烙尽和二氧化碳，三种系统的最小设计浓度分别为：7％、37.5％、34％。

在灭火时间上，针对烟烙尽和 FM-200 系统生产厂商提供的预设计系统进行了 A 类及 B 类火灾灭火试验，结果为：烟烙尽系统在扑灭 A、B 类试验火灾时所用的灭火时间分别为

24s 和 19s，而 FM-200 系统的灭火时间分别为 64s 和 12s。

在灭火效率上，三种灭火剂中 FM-200 是最好的哈龙替代品，而烟烙尽则在具体的灭火效果方而具有优异性能。

美国 3M 公司开发出的新型灭火材料——努温克（Novec^{TM}）1230 是第一种可民用的哈龙替代品。在设计中，它平衡了灭火性能、人类安全、低环境影响之间的关系。它具有独特的化学结构，且毒性低。相对于高灭火浓度的灭火剂而言，它提供了有效的安全界限浓度。努温克 1230 具有零臭氧消耗潜值，大气中寿命为 5 天。作为灭火剂是一种非常有应用前景的 Halons 替代品。

参 考 文 献

[1] 闵恩泽，吴巍.绿色化学与化工 [M].北京：化学工业出版社，2000.

[2] 贡长生，张克立.绿色化学化工实用技术 [M].北京：化学工业出版社，2002.

[3] 李群，代斌.绿色化学原理与绿色产品设计 [M].北京：化学工业出版社，2008.

[4] 沈玉龙，魏利滨，曹文华，等.绿色化学 [M].北京：中国环境科学出版社，2004.

[5] 梁朝林.绿色化工与绿色环保 [M].2 版.北京：中国石化出版社，2016.

[6] 安红霞，房俊旭，毛秀香.绿色环保农药多杀菌素的研究进展 [J].绿色科技，2011 (8)：191-193.

[7] 安洪波，李占双.绿色农药的研究现状及进展 [J].河北化工，2006，30 (9)：47-50.

[8] 刘清术，刘前刚，陈海荣，等.生物农药的研究动态、趋势及前景展望 [J].农药研究与应用，2007，11 (1)：17-25.

[9] 朱昌雄，蒋锡良.我国生物农药的研究进展及对未来发展建议 [J].现代化工，2007 (1)：54-57.

[10] 刘建超，陈伟志，贺红武.农药化学中的绿色化学 [J].化学通报，2008，61 (10)：750-755.

[11] Donya H，Darwesh R，Ahmed M K. Morphological features and mechanical properties of nanofibers scaffolds of polylactic acid modified with hydroxyapatite/CdSe for wound healing applications [J]. International Journal of Biological Macromolecules，2021，186：897-908.

[12] Murray M G，Wang J. An improvement in processing of hydroxyapatite ceramics [J]. J Mater Sci，2012，30：3061-3071.

[13] Stobierska E，Paszkiewicz Z. Porous hydroxyapatite cetamics [J]. J Mater Sci Lett，2009，18：1163-1165.

[14] Suchanek W，Yoshimrua M. Processing and properties of hydroxyapatite-based biomaterials for use as hard tissue replacement implants [J]. J Mater Res，2008 (1)：94-117.

[15] Vegeten M，Wijin R，Blitterswilk V，et al. Hydroxyapatite/poly (L-lactide) composites：an animal study on pushout strengths and interface histology [J]. J Biomed Mater Res，2008，27：433-437.

[16] 武帅，鲁云华.高分子材料的绿色可持续发展策略 [J].化工管理，2016 (23)：1-4.

[17] 陈敬中，刘剑洪.纳米材料科学导论 [M].北京：高等教育出版社，2006.

[18] 魏荣宝，梁娅，孙有光.绿色化学与环境 [M].北京，国防工业出版社，2007.

[19] 张钟宪.环境与绿色化学 [M].北京：清华大学出版社，2005.

[20] 李学燕.实用环保型建筑涂料与涂装 [M].北京：科学技术文献出版社，2006.

[21] 张伟，毛伟，王博，等.氟利昂替代品氟代烃的合成：从催化反应原理到工程化 [J].中国科学：化学，2017，47 (11)：1312-1325.

[22] 任强.绿色硅酸盐材料与清洁生产 [M].北京：化学工业出版社，2004.

[23] 中国建筑材料科学研究院.绿色建材与建材绿色化 [M].北京：化学工业出版社，2003.

[24] 杨惠玲，乔玲.从哈龙替代物浅析绿色消防技术 [J].科技信息，2009 (22)：676-684.

[25] 孟令巧，史星照，周志平，等.环保型水性涂料研究进展及发展趋势 [J].中国胶粘剂，2019，28 (1)：55-60.

[26] 陈渭，陈明月，孙哲.生物质表面活性剂研究进展 [J].化学通报，2019，82 (8)：725-730.

[27] 吕斌，刘慧慧，李鹏飞，等.反应型高分子表面活性剂的研究进展 [J].日用化学工业，2019，49 (9)：601-607.

[28] 杜瑾，郝建安，张晓青，等.微生物合成鼠李糖脂生物表面活性剂的研究进展 [J].化学与生物工程，2015，32 (4)：5-12.

[29] 万骏，李俊锋，姜会钰，等.天然染料的应用现状及研究进展 [J].纺织导报，2020 (10)：70-77.

[30] 单国华，赵涛，贾丽霞，等.天然染料染色中媒染剂应用的现状与展望 [J].染整技术，2018，40 (3)：1-5＋8.

习 题

一、名词解释

1. 绿色产品
2. 绿色农药
3. 绿色能源材料
4. 燃料电池
5. 绿色表面活性剂
6. 臭氧层

二、填空题

1. 防腐剂是防止因（ ）作用而引起食品腐败变质，延长食品保存期的一种食品添加剂。

2. 抗氧化剂是阻止、抑制或延迟食品中（ ）因氧化引起食品变色、败坏的食品添加剂。

3. 绿色高分子材料的含义包括两方面的内容，即（ ）和（ ）。

4. 绿色能源材料的特点是：能把传统的能源变成（ ）；可提高储能和能量转化效果；决定着核反应堆的性能与安全性；决定着绿色能源的投资与运行成本。

5. 绿色涂料可以从三个层次来看。第一个层次是（ ）；第二个层次是（ ）；第三个层次是对用户的安全问题。

6. 近年来各国的染料公司都在大力研究和开发制造（ ），把它们作为染料工业发展的主攻方向。

三、选择题

1. （多选）全球变暖将导致（ ）等现象的产生。
   A. 海平面上升　　B. 高山雪线上移　　C. 厄尔尼诺现象　　D. 沙尘暴

2. 以下是形成酸雨的主要污染源的是（ ）。
   A. SO_2　　　　B. NO_2　　　　C. CH_4　　　　D. CO_2

3. （多选）下列属于绿色涂料的是（ ）。
   A. 水性涂料　　B. 粉末涂料　　C. 海洋9号　　D. TBTO

4. 下列属于绿色涂料溶剂的是（ ）。
   A. 水　　　　B. 乳酸乙酯　　C. 氯仿　　　D. 苯

5. 下列关于农业革命、绿色食品等方面的说法不正确的是（ ）。
   A. 中国目前的绿色食品分为A级、AA级两个级别
   B. 提高粮食产量和加强粮食保障，是能够与保护生态同时进行的
   C. 农业专家对第一次绿色革命的评价是功过参半
   D. 绿色食品在我国是统一的，也是唯一的，它由环境保护部进行质量认证

6. 在臭氧变成氧气的反应过程中，氟利昂中的氯原子不是（ ）。
   A. 反应物　　　B. 生成物　　　C. 中间产物　　　D. 催化剂

7. 下列不可能作为氟利昂替代品的化合物是（ ）。
   A. CH_2F_2　　　B. $C_2H_2F_4$　　　C. 异丁烯　　　D. 环戊烷

8. 下列哪一项不是理想的氟利昂替代品必须满足的要求的是（ ）。
   A. 环保要求（不能含有氯原子）
   B. 替代品应与原制冷剂、发泡剂有近似的沸点、热力学特性及传热特性
   C. 性质稳定，且密度大于空气
   D. 可行性要求，即具有可供应性（价廉）和易采用性（无须对原有装置进行大改动即可达到要求）

四、简答题

1. 哪些物质可以作为生物农药？
2. 聚合物材料的降解方式主要包括哪些方法？

3.生物降解材料是一种绿色环保材料，它可以通过哪些形式进行降解？

4.绿色能源材料的特点有哪些？

5.消耗臭氧层物质替代品的选择要求包括哪些？

五、论述题

1.绿色食品必须具备哪些条件？

2.从绿色化学角度来考虑，作为人类能够长久依赖的未来资源和能源，它必须储量丰富，最好是可再生的，而且它的利用不会引起环境污染，而以植物为主的生物质资源最合适。这种理解对吗？

3.可采用哪些方法来设计安全化学品？

参考答案

第1章

一、名词解释

1.绿色化学是指在制造和应用化学产品时应有效利用（最好可再生）原料、消除废物和避免使用有毒的和危险的试剂和溶剂。今天的绿色化学是指能够保护环境的化学技术。

2.绿色化学的现代内涵是研究和寻找能充分利用的无毒害原材料，最大限度地节约能源，在各环节都实现净化和无污染的反应途径。

3.绿色化学的研究目标就是运用现代科学技术的原理和方法，从源头上减少或消除化学工业对环境的污染，从根本上实现化学工业的绿色化，走经济和社会可持续发展的道路。

二、填空题

1.化学反应绿色化；催化剂绿色化；产品绿色化

2.新反应体系；新的化学原料；新的反应条件

三、选择题

1.C；2.C

四、简答题

1.（1）原子经济性反应和零排放；（2）化学反应原料的绿色化；（3）催化剂的绿色化；（4）溶剂的绿色化；（5）产品的绿色化。

2.第一，进行分子设计，设计新的安全有效的目标分子。人类社会和科学技术的发展，需要具有某种功能的新型分子，这就需要我们根据分子结构与功能的关系，设计出新的安全有效的目标分子。第二，对已有的有效但不安全的分子进行重新设计，使这类分子保留其已有的功效，消除掉不安全的性质，得到改进过的安全有效的分子。

五、论述题

1.绿色化学主要有以下四个特点：第一，绿色化学能够实现对自然资源的充分利用，采用无毒、无害的原料提高能源的利用率；第二，在不对环境造成危害的前提下实现化学反应，减少废物向环境的排放量；第三，提高原子的利用率，力图使所有作为原料的原子都被产品所消纳，提高化学物质的分解率，实现工业生产的"零排放"；第四，生产出对环境和人类健康有利的化学产品。

2.简单地说，绿色化学的任务就是依照绿色化学十二条原则的要求，运用化学原理，用最现代化的手段和方法，使化学品的设计、生产和使用的整个过程对人类和环境均不产生危害。具体地说有以下几个方面的任务。

（1）设计安全有效的目标分子。绿色化学的一大关键任务就是设计安全有效的目标分子或设计比被代替的其他分子更安全有效的目标分子。设计安全化学品，就是利用分子结构与性能的关系和分子控制方法，获得最佳所需功能的分子，且分子的毒性最低。最理想的情况就是分子具有最佳的使用功能且一点毒性也没有，这里所指的毒性包括对人类、其他所有动物、水生生物及植物和其他环境因素的毒性。然而有时需要在分子功效和毒性之间寻求某种平衡。（2）寻找安全有效的反应原料。用无毒无害原料取代有毒有害原料，以可再生资源为原料。（3）寻找安全有效的合成路线。（4）寻找新的转化方法。催化等离子体方法，电化学方法，光化学及其他辐射方法。（5）寻找安全有效的反应条件。寻找安全有效的催化剂，使活性组分负载化或者用固体酸代液体酸；寻找安全有效的反应介质，选用超临界流体作溶剂或使用水作溶剂的两相催化法。

第 2 章

一、名词解释

1.原子经济性是指反应物中的原子有多少进入了产物，理想的原子经济性反应就是反应物中的所有原子都进入了目标产物，也就是原子利用率为 100％反应。

2.E-因子是以化工产品生产过程中产生的废物量的多少来衡量合成反应对环境造成的影响，即用生产每千克产品所产生的废弃物的量来衡量化工流程的排废量：

$$E\text{-因子}=废弃物的质量(kg)/预期产物的质量(kg)$$

3.超临界流体是指处于超临界温度和超临界压力下的流体，是一种介于气态和液态之间的状态。其密度与液体接近，而黏度则与气体接近。这一流体具有可变性，其性质随温度和压强的变化而变化。

4.可再生资源指那些通过天然作用或人工活动能再生更新，而为人类反复利用的自然资源，又称为更新自然资源，如土壤、植物、动物、微生物和各种自然生物群落、森林、草原、水生生物等。

5.环境友好催化剂是指用于有机化学反应和有机合成工业的一类可回收和可重复使用的固体催化剂。例如，分子筛、金属氧化物催化剂、杂多酸催化剂等。

二、填空题

1.环境友好化学；实现原子经济性反应；先污染后治理；从源头上根除污染

2.减少暴露；降低危害

3.电能；光能；微波；声波

4.煤；石油；天然气

5.生物；植物；时间范围；时间范围

6.②③⑤⑥；①④⑦

7.降解为无害的物质；在环境中不能长期存在

三、选择题

1. ABCD；2. A；3. C；4. B；5. A；6. ABCD；7. B；A；9. ABCD；10. C；11. ABCD；12. ABCD；13. D；14. ABCD；15. ABCD；16. ABCD

四、简答题

1.(1) 防止污染优于污染治理；(2) 原子经济性；(3) 绿色合成；(4) 设计安全化学品；(5) 采用无毒无害的溶剂和助剂；(6) 合理使用和节省能源；(7) 利用可再生的资源合成化学品；(8) 减少化合物不必要的衍生化步骤；(9) 采用高选择性的催化剂；(10) 设计可降解化学品；(11) 防止污染的快速检测和控制；(12) 减少或消除制备和使用过程中的事故和隐患。

2.$C_2H_4+Cl_2+Ca(OH)_2 \Longrightarrow C_2H_4O+CaCl_2+H_2O$

   28   71   74   44   111   18

$$原子利用率=\frac{44}{28+71+74}\times100\%=25\%$$

意义：高效的有机合成反应是最大限度地利用原料分子的每个原子，使之结合到目标分子中，以实现最低排放甚至零排放。原子经济性越高，反应产生的废弃物越少，对环境造成的污染也越小。原子经济性反应的特点是最大限度地利用原料和最大限度地减少废物的排放，体现资源节约型发展模式和环境友好的实验，是可持续发展战略的具体化。

3.安全或绿色的化学品的起始原料应来自可再生的原料，然后产品本身必须不会引起环境或健康问题，最后当产品使用后，应能再循环或易于在环境中降解为无害物质。

设计安全化学品一般遵循以下两个原则：(1)"外部"效应原则，即通过分子设计，改善分子在环境中的分布、人和其他生物机体对它的吸收性质等重要物理化学性质，减少有害生物效应。(2)"内部"效应原则，即通过分子设计，增大生物解毒性，避免物质的直接毒性，避免间接生物致毒性或生物活化。

4.在傅-克酰基化反应中，用无毒的异相催化剂 Envirocat EPZG 取代传统的 $AlCl_3$，催化剂用量减少为原来的十分之一，废弃物 HCl 的排放量减少了四分之三，这就是一个催化剂绿色化的实例。

5.生物质燃油可实现"零排放"的原因是生物质来源于二氧化碳的光合作用，燃烧后产生二氧化碳，但不会增加大气中二氧化碳的含量，即其碳循环是闭循环链，理论上可实现二氧化碳对大气的"零排放"。

五、论述题

1.（1）化学家改变观念：化学和化工生产应该从源头上根除污染。（2）设计安全有效的目标分子：设计安全化学品、设计可降解的化学品。（3）寻找安全有效的反应原料：利用无毒无害的原料设计安全化学品、利用可再生的资源合成化学品。（4）寻找安全有效的合成路线：一条理想的合成路线应该是采用价格便宜的、易得的反应原料，经过简单的、安全的、环境可接受的和资源有效利用的操作，快速和高产率地得到目标分子。减少不必要的衍生化步骤。（5）寻找新的转化方法：催化等离子体方法、电化学方法、光化学及其他辐射方法。（6）寻找安全有效的反应条件：采用高选择性的催化剂、在生产时采用安全的溶剂和助剂、寻找安全有效的反应介质。（7）合理使用和节省能源，减少环境污染和资源浪费。

2.影响：传统的资源在加工生产后会产生大量的温室气体及其他含硫、含氮等有害气体，还会产生燃料废弃物和原料废弃物，危害人类的健康和污染环境。并且在传统资源的开采过程中也会造成水污染、能源消耗等环境问题。

建议：寻找能代替传统资源的可再生能源。人类树立环境保护、节约资源的意识。

3.可以采用水溶液系统、离子溶液、超临界流体、固定化溶剂以及无溶剂化等代替传统的有机溶剂。

举例：以水为溶剂的卤代芳烃化合物的合成方法，该方法在常温常压反应条件下，以芳基硼酸为原料，水作为溶剂，碱金属卤化物（包括钠、钾和铯等）为卤源，氧化亚铜、碘化亚铜、溴化亚铜或者氯化亚铜等为催化剂，以氨水作为配体，反应温度为15～25℃，可高效合成出卤代芳烃化合物。

第3章

一、名词解释

1.绿色有机合成是指采用无毒、无害的原料、催化剂和溶剂（或无溶剂），选择具有高选择性、高转化率、不产生或少产生副产品的对环境友好的反应进行合成。

2.固相化学合成反应是指固体与固体反应物直接接触发生化学反应，生成新的物质。固相化学合成反应是研究固体物质的制备、结构、性质及应用的一门新型化学合成反应科学。

3.液相合成法主要是指在制备的过程中，通过化学溶液作为媒介传递能量的合成方法。

4.电化学合成是在含有聚合物单体、溶剂、电解质、引发剂的溶液中通入阳极电流而发生聚合反应。

5.加入一种催化剂后能使分别处于互不相溶的两相（液-液两相体系或固-液两相体系）的物质发生反应或加速这类反应的过程称为相转移催化。

二、填空题

1.高温固相反应；低热固相反应

2.扩散；反应；成核；生长

3.潜伏期；无化学平衡；拓扑化学控制原理；分步反应；嵌入反应

4.均质膜；非对称膜；非对称膜

5.基因工程；细胞工程；酶工程；发酵工程

6.微生物工程；代谢活动

7.毒性；不可回收

8.液体酸；设备腐蚀；废酸回收；排放

9.红外；无线电波；1～100

10.选择透过膜；分离；提纯；浓缩

三、选择题

1～5　BBCDA；6～10　CCDAB

四、简答题

1.（1）反应物固体表面积和接触面积；（2）反应物固体原料的反应性；（3）固相反应产物的性质

2.（1）金属氧化物；（2）载体催化剂；（3）天然黏土矿物；（4）超强酸；（5）阳离子交换树脂；

(6) 杂多酸；(7) 沸石分子筛

3.(1) 微滤；(2) 超滤；(3) 反渗透；(4) 电渗析；(5) 气体膜分离；(6) 渗透汽化

4.(1) 季铵盐；(2) 季鏻盐；(3) 冠醚；(4) 聚乙二醇

5.(1) 超声波法干燥；(2) 超声波法萃取；(3) 超声波均化；(4) 超声波在微泡制备中的应用；(5) 其他，如结晶过程，能显著加快结晶过程

五、论述题

1.与化学法相比，电化学合成具有许多优点：(1) 电化学合成采用"电子"作反应试剂，大多不需加入氧化剂和还原剂，反应体系中包含的物质种类比较少，产物易分离和精制，产品纯度高，对环境污染小，有时甚至完全无公害，是"绿色化学合成工业"的重要发展方向；(2) 在电合成过程中，通过选择电极、电极电位和溶剂等方法可以控制反应的进行方向，反应选择性高，副反应较少，电合成的产品收率较高；(3) 电化学合成反应一般在常温、常压进行，不需要特殊的加热和加压设备，工艺流程短，设备投资、噪声和热污染少；(4) 电化学过程的电流、电压等参数采集和控制方便，容易实现自动化。

作为一门技术，有机电合成还存在不足之处：(1) 由于把电当反应物质使用，故消耗电能多，是化学法的2～3倍；(2) 需要特殊的反应装置（如电解槽、各类电极、隔膜等）；(3) 与电解无机物相比，电流密度较小，生产强度较低，单槽产量较小；(4) 影响反应的因素较多，技术难度较大。这些缺点使得有机电合成在工业应用的发展上受到很大的阻碍。

2.(1) 绿色化学是从源头解决污染问题的一门科学；(2) 绿色时代的到来对有机合成化学提出了新的要求，它强调反应的原子经济性和选择性，实现零排放，可以充分利用资源又不产生污染。（合理即可）

3.(1) 没有已知或类似的化学合成；(2) 已知化学法为多步骤或低产率；(3) 要消耗大量的氧化剂或还原剂，而这些试剂在大批生产时有困难，或者价格昂贵；(4) 现有的化学法中，"三废"处理困难引起环境的污染或处理费用大，经济上不合理；(5) 某些复杂化合物的反应选择性差；(6) 市场需求量小，但产值特别高的有机产品，宜采用有机电合成。

第4章

一、名词解释

1.光气又称碳酰氯，是一种重要的有机中间体，分子式为 $COCl_2$。光气为剧毒气体，吸入微量也能使人、畜、禽死亡。

2.聚碳酸酯（简称 PC）是一种热塑性树脂，具有良好的透明性、抗冲击性、延展性、耐热性和耐寒性等特点，是六大通用工程塑料中唯一具有良好透明性的产品。广泛用于电子、建筑、交通及光学等工业领域。它在工程塑料中的用量仅次于聚酰胺而位居第二。

3.1,3-丙二醇是一种重要的化工原料，一般应用于聚酯和其他有机化合物的合成中，也可作为有机溶剂用于耐高压润滑剂、燃料、油墨和防冻剂等行业。

4.甲壳素是一种无色、无毒、无味、耐晒、耐热、耐腐蚀、不怕虫蛀的结晶或无定形物。不溶于水、有机溶剂、稀酸和稀碱等。

5.当纤维素葡萄糖环2位置的羟基被乙酰氨基取代是甲壳素，被氨基取代是壳聚糖。

二、填空题

1.淀粉；纤维素

2.限速酶

3.植物；动物；天然多糖

4.虾；蟹

5.无色；无毒；略带香味；透明

6.光气法；甲醇氧化羰基化法；酯交换法

7.有氧

8.纤维素

9.壳聚糖

10. 多功能性；生物相容性；生物降解性

三、选择题

1~5　DDCDA；6~10　BABDB

四、简答题

1. PDO 氧化还原酶在有氧时失活，并可被二价阳离子螯合物抑制。

2. 因为葡萄糖或蔗糖衍生物的多元醇表面活性剂完全不同于脂肪醇聚氧乙烯醚，它对人体无刺激，易生物降解、对环境物无危害。

3. (1) 原料预处理；(2) 菌种逐级扩大培养；(3) 双菌株混合发酵；(4) 产品后处理。

4. (1) 甲壳→脱钙→脱蛋白质→脱色→甲壳素→脱乙酰基→壳聚糖；(2) 甲壳→脱蛋白质→脱钙→脱色→甲壳素→脱乙酰基→壳聚糖。

5. 当纤维素葡萄糖环 2 位置的羟基被乙酰氨基取代是甲壳素，被氨基取代是壳聚糖。

五、论述题

1. 随着石油等非再生资源日益减少、世界人口和环境压力的增加，应用现代生物化工技术改造和替代传统石油化工工艺的趋势越来越引起人们的重视，发酵法生产 PDO 正好顺应了这一潮流，而且起步在化工合成工艺规模商业化投产之前，发展前景和机遇十分有利。但是，若要提高微生物发酵工艺相对于化学合成工艺的竞争力，必须应用分子生物学和代谢工程等现代生物技术，并采用淀粉葡萄糖或更廉价的碳源作为代谢底物，这势必成为今后的研究重点。

2. (1) 纺织染整行业，包括①纤维，②纺织整理剂。(2) 可降解塑料。(3) 分离膜，这种高性能分离膜用于分离乙醇和水，比常用的蒸馏法等后处理工艺简便。(4) 生物医学，甲壳素、壳聚糖具有强化免疫力、抗老化、预防疾病、恢复健康、调节生物体活动的多种功能。它的惊人作用可用于治疗脑神经系统、肝脏、糖尿病及并发症、动脉硬化、各种皮肤病、心脏病、癌症等。作为生物保健品对人体有诸多有益疗效，可使高龄化社会充满年轻的朝气。(5) 其他应用，如造纸业，用于水处理剂，可处理印染废水。

3. (1) 以葡萄糖为辅助底物，利用 PDO 生产菌进行发酵；(2) 采用混合菌两步法发酵，即甘油生产菌将葡萄糖转化为甘油，再由 PDO 生产菌将甘油转化为 PDO，实现葡萄糖到甘油的直接转化；(3) 基因工程菌的构建。

第 5 章

一、名词解释

1. 可解离的极性化合物能溶于水中，这类化合物为亲水性化合物。与亲水化合物相反，烃类及其他的非极性化合物在水中的溶解度很小，当这类有机分子与水相混合时，在水分子的排斥作用下，非极性化合物的分子聚集起来，以减少与水分子的接触面，这种现象就叫作疏水效应。

2. 螯合作用是控制水介质中立体选择性的重要因素，螯合作用是指反应底物与 Lewis 酸催化剂的金属离子形成双齿或多齿配位行为。

3. 超临界流体是指处于超临界温度及超临界压力下的流体，是一种介于气态与液态之间的流体状态。其密度接近于液体，而黏度接近于气态，这一流体具有可变性，其性质随温度、压强的变化而变化。

4. 离子液体是指在室温或接近室温下呈液态的离子型化合物，又称室温离子液体、室温熔融盐、有机离子液体等。

5. PEGs 是亲水性聚合物，它可溶于水和甲苯、二氯甲烷、乙醇、丙酮等溶剂中；但是不溶于正己烷、环己烷等非极性脂肪烃类。

二、填空题

1. 水

2. 临界点；高温高压

3. 增加；减小

4. 减小

5.大

6.季铵盐；咪唑盐；吡咯盐；四氟硼酸根离子；六氟磷酸根离子

7.萃取；色谱分离；重结晶；有机反应

8.特殊的溶解度；易改变的密度；较低的黏度；较低的表面张力；较高的扩散系数

9.挥发性有机溶剂

10.有机化合物；有机金属配合物

三、选择题

1~5　ADABC；6~10　BDBCA

四、简答题

1.(1) 疏水效应；(2) 螯合作用；(3) 氢键。

2.PEG 具有好的热稳定性，不挥发、不易燃、无毒、可生物降解、廉价易得，以及易于回收和循环使用；此外可以溶解众多的有机化合物和有机金属配合物。

3.(1) 超临界水中的氢键；(2) 密度；(3) 介电常数；(4) 溶解度；(5) 离子积；(6) 黏度；(7) 扩散系数。

4.(1) 分子自由平动过程中发生碰撞所引起的动量传递；(2) 单个分子与周围分子间发生频繁碰撞所导致的动量传递。

5.(1) 室温下，离子液体蒸气压几乎为零，并且不燃烧、不爆炸、毒性低，溶解性能强，可以较好地溶解多数有机物、无机物和金属配合物；(2) 离子液体具有良好的导电性和较宽的电化学稳定电位窗；(3) 离子液体具有可调节的酸碱性，作为反应介质使用极为方便。

五、论述题

1.离子液体作反应系统的溶剂有如下一些好处：(1) 首先为化学反应提供了不同于传统分子溶剂的环境，可能改变反应机理使催化剂活性、稳定性更好，反应转化率、选择性更高；(2) 离子液体种类多、选择余地大；(3) 将催化剂溶于离子液体中，与离子液体一起循环利用，催化剂兼有均相催化效率高、多相催化易分离的优点；(4) 产物的分离可用倾析、萃取、蒸馏等方法，因为离子液体无蒸气压，液态温度范围宽，使分离易于进行；(5) 离子液体作溶剂时化学反应可以是单相的，选用亲水的离子液体则可与有机相形成二相系，选用憎水的离子液体则可与水形成二相系。故离子液体被认为是一类很好的溶剂并已在工业生产中得到应用。

2.(1) 超临界 CO_2 在有机物萃取中的应用。其优点是不会破坏天然物中的不稳定组分，从而保留其天然的独特性，如食品的风味、香料的香韵等；(2) 超临界 CO_2 用作有机合成溶剂。其优点一是选择性好，其溶解能力可以通过压强变化来调节控制；二是有良好的惰性，不被氧化，可用于氧化反应。此外，超临界 CO_2 状态较易达到，设备投资不是很高。

3.许多试剂在水中分解，因此过去的有机反应一般避免用水作反应介质；大多数有机化合物在水中的溶解性差，因此水不能成为有效的介质。现针对上述存在的问题，化学家围绕着以水为介质的绿色化学研究，主要做了以下几方面工作：(1) 寻找在水中稳定的试剂、催化剂。在这方面，近年来水中稳定路易斯酸（三氟甲基磺酸稀土盐）催化剂的广泛应用就是一个示例。(2) 将传统的有机相中的反应转入水相，或在有机相的基础上添加水，发挥水的作用；或以水为溶剂添加少量与水相溶的极性溶剂，如乙醇、DMSO、DMF、THF 和 1,4-二氧六环等，以达到增溶的效果。(3) 在水相反应中加入乳化剂（或表面活性剂），一方面可以起到增溶作用，另一方面形成胶束或微乳，发挥它的疏水效应。此外，胶束中的疏水作用对一些水敏感的试剂可以起保护作用，这也是当前绿色化学中的一个研究热点。

第 6 章

一、名词解释

1.采用无毒、无害的原料，在无毒、无害及温和的条件下进行，具有高选择性，产品应是环境友好的绿色化学反应所使用的催化剂称为绿色催化剂。

2.杂多酸是由不同的含氧酸缩合而制得的缩合含氧酸的总称，是强度均匀的质子酸，并有氧化还原的能力。

3.催化剂和反应物同处于一相，没有相界存在而进行的反应，称为均相催化作用。能起均相催化作用的催化剂为均相催化剂。

4.酶指具有生物催化功能的高分子物质，在酶的催化反应体系中，反应物分子被称为底物，底物通过酶的催化转化为另一种分子。

二、填空题

1.给出；接受

2.超强酸；－11.9

3.SiO_2 或 AlO_4

4.分离膜和膜反应器

三、选择题

1.C；2.B；3.A；4.D

四、简答题

1.通过改变反应历程，降低反应物活化能，从而达到加速反应速率的目的。加快反应速率、降低温度、压力、提高选择性。

常用绿化催化剂有固体酸催化剂、分子筛催化剂、杂多酸催化剂、光催化剂、电极催化剂、酶催化剂、膜催化剂。

2.离子交换、密封、接枝。

3.膜分离技术具有成本低、能耗少、效率高、无污染并可回收有用物质等特点。膜催化反应可以"超平衡"地进行，提高反应的选择性和原料的转化率，节省资源，减少污染。

五、论述题

1.分子筛具有离子交换性能，均一的分子大小的孔道，酸催化活性，并有良好的热稳定性和水热稳定性。可制成对许多反应有高活性、高选择性的催化剂。

2.制备容易，分子结构可调控；杂多酸化合物表现出准液相行为，从而具有独特的催化性能；杂多酸化合物的初级结构稳定，热稳定性也较高；具有"准液相"性质，某些反应在体相内进行；杂多酸是质子酸，它的酸强度和溶液中的酸强度相当，既有 B 酸中心又有 L 酸中心；杂多酸化合物对在较低的温度下的反应，如脱水、酯化、醚化及其有关反应，都具有有效的催化作用。

第 7 章

一、名词解释

1.原子利用率＝$\dfrac{目标产物的量}{按化学计量式所得所有产物的量之和}\times100\%＝\dfrac{目标产物的量}{各反应物的量之和}\times100\%$；

2.零排放是指无限地减少污染物和能源排放直至为零的活动。

二、填空题

1.零

2.环境商或 EQ

三、选择题

1.D；2.C；3.D；4.A

四、简答题

1.提高目标产物的选择性和原子利用率。

2.利用清洁生产、3R 及生态产业等技术，实现对自然资源的完全循环利用，从而不给大气、水体和土壤遗留任何废弃物。一方面是要控制生产过程中不得已产生的废弃物排放，将其减少到零；另一方面是将不得已排放的废弃物充分利用，最终消灭不可再生资源和能源的存在。

3.绿色化学的核心内容之一是原子经济性，即充分利用反应物中的各个原子，因而既能充分利用资源，又能防止污染；之二为减量、重复使用、回收、再生、拒用。

五、论述题

1."零排放"就其内容而言,一方面是要控制生产过程中不得已产生的废弃物排放,将其减少到零;另一方面是将不得已排放的废弃物充分利用,最终消灭不可再生资源和能源的存在。就其过程来讲,是指将一种产业生产过程中排放的废弃物变为另一种产业的原料或燃料,从而通过循环利用使相关产业形成产业生态系统。从技术角度讲,在产业生产过程中,能量、能源、资源的转化都遵循一定的自然规律,资源转化为各种能量、各种能量相互转化、原材料转化为产品,都不可能实现100%的转化。根据能量守恒定律和物质不灭定律,其损失的部分最终以水、气、声、渣、热等形式排入环境。我国环保工作起步较晚,以现有的技术、经济条件,真正做到将不得已排放的废弃物减少到零,可谓是难上加难。有些企业通过对不得已排放废弃物的充分利用,实现了所谓的零排放,也只是改变了污染物排放的方式、渠道和节点,一些污染物最终要进入环境。从这个意义上讲,真正的"零排放"只是一种理论的、理想的状态。

2.开发原子经济性反应;采用无毒、无害的原料;采用无毒、无害的催化剂;采用无毒、无害的溶剂;利用可再生的资源合成化学品;设计环境友好产品。

第8章

一、名词解释

1.绿色产品指生产过程及其本身节能、节水、低污染、低毒、可再生、可回收的一类产品,也是绿色科技应用的最终体现。

2.绿色农药是指对人类安全、环境生态友好、超低用量、高选择性、作用模式及代谢途径清晰,具有绿色制造过程和高技术内涵的化学农药和生物农药。

3.绿色能源材料是指实现新能源的转化和利用以及发展新能源技术中所要用到的关键材料。它是发展新能源的核心和基础。

4.燃料电池是一种直接将储存在燃料和氧化剂中的化学能高效地转化为电能的发电装置。

5.绿色表面活性剂是由天然再生资源研究开发而制成的温和、安全、高效、生物降解性好、表面性能优异、成本低、保护环境的表面活性剂。

6.存在于地球上方 $11\sim48$ km 的大气平流层中保存了大气中 90% 左右的臭氧,将这一层高浓度的臭氧称为臭氧层。它可以有效地吸收对生物有害的太阳紫外线。

二、填空题

1.微生物

2.油脂

3.绿色高分子,绿色化学

4.绿色能源

5.涂料总有机挥发量或 VOC,溶剂的毒性

6.环保染料

三、选择题

1.ABC;2.A;3.ABC;4.A;5.D;6.A;7.C;8.C

四、简答题

1.生物活体(真菌、细菌、昆虫病毒、转基因生物、天敌等)或其代谢产物(信息素、生长素、萘乙酸、2,4-D 等)针对农业有害生物进行杀灭或抑制的制剂。

2.热降解、氧化降解、机械降解、化学降解和生物降解等类型。

3.在适当和可表明限的自然环境条件下,能够被微生物(如细菌、真菌和藻类等)完全分解变成低分子化合物。

4.能把传统的能源变成绿色能源;可提高储能和能量转化效果;决定着核反应堆的性能与安全性;决定着绿色能源的投资与运行成本。

5.符合环境保护的要求;符合使用性能的要求;满足实际可行性的要求。

五、论述题

1.绿色食品必须出自优良的生态环境，其土壤、大气、水质符合《绿色食品产地环境技术条件》要求；绿色食品生产过程必须严格执行绿色食品生产技术标准，生产操作符合绿色食品生产技术规程要求；绿色食品产品必须经绿色食品定点监测机构检验，其感官、理化（重金属、农药残留、兽药残留等）和微生物学指标合绿色食品产品标准；绿色食品产包装必须符合《绿色食品包装通用准则》要求，并按相关规定在包装上使用绿色食品标志。

2.对。生物质是光合作用产生的所有生物有机体的总称，生物质资源是取之不尽，用之不绝的资源宝库，是可再生的。

3.设计要求：（1）新的安全有效化学品的设计；（2）对已有的有效但不安全的分子进行重新设计。

设计方法：（1）如果已知某一反应是毒性产生的必要条件，则可以通过改变结构，使这反应不发生，从而避免或降低该化学品的危害性。注意，任何结构的改变必须确保分子的性质与功效不变。②对于许多毒性机理不为人知的化合物，通过化学结构中某些官能团与毒性的关系，设计时可以尽量通过避免、降低或除去同毒性有关的官能团来降低毒性。③降低有毒物质的生物利用率的方法。